Disturbing the Universe

宇宙波瀾

科技與人類前途的自省

Freeman J. Dyson

戴森——著　邱顯正——譯

宇宙波瀾

科技與人類前途的自省

第三部　我的未來家鄉 宇宙

Disturbing the Universe

導讀
推波助瀾更待誰？

李國偉

　　《宇宙波瀾》出版於 1979 年，是戴森五十六歲時寫給非專業讀者的第一本書，之後三十餘年間又出版過九本這類書，然而此書「字字發自肺腑，比其他幾本書投注更多的心血與情感」。如果只允許一本著作流傳後世的話，他會選擇這本。

　　戴森的成就跨越數論、量子電動力學、固態物理、天文物理、核能技術、生命科學等等。他曾經表示在追求科學真理的道路上，並沒有恢弘的藍圖，看到喜歡的問題與素材就擁入懷抱，應屬「解決問題的人，而非創造思想的人」。這是戴森自謙的說法，他其實已是發揚科學文化的思想大師。「科學文化」比一般簡化科學知識、引起常民興趣的「科普」範圍更為廣泛，這種寫作把科學納入文化的脈絡，帶領讀者以宏觀視野與人文關懷，觀察、檢討、評估、預想科學對於人類的深刻影響。

　　《宇宙波瀾》英文序引述了兩位物理學家的對話，齊拉德（Leo Szilard）告訴貝特，自己有寫日記的念頭：「我並不打算出版日記，只是想把事實寫下來，給上帝參考。」貝特反問他：「你不認為上帝知道一切事實嗎？」齊拉德回答：「祂知道一切事實，但是祂不知道我這個版本的事實。」《宇宙波瀾》恰是渲染了戴森個人色彩的記憶手札，而不是完整的自傳，例如戴森並未在情感生活上有所著墨。

串聯科學與人性

　　戴森很早就顯現數學天賦，某次假期裡他埋首演練微分方程問題，以致與周邊活動疏離。戴森的母親並不鼓勵他過度沉浸於功課之中，因此講《浮士德》的故事給他聽，強調浮士德的最終救贖來自同舟共濟的行動，在投身超越一己的崇高使命後才獲得喜樂。母親告誡他絕對不要忘卻人性：「當你有朝一日成為大科學家時，卻發現自己從來沒有時間交朋友。這樣的話，就算你證明出黎曼猜想，如果沒有妻子、兒女來分享你勝利的喜悅。又有什麼樂趣呢？」戴森母親的話，不僅是他一生學術工作的精神指引，即使一般科學工作者聽來也應感覺醍醐灌頂。

　　戴森在劍橋大學求學時主修數學，不過也跟老師克莫爾（Nicholas Kemmer）學會許多物理學家都不熟悉的量子場論。秉持這項優勢，他在二十四歲投身美國康乃爾大學物理系貝特教授門下。經過短暫的一年，「得到理想的量子電動力學，既有著許溫格的數學精確，又有費曼的彈性。」1985 年許溫格、費曼、朝永振一郎共同獲得諾貝爾物理獎，楊振寧曾經為戴森打抱不平說：「我

認為諾貝爾委員會沒有同時表彰戴森的貢獻是錯誤的，我今天還維持這種看法。因為朝永、許溫格、費曼的論文都局限在低階的計算，所以他們並沒有把重整化研究方案做完。只有戴森敢面對高階的問題，才完成了整個研究方案。……他使用上述概念，排除萬難深入分析，最終證明了量子電動力學可以重整化。他的洞識與能耐，實在是不同凡響。」*

雖然戴森因完成重整化綱領而暴得大名，但他從來不吝嗇讚美別人，在本書第二部的頭幾章裡，他將幾位物理學史上的英雄，描寫得栩栩如生，其中樣貌最突出的包括費曼、歐本海默、泰勒。

戴森對於費曼的追憶具有喜劇色彩。他曾說，去美國留學時並不預期能碰上物理學的莎士比亞，但是費曼這位「半是天才，半是丑角」的青年教授，卻讓他像英國劇作家強生（Ben Jonson）景仰莎士比亞一般，全心全意學習費曼的思考方式與物理直覺。社會大眾的目光所以會聚焦於費曼，多半是因為《別鬧了，費曼先生》這本書特別暢銷。但是《宇宙波瀾》比該書早六年出版，已經為費曼的登場做了最吸睛的宣傳。

關於歐本海默與泰勒的故事，多少有點悲劇成分。跟費曼那種不拘小節口無遮攔的美國佬形象相比，歐本海默像是背負厚重西方文化傳統的菁英份子，「揉合了超然哲學與強烈企圖心、對純粹科學獻身、對政治世界的嫻熟與靈活手腕、對形而上詩詞的熱愛，以及說話時故弄玄虛，好做詩人風流倜儻狀的傾向。」歐本海默因為領導研製原子彈立下大功，所以登上了《時代》與《生活》雜誌封

---

* 請參閱2005年再版的《楊振寧論文選輯及評論》（*C. N. Yang, Selected Papers 1945–1980, with commentary*）第65頁。

面，成為美國人景仰的英雄。

　　他後來捲入政府內部的權力鬥爭，在麥卡錫獵巫時代從雲端跌落凡塵，只能單純擔任普林斯頓高等研究院院長。歐本海默大膽延聘二十九歲沒有博士學位的戴森為教授，以期栽培出另一位波耳或愛因斯坦。可是戴森自我檢討後，認為費曼應該會是更恰當的人選。事實上，費曼曾經婉謝高等研究院的延聘，他需要教書的舞台來發光發熱，沒有胃口窩在像修道院的地方，苦思冥想宇宙真理。

　　泰勒故事的悲劇成分，本質上與歐本海默頗為類似。他們分別達成製造原子彈與氫彈的目標後，各自尋求政治力介入，以確保自己建立的事業不致落入不當人士手中。最終歐本海默獲得學界的讚許，卻從權力場上徹底潰敗。泰勒雖然在鬥爭中取得上風，但因為他對歐本海默不利的證詞，令學界羞於為伍。戴森引用了不少詩句描述歐本海默，恰如其分反映出歐本海默的風格。在回憶泰勒的末尾，通過無意中聽到有如父親彈奏的悠揚琴韻，也還原了泰勒靈魂深處哀感的真情。

放眼全球

　　戴森在《宇宙波瀾》第二部裡，花了相當多篇幅談軍備競爭、裁軍與限武、核武擴散等議題。因為在世界核武的劇場裡，台灣毫無扮演任何角色的機會，使得我們對於核問題的關注，只糾結在造成社會矛盾的核能發電（特別是核四）問題上，也許新一代讀者會輕忽《宇宙波瀾》的第二部。其實戴森討論的問題涉及全球博弈，是大戰略的思維方式，這種眼界正是台灣新生代迫切需要培養的。以人口、經濟力、地緣重要性來講，台灣在世界上都不是毫無分

量。年輕人的視野不能壓縮到只關心在地問題，必須要提升自己眼界，使得在全球競爭的棋局裡，有建構致勝策略的能力。

「我真敢掀起宇宙的波瀾嗎？」是英國詩人及劇作家艾略特的詩句，也是本書書名的來源，透露了戴森有勇氣、有想像力，預見生命向宇宙的擴散。《宇宙波瀾》的第三部雖然包含了濃重的科幻成分，但所寫的並不是小說，而是立足於科學的合理推斷。戴森從八歲起，就愛閱讀膾炙人口的科幻小說，迷戀未來即成為他自小的嗜好。他把未來做為鏡子，「用這面鏡子將當前的問題與困境推向遠方，以更寬宏的視野來關照全局」。

戴森推測「綠色」科技將協助人類向外太空移民，而且還有各式各樣的物種順道遷移。一旦這些物種站穩腳步，就會迅速擴張，進一步多樣化。為了使這些物種適應其他星球的環境，有必要使用基因工程改良它們的性質。然而操作基因的本領，使得科學家幾乎有扮演上帝的能力，這又是一次浮士德式的誘惑，很難讓人不因濫用能力而喪失理智。戴森除了維護生物學家探究基因工程的自由，也認為應該「嚴格限制任何人擅自撰寫新物種程式」。

不過在 2010 年 5 月，文特（Craig Venter）宣布製造出世界第一個能自我複製的人造生命，今年他的團隊又成功將此人造生命的基因數減少到 473，並且繼續追求製造人工生命的最少基因數，這種進步將迫使科學家面對無可迴避的倫理難題。

1992 年戴森曾經演講「身為叛逆者的科學家」（The Scientist as Rebel），2006 年還以此題目做為文集書名。戴森認為每種「科學應該是這個樣子」的規範性教條，科學家都應該加以反叛。雖然戴森重視「叛逆者」的重要性，但他畢生投身科學的研究、反思與普及工作，動機並非出自變革世界的野心，而是對大自然的讚歎。除了

《宇宙波瀾》外，台灣還出版過戴森的《全方位的無限》與《想像的未來》兩書。戴森旁徵博引富於詩意的筆觸，文氣如行雲流水倜儻起伏，閱讀他的作品真是一場心智饗宴。期盼繼《宇宙波瀾》再次出版後，能有更多戴森著作的中譯本嘉惠學子。

　　（本文作者為天下文化「科學文化」書系策劃者之一、中央研究院數學研究所兼任研究員）

中文版序
科學・浪漫・人文關懷

　　本書從浪漫的角度來看科學世界，把科學家的生活比作個人靈魂的航程；它有意略過每個科學家生活、工作所在的機構，與政治、經濟的既定框架。在科學史上，團體與個人應當是等量齊觀的，但是大部分的歷史學家，往往著重於機構與團體的活動。本書特別強調個人，因為我希望寫點新鮮而與眾不同的東西，我對科學的浪漫觀點並不代表全部的真理，卻是真理中不可或缺的重點。

　　中文讀者很可能比美國和歐洲的讀者，更習慣於視科學為集體創作的事業；也因此，我很高興將我個人的觀點介紹給中文讀者。如果你不覺得我筆下的故事新奇又陌生；如果你沒有發現它與你習慣的思考方式有所出入，那就枉費了本書寫作的初衷了。

《宇宙波瀾》我的最愛

本書於十四年前在美國付梓，之後我又陸續為非專業的讀者寫了四本書，然而《宇宙波瀾》一書仍是我的最愛。它是我的第一本書，字字發自肺腑，比其他幾本書投注更多的心血與情感。如果說我的著作只有一本能流傳千古，而我又有權選擇保留哪一本的話，我將毫不猶豫的選這一本。

成書之後的十四餘年來，我們看見在科學界，以及在政治界、經濟界，都發生巨大的變化。科學上，我們看見生物學的走紅與物理學的相對衰疲；政治、經濟上，我們看見中國、日本的竄升與美國、蘇聯的相對沒落；這些改變對科學團體層面的影響，遠大於對個人層面的影響。

由於本書關注的乃是個人，因此，世界的變遷並未能使其褪色過時，人類個別的天性依舊如故；雖然社會系統和機構早已天翻地覆。如果今天要我修訂本書，以期內容有所更新的話，我會增添許多故事來描寫新近發生的事件；但是我不會對這本完成於 1970 年代的書，做實質的更動。做為歷史紀錄也好，做為個人的科學觀也罷，舊的內容可說是歷久彌新。

這篇中文版序讓我有機會說說如果今天重寫此書，我會增添的內容。

第一、我會增加一章探討純數學；純數學是我個人生活的宇宙中，不可或缺的重要部分。我的科學生涯一開始是從純數學入門，而影響我思維方式最深的老師莫過於俄國的數學家貝西高維契（Abram Samoilovitch Besicovitch），在我物理和數學的工作方式上，處處可見恩師貝西高維契的雕琢痕跡。

憶恩師，思未來

　　1941 年，年僅十七歲的我來到劍橋大學，貝西高維契立刻成為我的良師益友。我們有兩個共同的熱愛：數學和俄國文學；除了數學討論之外，我們時常一起漫步劍橋鄉間，而且只用俄語交談。他愛吟詠俄國詩賦，我則在一旁用心默念，然後再背給他聽。他常告訴我，他於布爾什維克大革命前後，在俄羅斯各地的冒險故事。他給我的研究題目，遠超過我能力所及，但是用來教導我如何思考卻是再理想不過。所以貝氏風格，深印我心。

　　貝氏風格，就像建築師──他用簡單的數學元素，建立起層次分明的精巧架構，然後，當他的建築完成後，由簡單申論導引的完整結構，常常有意想不到的精采結論。就這樣，他證明出著名的理論──點集合在平面上的幾何結構。最近幾年，我已從四十年物理工作的崗位回歸到純數學的懷抱，也因此，我變得更加熟悉科學的藝術本質。每位科學家，或多或少都算是藝術家；做為藝術家，我乃是以數學構思為工具，而且，我衷心尊崇貝西高維契為我的啟蒙恩師。

　　我要增添的第二個部分，是用一章的篇幅來將我在〈臆想實驗〉及〈銀河綠意〉兩章所預測的兩大科技革命史料，加以增添補充。我用灰色和綠色來代表這兩大科技革命；灰色表示自我複製機，而綠色表示生物工程。這兩大科技革命都尚未開始；但在過去這十四年，灰色科技和綠色科技都有了長足的進步。

　　先說灰色科技，我們已經親眼目睹個人電腦和資訊網路的爆炸性成長，資料處理的速度穩定上升，成本則穩定下降。在綠色科技上，我們則看見分子生物學的爆炸性成長，生物細胞的基石──蛋

白質與核酸的定序速度穩定上升，成本則穩定下降。兩大科技領域進步神速，但它們對人類社會的革命性衝擊還看不見。灰色科技尚未製造出自我複製機，使貧窮國家得以富足；綠色科技也尚未營造出生物工廠，使化學工業潔淨，不再汙染我們的空氣和水。

灰色科技與綠色科技促進人類生活品質的遠景，仍然是一張未兌現的支票。

科學家有責任

第三個，也是最後一個增添的章節，將會探討科學的倫理，嘗試解答科學為什麼未能給人類帶來允諾的益處。環顧美國和許多國家的都市現況：貧窮、悲苦的廢墟隨處可見；遭遺棄、忽略的兒童，滿街遊蕩。在赤貧戶中，有許多是年輕的母親及兒童，這些人在科技尚未那麼發達的昔日，曾經是受到較妥善照料的一群。這種景況在道義上是不可容忍的。如果身為科學家的我們夠誠實，我們要負一大半責任；因為我們坐視它的發生。

為什麼我會認為美國科學社群，要對都市社會與公眾的道德沉淪負責任呢？當然不全是科學家的責任，可是我們該負的責任，其實比我們大多數願意承擔的更多。我們有責任，因為科學實驗室輸出的產品，一面倒成為有錢人的玩具，很少顧及窮人的基本需要。我們坐視政府和大學的實驗室，成為中產階級的福利措施，同時利用我們的發明所製造的科技產物，又奪走了窮人的工作。我們變成了擁有電腦的高學歷富人與沒有電腦的窮文盲之間，鴻溝日益擴大的幫兇。我們扶植成立了後工業化社會，卻沒有給失學青年合法的謀生憑藉。我們放任貧富不均由國家規模擴大到國際規模，科技散

播全球後，弱勢國家仍嗷嗷待哺，強勢國家則愈來愈富。

如果經濟上的不公義仍然尖銳，科學繼續為有錢人製作玩具，有一天大眾對科學的憤怒愈演愈烈，忌恨愈加深沉，我也不會感到意外。不管我們對社會的罪惡是否感到歉疚，為防患這種憤恨於未然，科學社群應當多多投資在那些可使各階層百姓都能同蒙其利的計畫上。全世界都一樣，美國尤其應該覺悟，要將更多科學資源用在刀口上，朝著對各地小老百姓都有益的科技創造方向前進。

寄望中國

中國和其他東亞國家，正行經美國四十年前走過的歷史舞台與類似途徑。在中國，科學與技術正為整個社會帶來經濟成長與繁榮；1950 年代的美國，科學與技術也曾經對一般市民帶來同樣的正面效益。但是今日的美國，科技已將一般老百姓棄之不顧，美國今天發展的技術都傾向使富者愈富、貧者愈貧。

就讓它成為中國的警訊吧！中國未來必須避免犯美國過去的錯誤。如果未來四十年經濟持續發展，中國將變得和美國現在一樣富強，屆時中國將有機會帶領世界朝另一個方向走；在那個方向上，科技將可為各國、各階層的兒童帶來希望！

——1993 年 3 月於普林斯頓高等研究院

第一部

我的第一故鄉
英格蘭

然而，裡頭有一條因為一時疏忽而訂下的可怕律法：
任何人只要開口要求使用機器，就會得到那部機器，
但是必須一直保有，並不停的使用它。

—— 英國童話作家涅絲比（Edith Nesbit）
《魔術城市》（*The Magic City*）

第1章

魔術城市

小男孩拿著書,爬到高高的樹上閱讀……。

當我年僅八歲的時候,有人送給我湼絲比寫的《魔術城市》。湼絲比寫了許多其他的童話,都比這本有名,而且寫得更好。但是我對這本書卻情有獨鍾,且畢生難忘。對年僅八歲的孩子而言,要了解其中隱涵的深意並不容易,但是我曉得這本書滿特別的。故事的內容有一貫的鋪陳架構,再敷上一層瘋狂邏輯製成的糖衣。《綠野仙蹤》則是另外一本我百看不厭的書,它也具有相同的特質,可以讓八歲的孩子若有所悟;儘管這年紀的孩子,眼睛睜開第一件事就是爬樹。

《魔術城市》講的不只是幾個瘋狂小朋友的故事,而是瘋狂宇宙的故事。我八歲時毫無概念。現在終於了解:湼絲比的瘋狂宇宙和我們居住的宇宙,大有異曲同工之妙。

不論從哪一個角度看，涅絲比都是了不起的女性。她生於1858 年，與馬克思（Karl Marx）一家過從甚密，並且在共產主義尚未蔚為風尚之前，已儼然是社會主義改革者。她靠寫作維生，並藉此養活兒女眾多、血緣複雜的大家庭。她很快就發現了生存之道，就是專門為富家子弟寫一些精緻、引人入勝，屬於中產階級的故事。果不其然，涅絲比的書非常暢銷，而她的家庭也得以獲得溫飽。涅絲比對維多利亞時代的名利做了些許妥協，不過卻未曾抹滅胸中的熊熊烈火。《魔術城市》是 1910 年（她五十二歲）時的作品；那個時候，與生活頑強搏鬥的歷程已告一段落，涅絲比可以用較為平和的哲學觀來審視這世界。

救世者與終結者

《魔術城市》一書分成三部曲，第一部曲是主題故事，主角是名叫腓力（Philip）的孤兒。腓力被遺棄在一棟大房子裡，並且就地取材，用屋裡維多利亞時代的古玩做素材，建造了玩具城國。有一天晚上，他突然發現一手建造的玩具城市膨脹為實物大小，裡頭竟住著真人大小的神話人物及動物，而他本人也身陷其中。後來，好不容易逃出主城，周遊列國列邦，他更驚訝的發現，自己親手構築的每一棟房子、每一座城堡，如今都放大成真實的世界。《魔術城市》記錄的，正是他在這個源自他心中想像，現在已搖身一變為真實世界的驚險歷程。

第二部曲則是關於科技的部分。在魔術城市裡的生活律法是：如果你盼望獲得什麼，就必會獲得。但在這條律法底下，又附屬一款專為機器而訂的規則，那就是：如果有人希望擁有一部機器，他

將被迫保有它，並且一輩子都得使用它。腓力極其幸運逃過一劫，因為當他面臨馬和腳踏車的二選一抉擇時，他選擇了馬。

第三部曲是講到古老的預言，說到當各式各樣的惡勢力，差不多都降臨到這塊土地時，會出現一位救世者和一位終結者。救世者的使命就是要將這些惡勢力一一克服；可是另一方面，終結者卻處心積慮與救世者作對，提供各種援助給黑暗勢力。

起初腓力被懷疑是那個大壞蛋，他只好藉著一連串的高貴舉動與聖潔言行來澄清，最後則獲公認是那位預言中的救星。同時，終結者的假面具也遭揭穿，竟是看護孩子們的女僕──一位腓力最痛恨的下流階層女子。作者涅絲比僅此一次，在書的結尾藉由書中人物的身分，說出她深深的悲憫：「如果難逃一死，我要表明心跡，」終結者受審的時候說：「你們根本不明白，你們從來沒有當過下女，天天看著別人吃肉，而自己只能啃骨頭。你們的想法不用講我也知道；如果你是出生在有錢人的豪華宅邸，而不是一般工人所住的地方，你會受到淑女的教養與對待，穿著花邊絲質長襪，對不對？」即便是個八歲小孩也了解，腓力的英雄本色其實是虛構的，而女僕的英雄式抗辯卻實實在在。在沒有公義的社會，救世者與終結者的界限，常變得曖昧不清。

「你們不要想我來是叫地上太平；」耶穌說：「我來並不是叫地上太平，乃是叫地上動刀兵。」〈馬太福音十：34〉

向非科學人進言

我無從知道涅絲比想用《魔術城市》的故事，來反諷人類當今的處境到什麼程度；只是當我從樹上滑下來，嘗過了當科學家的甘

苦之後，我才開始在《魔術城市》上沉思，並引為鑑鏡，仔細端詳我所投入的花花世界。我突兀的一頭栽進這大千世界，就像腓力一樣。這大千世界不論從什麼地方看，都充滿了人類的悲劇，而我也成就了一齣戲，演與世人看。我發現自己扮演的角色，半嚴肅、半荒謬，而且永不回頭，一直扮演下去。

我這本書，是寫給一般人看的，想向他們描述科學家眼中的人類處境。部分會談到科學的內在觀，討論科技的未來；部分將致力探討戰爭與和平、自由與責任、希望與絕望等倫理問題，在受到科學的影響之後如何自處。這些都是個別的問題，但必須從整體面來看，才看得明白。若硬要將科學與技術分離、或將技術與倫理、倫理與宗教剝離，對我而言是相當不切實際的。我在此要向非科學人說，尤其是最終有權決定科技發展將朝向創造性，而非毀滅性方向前進的人，如果你們，非科學人，想要勝任這份工作，就必須了解這隻科學怪獸的本性，以思索控制它的辦法。本書的目的就是要幫助你們了解。如果你們只覺得有趣或困難，那就枉費了本書的宗旨；如果你們覺得它既不有趣、也不困難，那就失敗得更徹底了。人類面臨的深度問題之共同特徵就是，非得帶點幽默感、帶些困惑才能進一步發掘答案；科學當然也不例外。

我有些從事社會科學的同僚，言談之間三句不離「方法論」（methodology），我則寧願稱之為「風格」。本書的「風格」是重文學而輕分析的；至於如何洞悉人類事務，我則傾向於尋求故事、詩篇，而非社會學。這是我的養成教育及生活背景使然。我無法採用社會學家的智慧，因為專業不同，我不懂他們的語言。

當我看到科學家涉入公共事務愈來愈深，並嘗試使用科技知識為人類牟利時，我就不禁想起詩人彌爾頓（John Milton）的話：

「我不能讚揚那種不食人間煙火、不肯正視對手的退縮而封閉的態度。」這番話是他三百年前說的，卻在人類經驗、希望與悲劇歷史中歷久彌新、屹立不搖。這番話伴隨著彌爾頓一生創作的詩，他為新聞自由的奮鬥、為推翻君主專制的長期奉獻、他的失明、自政壇隱退以及令他起死回生的千秋大著──《失樂園》等等大事，更加令人低迴不已。即使我們不承認自己相形見絀，但面對這段話，夫復何言？

我們生而為人，然後才成為科學家；知識帶來責任，我們因此無法自外於政治；我們為自己堅信的正義真理放手一搏。然而，就像彌爾頓一樣，我們失敗了⋯⋯夫復何言？

檢視個別科學家

本書泰半是我的自傳，我不打算為此事道歉。我並不認為自己的生命有什麼特別重要或迷人之處，我以一己的經驗為素材，純粹是由於我對其他人的了解太有限，遠不如寫寫自己來得方便。事實上，與我同輩的科學家所寫的故事，可能都大同小異。但我覺得最重要的是，人類的大問題，關鍵在於個人而非群體。

要明白科學家以及它和社會互動的本質，你必須檢視個別的科學家，以及他面對周遭世界所抱持的態度。研究伴隨科學而來之倫理問題的最佳途徑，是實地了解一些讓科學家進退兩難的現實窘境。再則，鑑於第一手資料往往最值得信賴，我就由親身經歷寫起；而我的另一項個人偏好是，當問題來臨時，我通常求助於詩人多過求助於經濟學家！

且讓我回頭再把先前的《魔術城市》及其三部曲做個交代。我

們活在一個過度膨脹的玩具世界這件事，其實明顯得不須多費唇舌解釋。德國工程師奧圖（Nikolaus Otto），把玩汽油引擎模型多年之後——天啊！我們發現人們已駕駛汽車滿街跑了。美國化學家卡若瑟（Wallace Carothers）對聚合物縮合發生了興趣，然後，嘿！上班女郎個個穿起尼龍絲襪——這種在 1910 年的涅絲比時代，被視為上流階層特權象徵的時髦玩意兒。而韓恩（Otto Hahn）和史查斯曼（Fritz Strassmann）當年只是做分析放射化學以自娛而已，結果——轟！一聲巨響，日本廣島數十萬人都化為灰燼。

同樣的例子亦可見於涅絲比書上所訂的，關於希望以機器代替人力、但後果自負的規則上。一旦你擁有汽車、尼龍或核武器之後，差不多就被它們永永遠遠、牢牢的黏住了。可是腓力的世界和我們的世界，卻有極大的不同：在他的世界裡，每一座玩具城堡看來都放大了；在我的世界裡，成千的科學家兜弄上萬的玩具，但是真正巨大的倒是寥寥無幾。大多數的科技探險仍停留在玩具階段，只有專家或編歷史的人感興趣；其中，僅有極少數特別成功，並交織到我們日常生活的紋理當中。

即使具有事後諸葛的才智，我們仍然很難理解：為什麼一種技術空前成功，而另一項卻會胎死腹中？往往品質上潛藏的些微差異，就會導致不同的結局。有時候，無心插柳的結果，會使某種玩具膨脹成龐然怪物，一發不可收拾。當韓恩於 1938 年鬼使神差的發現核分裂時，做夢也想不到什麼是核武器，也沒什麼徵兆警告他正踏上致命的機關。七年後，當廣島原子彈爆炸的新聞傳到他的耳朵時，韓恩整個人幾乎被強烈的哀慟擊倒，身邊的朋友都擔心他會想不開而自我了結。

知識玩具的神話迷思

　　科學與技術，就像所有人類心靈的原始創作一樣，發展的結果難以預料。如果我們有可靠的標準為依歸，事先在知識玩具上標定良與莠，將更能夠明智的管制科技的發展。只可惜我們都缺乏這種高瞻遠矚的智慧，來判定哪條路通向滅亡與沉淪。任何手握重大科技生殺大權的人，不論他決定向前推進、或譜上休止符，都是拿全人類的生命做一次豪賭！

　　並不只有科學家可能玩弄知識玩具，使其突然暴脹，並導致整個王國瓦解崩潰；哲學家、先知與詩人都有可能。長遠來看，科學家放在我們手中的技術工具，若和野心家操控下的意識型態比較起來，其威力簡直是小巫見大巫。科技固然影響深遠、力量宏大，卻不足以宰制世界。

　　涅絲比本人壽祚綿長，並親眼看見世上十分之一的人口，受到「老尼克」在大英博物館漫長寂寞的歲月裡，精心構思的主義所統治。這位家人口中的老尼克，又叫馬克思，正是她的好友艾弗凌（Edward Aveling）的岳父大人。

　　馬克思是當代的天縱英明，死後卻成為半個世界的救世者，及另外半個世界的終結者。人類靈魂深處有根深柢固的傾向，即是喜歡建構救世者與終結者的神話；這類神話和其他神話一樣，都有些真理做為基礎。科學與技術的世界，表面上或許顯得理性，事實上對此種神話或迷思也無法免疫。科學大師自有一種特質、一種意志與性格的強度，使他們從一群庸俗科學家當中脫穎而出，就像馬克思有別於普通經濟學家一般。如果我們忽視了神話迷思和符號表徵的深遠影響，勢必難以了解科技發展的動力軌跡；就像忽視了政治

神話與圖騰，就搞不清楚政治意識型態的動力學一樣。

牛頓的魔術箱

　　我很幸運在經濟大師凱因斯（John Maynard Keynes）辭世前幾年，得以聆聽他的演講，內容是有關牛頓這位大物理學家的軼事。凱因斯本人在當時可算是傳奇人物，病入膏肓之際，仍肩負邱吉爾經濟顧問的重責大任。他偶爾會在公暇時偷得浮生半日閒，深深沉浸在他的嗜好中——研讀牛頓沒發表的手稿。牛頓早期的著作一直收藏在一口大箱子，終生未再開啟，一直到最近幾年才被發現。凱因斯演講的地點，正是二百七十年前牛頓居住和工作的同一棟老舊建築；其中一間古老、陰寒的房間，窗戶上仍覆蓋著大戰時留下來的遮光黑窗簾。一小群聽眾擠在昏黃的燈光下，簇擁著枯槁的凱因斯。他的語調充滿感性張力，而他蒼白的臉龐以及四周陰鬱的氣氛，使這場演講更加令人印象深刻。以下就是他談話的部分內容：

　　當你皺眉看著這些怪異的收藏，或許更可以幫助你了解這個奇才異士；我希望這種了解不要扭曲到錯誤的方向上。這位曾被魔鬼引誘，誤以為可以窺探上帝一切作為與大自然奧祕的人，顯然認為自己能在這四壁之內解決那麼多問題，又有什麼能阻止他單憑一己的腦力，同時扮演哥白尼和浮士德二合一的角色呢？

　　根據這些最早期的文件筆跡研判，有一大部分和煉金術的質變術*、哲學家之石、長生不老藥等有關。

---

　*譯注：質變術（alchemy-transmutation），例如將普通的金屬變為黃金。

　　他那些未曾公諸於世、有關奧祕與神學的東西，有一項重要的特徵：都經過細心的學習、正確的方法和極端莊重的敘述。如果整個事件及其背後的目的不用「魔術」二字來形容，倒也可和《自然哲學的數學原理》同登「神聖」之列。

　　為什麼我稱他是魔術師呢？因為在他眼中，整個宇宙及其中充滿的萬物，只是謎語或者祕密。只要單純思考某些證據，某些上帝有意布放在世界、提供哲學家尋寶的神祕線索，就可以解讀出來……。他也的確破解出蒼穹的謎語，並且相信憑著內省與想像，同樣可以參透上帝腦中預存的謎——那關乎過去、未來早已命定要發生的事件，以及隱藏在不可辨認初始物質內的元素與組成，還有關於健康與腐朽的謎底，無一不在他的能力範圍之內。

浮士德的買賣

　　牛頓是眾所公認的極端。在我引用凱因斯的話時，我無意暗示每位偉大科學家都得耗半生之力，在這些神奇的偶像或咒語上面。我只是想說，任何在科學上超凡入聖的人，很可能也具有某些非常人所及（甚至就某種層面而言，可說是超人）的特質。缺少了這種性格上異常強韌的天賦，是不可能獲致偉大科學成就的。由此我們就不難明白為什麼古老的神話，總是把科學家和占星家或方士（magi）連在一起。占星家或方士原來指的是古代波斯帝國拜火教的祭司，「magic」這個字就是從他們的名稱演變而來的。集科學家和方士神話之大成的最佳典範，莫過於歌德筆下的浮士德——那位出賣自己的靈魂給魔鬼，以換取玄祕知識及神奇能力的碩學之士。浮士德故事最令人嘖嘖稱奇的是，時至今日，每個人仍然在某種程

度上相信這樣的傳說。當我們說某個技術是浮士德的買賣，不消多說，大家就自然心領神會了。顯然在理性思辨檯面下的某處，神話迷思依然活躍。

稍後，我會再談到一些獲得大眾加冕為救世者或終結者封號的諸多科學家軼事。那些封號常常是曇花一現，甚至只算是欺世盜名，但是也並非全無意義。他們象徵大眾肯定了當代某些人做了某些舉足輕重的事蹟。我那個年代最偉大、也最名副其實的救世者，正是鼎鼎大名的愛因斯坦。他的特殊才華已獲得舉世公認，雖然很難用三言兩語或以筆墨道盡。不過，我不打算談論愛因斯坦，因為我從未見過他；而且該說的，別人也都說了，不需要我畫蛇添足。

在魔術城市裡，不但有救世者與終結者，還有一大群誠實的工匠與文士。科學的樂趣有一大部分在於欣賞熟練技工手中完成的作品。我們當中許多人都樂於彼此合作，從事一些「值得信賴」尤重於「別出心裁」的工作；因為能夠造出良好的工具供人使用，意義非凡又有成就感。我們不能期望每個人都有成為萬世巨星的本錢或雄心，科學事業健全發展不可或缺的一項因素就是——堅持品質的共識。每個人以其作品的高品質為榮；反之，如果作品粗劣不堪，必然受到唾棄。品質至上的共識，可以使例行公事都獲得應有的尊重。

最近，有一位新的方士嶄露頭角，他是名叫波西格（Robert Pirsig）的作家。他寫了一本書，叫做《禪與摩托車維修的藝術》，書中探討科學的兩面性。科學一方面可視為精緻的工藝，另一方面又是對知識的迷戀。他的生花妙筆翩然飛舞於這兩個經驗層面：就實際層面而言，他為非科學出身的讀者，勾勒出科技美德植基於品質至上的原則，摩托車的例子正是這種實用科學至高指導原則的最

好例證；就知識層面而言，波西格巧妙編造了一個冒險故事來討論科技問題，其中有他自己對哲學思維的要求，結局則是心靈的崩潰與重整。

書中的要角菲德拉斯（Phaedrus）是波西格本人的身影──心靈因為受到知識的過分主宰，終於變成神智不清。為了要活得像正常人，波西格努力迫使菲德拉斯離開他的意識，可是菲德拉斯卻像鬼魅般時常回來騷擾他。最後，名叫克里斯的少年，騎著摩托車成功將菲德拉斯和波西格重新牽在一起。藉著這種詭異的組合，這本個人戲碼，不著痕跡的融入波西格對科技發展的洞見。

波西格本人的職業是作家而非科學家，但是他費盡心思，想把人類全部的經驗排定合理的順序，就像牛頓在三百年前的努力一樣。他在美國蒙大拿州埋首研究蘇格拉底之前的希臘哲學家；牛頓則埋首於劍橋的實驗室，潛心研究古代鍊金術的經典。皓首窮經的結果，將這兩個人帶到瘋狂的邊緣，最後這兩個人也都不約而同放棄了自己原本精心擘畫的大作，轉而在較狹窄的領域裡安身立命。然而，波西格帶給我們這一代的信息，在我們努力為科技找尋定位的時候，卻日益發人深省。因為他就是他，他所見到的，誰也無法抹煞：

拜火的方士，

我死去的孩子，

和自己在公園中行走的身影相遇，

他見到一個孤寂、飄盪的幽靈！

第 2 章

救贖浮士德

第二次世界大戰暴發前一年，我收到一本皮雅久（H. T. H Piaggio）的《微分方程》。書不是我的老師寄來的，當時我們家附近既沒有大學，也沒有科技圖書館。開啟知識之門的方法，是靠著自己親自提筆寫信給各大圖書出版社，我在上面寫著：「敬啟者：麻煩您將貴公司科學方面的出版品目錄壹份，寄到下面的地址……戴森敬上。」通常，要不了幾天，目錄就會寄來，屢試不爽。最棒的一次是來自劍橋大學出版社，他們有一大套記述 1872 年至 1876 年間，挑戰者號探測（Challenger expedition）的實地經歷。挑戰者號那一次的海上旅程，是世界史上第一次環球海洋探險，那艘小船帶回豐碩無比的成果。甚至時至 1938 年，書商以該旅程為題材出書，仍大發利市。我心中暗自忖度，日後是否還可能有第二次這樣的海上探險，而我有沒有榮幸得參與此一航程呢？後來，我發現挑

戰者號叢書實在太過昂貴，不是我經濟能力所能負擔，我的海洋夢
也就這樣無疾而終了。

獻給母親的樂章

數學則便宜多了，我曾讀過一些愛因斯坦著名的文章以及相對
論，並且被吊足了胃口。因為每當我讀到接近問題核心的時候，作
者總是冒出一句：「如果你想對愛因斯坦有真正的了解，你必須先
懂得微分方程」之類的話。微分方程？我沒什麼概念，可是我知道
這是愛因斯坦所用的語言，我得學會才行。因此，當我收到貝爾父
子有限公司（Bell & Sons Limited）寄來的目錄，並且發現上面有一
項寫著「《微分方程》——皮雅久著，十二先令六便士」時，我真
是大喜過望。我從來沒有聽過皮雅久這號人物，不過十二塊六卻難
不倒我，於是我立刻到書店去把它訂下來。不久，一本其貌不揚、
薄薄小小、淡藍布套封面的書寄到了。只是當時學校功課太忙，沒
有餘暇閱讀，所以我就把它留到耶誕假期才翻出來看。

學校放假期間，我大部分都是在父親買來做為渡假別墅的海邊
小木屋裡度過。父親是音樂家，他在溫徹斯特的一所學校（我也在
此就讀）擔任音樂教師多年。他非常喜歡學校教師的工作，一年有
三個月的假期，甚至在學期中也仍然有許多空閒時間可以作曲、指
揮。

父親最有名的作品是〈坎特伯里朝聖歷程〉（The Canterbury
Pilgrims），包含了獨唱、合唱及管弦樂合奏，取材自英國詩人喬
叟（Geoffrey Chaucer）的作品《坎特伯里的故事》（*The Canterbury
Tales*）。這部作品在溫徹斯特首度公演時，我才七歲，當時是特別

獻給作詞者──我的母親。父母親對喬叟筆下塑造的不朽人物，有著同樣強烈的感情。日常生活中，我們常遇到喬叟筆下朝聖者的化身；這時候，他們就會迅速交換眼神，母親輕輕背誦一段喬叟的文章，父親則輕聲吟唱配搭的曲調。例如溫徹斯特肥胖的教士，就會使我們想起喬叟筆下的僧侶：

> 他身材又肥又胖，非常引人側目；
> 他的眼睛又大又亮，在臉上咕嚕嚕溜轉，
> 好像爐子底下的火一樣放光。

駕著勞斯萊斯逛大街的醫生，則令人想起喬叟筆下的內科醫生。

> 他把因黑死病所賺的，全都存起來；
> 因為黃金在藥學上可用作強心劑；
> 所以，他愛黃金勝過一切。

英格蘭鄉村的風景和天籟，則令人想起喬叟的描述：

> 小鳥輕啼，編織美妙旋律，
> 他們夜裡睡覺都不闔眼，
> 心中歌頌著大自然。

在小木屋渡假的時光，父親固定每日早起作曲三個小時；下午則喜歡到田裡走走，並且努力改善老是淹水的四十公頃田地。那塊

地的狀況的確需要大幅改善，它位於英格蘭南方海岸附近，地勢低
於海平面，由於經常遭到海水倒灌，地都變鹹了。我們得負責維修
我們這一區的堤防，以防止海水漫進來。這塊地的排水系統，主要
是靠一種稱為「班尼」（bunny）的制水機關。所謂的班尼，是埋在
堤防下的一條管子，有單向的木閥開關。退潮時，讓水從田地流入
海洋，漲潮時則關閉以防海水倒流。那些班尼是我父親的最愛。當
他站在冰冷潮濕、深及腰部的汙泥中，把淤塞的班尼掏乾淨、恢復
暢通時，大概是他人生最快樂的時刻。如果班尼都表現正常，他就
疏通排水溝。到此為止，萬事皆備，只欠一樁──為了使他的快樂
得以完全，他還喜歡日漸成長的兒子，一同站在泥巴地裡協助他、
與他作伴。

以數學為伴的假期

　　我心目中的快樂耶誕佳節可不是那回事，我帶著心愛的皮雅久
到達海邊的木屋，不想須臾分離。很快的我就發現，皮雅久的書真
是學生自修的良伴，它是本結構嚴謹的書，而且很快就能助我躍入
進階程度。但和一般高等課程不同的是，它幾乎完全是以「例題、
解答」的方式寫成，總共七百多題。一本有習題的教科書和一本無
習題教科書的差別，就好像學習開口講一種語言，和學習閱讀一種
語言的差別。我想要「講」愛因斯坦的語言，所以我把習題從頭到
尾都演練一遍，從早上六點做到晚上十點，只有吃飯時間稍微休息
一下。平均一天做十四小時──從來沒有一次假期這麼過癮！

　　後來，我父母親開始擔心起來，母親以悲傷的眼神看著我，並
引用喬叟〈牛津的牧師〉（Clerk of Oxenford）文中的一段：

> 為了學習，他投下最多心力，最多關注。
>
> 除非必要，他口中不出一言，不出一語。

　　她警告我，再這樣下去，我會生病，腦筋也會燒壞。父親也來求我，暫時停止計算，去幫忙他疏濬排水溝，就算一、兩個小時也好。可是他們的懇求，只讓我變得更加頑固。我已經和數學墜入愛河，其他東西都不重要了。我也敏銳的察覺到戰爭腳步的臨近，我當時並不知道那是我們太平時期的最後一個耶誕節，但是我們都可以感受到山雨欲來風滿樓的緊張氣氛。我知道 1917 年與 1918 年之交，第一次世界大戰暴發時，英國年滿十五歲的少年如何被送往前線。無論如何，我的好日子也沒有幾年好過了；而每一個沒有數學為伴的時辰，對我而言都是可悲的浪費。父親怎麼可能盲目到把我僅剩的幾天生命，浪擲在什麼勞什子的排水溝上？面對他的盲目，我心中充滿的不是憤怒，反而是悲哀。

不自外於人間

　　那些日子，我滿腦子都是貝爾（Eric T. Bell）所著《數學人》（*Men of Mathematics*）書中的浪漫散文。《數學人》集結了好幾位大數學家的傳記，很適合年輕男孩閱讀——很不幸，裡面缺乏鼓舞女生的人物，柯瓦露絲卡（Sonya Kowalewska）只分配到半章的篇幅。這本書也喚醒了許多當代人對數學之美的再認識。我印象最深刻的是其中〈天才與愚蠢〉那一章，描寫到法國數學家伽羅瓦（Évariste Galois）的生與死，他是在二十歲那年死於一場決鬥。雖然書中寫了許多有關他情感上的紊亂，但他的確是道道地地的天

才，而他的死也真是一大悲劇。以他的姓氏命名的「伽羅瓦群」與「伽羅瓦場」，在一百四十年後仍然是數學上活躍的理論。貝爾這樣描述死亡決鬥的前一晚：

> 整個晚上，他好像在和疾馳而逝的每一小時賽跑，奮筆疾書，寫下他的科學臨終遺言。他似乎已預見死神站在門外催促，只好拚命收拾腦海中汩汩湧出的偉大智慧片段。一次又一次，他忍不住在稿紙邊潦草寫下「我沒有時間了！」，然後又匆匆接寫下一行。他在黎明來臨前幾個小時拚命寫出的東西，卻讓後世好幾代的數學家忙上百餘年。他的發現，一勞永逸的解決了折磨數學家整個世紀的謎團：什麼情況下，方程式才恆有解？

　　這篇文章在我與皮雅久奮戰的那段日子中，又加添了幾許神聖的哀愁。如果我命中注定要在十九歲英年早逝，像許多第一次世界大戰中捐軀的少年軍官一樣，那我還比伽羅瓦少活一年呢！

　　我們的耶誕假期前後整整有一個月，在假期結束前夕，我差不多已做完皮雅久的七百道例題，並且開始跳過一些題目，甚至願意騰出一、兩個小時陪母親散步。母親期待和我說話已經很久了，她早已準備妥當，所以在假期結束之前幾天，我們就一起出去散步。

　　母親的職業是律師，對人有濃厚的興趣，喜歡拉丁詩人和希臘詩人。她引用古羅馬作家埃福（Terentius Afer）的戲劇《自虐者》（*The Self-Tormentor*）裡頭的對話，做為開場白：「我是人，絕不自外於任何與人類相關的人、事、物。」這句話成為她一生持守的座右銘，一直到她九十四歲辭世為止。當時我們沿著一邊是泥沼、一邊為汪洋的堤防上走著，她告誡我，這句話也應該成為我的座右

銘。她了解我沒有耐性聽這些大道理，也知道我為皮雅久的抽象之
美深深著迷；但是她懇求我在汲汲於成為數學家的過程中，不要失
卻了自己的人性！

「你將深深懊悔，」她說：「當你有朝一日成為大科學家時，
卻發現自己從來沒有時間交朋友。這樣的話，就算你證明出黎曼猜
想，如果沒有妻子、兒女來分享你勝利的喜悅，又有什麼樂趣呢？
你將會發現你鍾愛的數學也會變得呆滯而苦澀，如果那是你唯一醉
心的東西。」

浮士德的救贖

我心不在焉的聽她把話說完，知道自己還用不上這番大道理，
要用時再回來思考也還來得及。母親說完埃福之後，又開始說到浮
士德。她告訴我歌德寫的《浮士德》第一篇的故事，說浮士德怎樣
焚膏繼晷的研讀書冊，妄想窮究一切天地之理、古今之變，及支配
自然的能力。說他如何愈來愈自我中心，也愈來愈不滿足；說他如
何走火入魔，並將自己的靈魂賣給魔鬼以換取知識和能力；又說他
如何和葛瑞琴（Gretchen）努力去找尋快樂，卻獲得悲哀、悽慘的
下場，只因他已失去無私之愛的能力，只會強迫她按著他的方式愛
他。

幾年之後，當電影「大國民」（Citizen Kane）從美國渡海來英
國放映時，我也去看，並驚覺自己竟看得熱淚盈眶，我明白過來，
是因為大導演威爾斯（Orson Welles）的藝術功力，讓母親形容的
浮士德影像又鮮活過來。

劇中主角凱恩（Kane）、浮士德，和我自己，我們都只配得永

遠沒有朋友的光景，因為我們只顧著滿足自私的野心。

　　還好母親並沒有讓我停留在那樣的忠言逆耳裡，就棄我而去；她繼續不倦的為我講述《浮士德》第二篇——歌德晚年的作品，敘述浮士德終於得救。天堂與地獄談判的結果，獲致一項協議：如果浮士德這輩子可以找到真正快樂的一刻，而且靈魂能獲得安寧，他就可以得救。接下來，歌德用了冗長的篇幅與詩篇，來描寫浮士德尋找快樂時刻的徒勞無功。他遇見了特洛伊城的海倫，以及其他好幾個神話中的人物，也嘗試掛帥出征、統領百萬雄兵的滋味，可是都沒有滿足的喜樂。

　　最後，當他垂垂老去，眼睛也瞎了，他來到一處荷蘭的小村莊，全體村民不分男女老少，正如火如荼的投入緊急行動——保衛村莊免受海洋狂浪的席捲。村民傾巢而出，集結在堤防邊，挖土的挖土、舀水的舀水，大家同心協力抵禦共同的天災。浮士德深受感動，不顧自己身體的衰殘，也奮勇投入這項救援行動。突然間，他恍然大悟，這不正是自己畢生追尋的歡樂時刻嗎？與他的同胞同舟共濟的喜樂，投入遠超過一己崇高使命的喜樂！於是乎，他死後靈魂得到救贖，天使詩班將他接上天堂。

　　後來，當我有機會再讀到《浮士德》第二篇的結尾幾頁時，我驚奇的發現，這座堤防邊的荷蘭村莊竟躍然紙上。而這清晰的記憶，主要得歸功於母親的口述，而非歌德的筆述。歌德所寫的，其實只是個蒼白的幻影而已，很可惜歌德從來沒有聽過這個由我母親口中敘述的版本。

　　很顯然，我的得救之路就是趕到父親工作的排水溝那裡去。我勉強自己下田幫忙，與汙泥奮戰一個下午；只是沒有天使來把我接上天去！

社會沒有了公義

　　假期結束，我再度回到學校，很快的看完皮雅久，準備換愛因斯坦。很不幸，我手邊的圖書目錄沒有一份有提供愛因斯坦的著作，而且有一段時間，事情就這樣陷入膠著。後來，我向劍橋大學出版社訂了一本愛丁頓（Arthur S. Eddington）的《相對論的數學理論》，湊合著用──看過皮雅久之後，讀起來可容易多了。在同一時期，母親的智慧之言已悄無聲息沉澱到我的下意識裡，我同意母親所說：「人類的獨處與群居，是生活滿足不可或缺的兩要素」；但實際上，至少在當時，我看不出我要如何兩者兼得。

　　那個時候，每個人都為大戰一觸即發而感到寢食難安，我自然也不例外。我並不在乎誰贏誰輸，當時看起來，不管我們打贏或打輸，反正任何值得保存的東西想要全身而退，似乎都機會渺茫。大戰之於我，實在是全然的災難，唯一可能阻止它暴發的方法，只有改變雙方戰爭販子的心思意念，而且顯然必須是從根本改變他們的思想才行！

　　我絞盡腦汁想了解，驅使我們互相憎恨到非戰不可的深層原因何在？結論是：戰爭的基本原因在於沒有公義！如果世上的貨財都能公平分給每一個人，如果每一個人的一生都有均等的機會，那就不會有憎恨與戰爭了。所以我問自己兩個老掉牙的問題：為什麼上帝允許戰爭發生？為什麼上帝允許不公義的事情存在？但我找不到答案。對我而言，不公平的問題似乎比戰爭問題更棘手。我算是天資聰穎、身體健康、書籍和教育都不缺的人，又有充滿愛的家庭，我實在很難想像威爾斯礦工的兒子或印第安農夫，能像我一樣幸運，擁有這麼好的環境。

3月的一個下午，我心裡似乎出現一道未曾預見的亮光。當我走到學校公告欄，去看我的名字在不在明天的足球賽名單上時，我發現自己榜上無名；而我心深處忽然靈光乍現。我個人的問題、戰爭的問題和不公平的問題，都有了答案，而且再簡單不過——我稱之為「宇宙合一性」（Cosmic Unity）。宇宙合一性說：我們其實都是同一個人，我就是你，我就是邱吉爾、是希特勒、是甘地，是任何一個人。所以根本沒有所謂不公平的問題，因為你受苦就是我受苦；也不會有戰爭的問題，一旦你了解到，你殺我，其實也是在殺你自己！

宇宙合一教主

接連幾天，我悄悄在心中醞釀並沉思這形而上的宇宙合一性，愈想就愈覺得這正是活生生的真理。邏輯上無可爭議，它首度提供了堅固的倫理基礎，提供人類從根本改變心思意念的方法，而這正好能在危急存亡之秋，帶來和平希望。唯一剩下的「小」問題是，我得設法讓世界改變想法，成為皈依這種思想的信徒。

引人歸正的工程進度緩慢，因為我不善講道。當我向學校裡的朋友詳述兩、三次以後，我發現已很難再引起他們的注意。他們不再熱切的想聽下去，反而看到我就退避三舍。

他們都是本性善良的青年，也頗有接納異端的雅量，只是被我道德狂熱的語調與說詞給嚇跑了。因為我在講道時，聽起來太像校長在訓話了。所以，到最後只收了兩個門徒，一個是真心相信，另一個則是不冷不熱。全心相信的那位並沒有幫我廣為宣傳，他只是喜歡把它當作個人的信仰；而我也開始信心動搖，懷疑自己是不是

缺乏某種宗教領袖的必備特質,相對論是否比較適合我投入?幾個月過去,我宣布放棄使人歸正的嘗試。有些朋友看到我,會很高興的說:「宇宙合一教主,今天好嗎?」我會簡單回答:「我很好,謝謝!」就放他過去。

那年暑假,我又做了一次導入歸正的嘗試。我邀母親再到堤防上散步,並且極力向她陳明我的希望與榮耀。很顯然,她很高興看到我終於發現天地之間還有許多事情值得關心,不光只是微分方程而已。她凝視著我默默的微笑。等我口沫橫飛敘述完我的宇宙合一教義後,我問她覺得如何,她緩緩回答道:「不錯,與這類似的道理,我已經相信很長一段時間了。」

第3章

少年十字軍

　　飛行大隊指揮官麥高文（John C. MacGowan），原先是英國皇家空軍轟炸機指揮部前導機群的首席醫官，他坐在 83Q 號蘭開斯特轟炸機上，從懷頓（Wyton）空軍基地起飛前往柏林，時間正是戰況吃緊的 1944 年 1 月。懷頓空軍基地是 83 中隊的大本營，為前導機群成立之後的第一個據點；83 中隊專司夜襲德國城市。我站在跑道旁，面對濕冷的夜風，雙眼注視著 83 中隊的二十架蘭開斯特轟炸機起飛，並消逝在黑暗的夜空中。我待所有轟炸機都起飛後，才進屋去休息、喝杯咖啡。蘭開斯特的炸彈承載量相當驚人，而自 1942 年服役以來，超載的上限又不斷刷新。這回，它們也都嚴重超載，所以花了不少時間才順利升空。

轟炸致勝說

　　懷頓基地可以說是戰時軍事基地醜陋的代表，一窪又一窪的水坑、一座又一座的軍營，倉庫裡堆滿了炸彈，還有一大堆破損不堪、不值得修理的裝備。連續兩個月，83中隊每個晚上都出勤，只要天氣不是糟到完全無法飛行，就會載滿炸彈去轟炸柏林。但平均每一次任務會損失一架飛機，而每架蘭開斯特轟炸機上，都載有七名機員。

　　轟炸機指揮部那年冬天集中火力，把作戰能量推到極致，對柏林展開疲勞轟炸；因為在英美盟軍主力開進歐洲之前，這是給與德國戰時經濟致命一擊的最後機會了。那些駕著蘭開斯特轟炸機的少年軍，所被告知的是：柏林這一仗是大戰勝負所繫，而盟軍正節節勝利。

　　我不清楚他們當中有多少人相信這番說法，我只知道他們聽到的都是騙人的！截至1944年1月，我方都節節失利。我曾經看過轟炸成果的報告，圖表顯示炸彈散布範圍極廣，而我們損失的轟炸機數量亦急遽上升──我們這種持續性的攻擊根本沒能左右戰局！沒錯，柏林市區裡有各種重要的軍事工業與指揮中心，問題是，轟炸機指揮部沒有試圖找出這些重要工業或行政中心的個別所在，以施行定點轟炸；只是像西北雨一樣投下燃燒彈，只求火力集中攻擊市區的某一地帶，再加上小部分高爆炸藥的轟炸，來阻撓消防隊滅火。其實這種一成不變的攻擊方法，人家只要重點加強防守即可，重要的工廠加派消防隊保護，在最短時間內，把落於危險地帶的燃燒彈大火撲滅；至於一般民眾和商店就任其焚燒。所以常見的是，轟炸機指揮部「摧毀」了一座城市，但是幾週以後的照相偵察結果

顯示，那些工廠仍然在大火過後的殘垣斷瓦中照常生產。

　　大戰當中，轟炸機指揮部的燃燒攻勢只有兩次獲致出奇的成功。第一次是 1943 年 7 月在漢堡，我們在一處人口稠密的地區製造了許多火災，以致串聯成一場「火暴」（fire storm）——火焰像颱風過境，所經之處都夷為平地，燒死了四萬多人。我們任何一次攻擊所造成的摧毀效果，都不及火暴功效的十分之一；如果我們要在柏林戰場贏得有意義的軍事勝利，就得在那裡製造火暴。很明顯的，若有巨大火暴燒過柏林的話，必定可以實現那群轟炸機指揮部創辦人的夢想——他們的口號是「空戰致勝」；但是，到了 1944 年 1 月，我知道這已是不可能實現的了。火暴要出現，轟炸機必須能超級準確的命中目標，並且沒有地面防禦的干擾。可是，我們天天疲勞轟炸的結果，柏林仍是一天強似一天，炸彈的攻擊則愈來愈零散。我到懷頓基地一年之後，也就是德國遭盟軍圍勦，開始搖搖欲墜的時候，才又成功引發另一次的火暴，那是在 1945 年 2 月的德勒斯登。

推翻官方說法

　　我以民間科學家的身分奉派到轟炸機指揮總部，士別三日，我早已不是昔日那位宇宙合一教的吳下阿蒙。我隸屬於作業研究部門下的小組，負責擔任總司令的科學參謀，專門從事統計研究，任務是要找出，飛行人員的經驗和飛機遭擊落的機率之間是否有關聯。

　　指揮部有一個信念，並且對機員一再耳提面命，同時官方的傳播媒體也一再對大眾灌輸這個觀念——機員經驗愈豐富，出勤後生還的機率愈高。機員聽到的精神教育是：一旦熬過了頭五次或頭

十次的勤務，你就會抓到訣竅，得以更快發現德軍的夜行戰鬥機，自然就更有圓滿達成任務並生還的把握。毫無疑問的，這個信念對提升少年軍的士氣有莫大的幫助。況且，中隊長又都是些身經百戰的生還者，更是打從心底相信他們之所以能活到今天，完全是因為個人的純熟技術與堅強意志所致，而非單靠運氣。他們說的或許沒錯，在大戰初期，經驗豐富的飛行員的確存活率高出許多。我奉派到轟炸機指揮部之前，作業研究部曾進行研究，證實了存活率與經驗成正相關的官方說法，而這項研究結果也廣受各方接納。

很不幸，當我重複上述研究，比對更周密的統計資料時，我發現實情完全改觀。我的分析是根據完整的紀錄，審慎刪除一些可疑關聯造成的誤導，例如：新手常被委派低難度的任務。結果很明顯，機員折損率與經驗成負相關的關係在 1942 年成立，但到 1944 年已不復存在。當然還是有許多案例顯示：經驗老到的機員，英雄式的將受重創的飛機飛回家；而在類似的情境下，新手可能已人機俱焚了。然而，這些案例並不能動搖統計結果──經驗生疏或嫻熟，對生存的貢獻根本看不出來。譬如在 1916 年索母河戰役（Battle of Somme）中，機員一旦陷入德軍機關槍的火網，不論是菜鳥還是老鳥，一律獲得平等對待，也就是遭徹底殲滅！

經驗與傷亡率無關的發現，照理說，應該已經讓指揮部有所警惕，並且嘉獎我們發現新的結果。在作業研究部，我們找到理論可以解釋，為什麼嫻熟的經驗，也無法保證轟炸機員能平安回來，而且我們也確信這個理論正確無誤。理論的名稱叫「頂射砲」（Upward-Firing Gun）。每架蘭開斯特轟炸機除駕駛艙的三名機員外，尚配屬四名機員持續不斷對空搜索，找尋戰鬥機的行蹤：中座是導航員和炸彈瞄準員；另外兩名砲手，一名在機尾，一名在中上

部位的砲塔。機身的正下方雖是個盲點,但配備傳統前射機砲的戰鬥機,不可能從正下方仰攻轟炸機並將之擊落,因為尚未接近就早被發現了。

但是,德軍的戰鬥機有愈來愈多不再配備傳統武器,而是架設砲口垂直向上的大砲,利用簡單的潛望鏡偵察瞄準器,飛行員可以悄悄飛到轟炸機的正下方,仔細瞄準後射擊。德軍戰鬥機飛行員只要小心別被轟炸機爆裂的大型碎片擊中就好了。

缺乏道德素養?

由於 83 中隊是歷史最悠久的前導機中隊,隊中經驗老到的機員比例也較其他中隊高出許多。正常的中隊勤務分配下,一名機員服役時,大約要出三十次任務。在大戰的中期,損失率大約 4%。換句話說,一名機員在正常服役年限下,十中有三仍會存活。至於簽下雙役(double tour)的前導機員,則須出勤六十次。那麼退役時,大約十一名當中,只有一名可以存活。在 1943 年至 1944 年的冬天,因為密集轟炸柏林,損失率更是遠高於平均值,活著退役的人也就更少了。

我從總司令部來到懷頓基地,考察各種戰鬥機反制雷達的運作情形。雷達功能仍很正常,只是沒有什麼用,因為它們無法分辨出戰鬥機和轟炸機。此行另外一個目的,是蒐集有助於我們研究經驗與損失率相關性的資訊。我滿心指望可以和一些有經驗的機員交談,蒐集第一手印象,並稍微體會一下柏林夜戰的實況。

可是不久後,情勢即明朗化,機員和平民旁觀者之間,根本不可能有什麼深刻的交談,尤其存活率這個話題在此間已是一大禁

忌。整個空軍官僚的傳統想法，就是要官兵想都不要去想死傷人數多寡的問題，因為想太多容易造成精神崩潰；而若有官兵和其他同僚談到這些話題，對中隊的訓練更是一大威脅。所以指揮部裡任何討論到存活率的文件，統統受到嚴密的監視，以防流到中隊部。中隊的傳統信條是：「不問原因何在，只求實踐履行，為國犧牲」。

中隊部倒沒有禁止官兵和我交談，官兵們高興和我說什麼、說多少都可以。但是他們能對我說什麼？我又能告訴他們什麼？我們彼此間彷彿有一條鴻溝相隔，他們都是二十來歲的年輕人，年紀和我相若，然而他們已經出生入死三十幾趟，幸運的話，後面還能碰上另外三十幾趟。我則完全不同，我沒有經歷過這種生死交關，以後也不會經歷。他們知道（我也曉得他們知道）我是那種接受學院教育的孩子，戰時可以受派前往一些輕鬆的、沒什麼危險的單位。同是二十歲，命運卻有如此天淵之別的二個年輕人，能談些什麼重要的事情，不想可知。

在懷頓，我真正能自由交談的人，就是大隊指揮官麥高文。他負責全部八個前導機飛行中隊，所有人員身體及心理的健康。麥高文外形高大，滿頭白髮，看起來頗為蒼老；雖然實際年齡絕不可能超過四十歲。隊上如果有人開始出現精神崩潰的前兆，那麼是去、是留、是調職的最終裁量權，完全在他。真正精神崩潰想出去還不是件易事，當一個人以精神理由轉移出去時，調職的官方理由會寫上「缺乏道德素養」（Lack of Moral Fibre）；也就是說，他實際上是被宣告為懦夫，從此之後只能發派去做一些賤役。

儘管得忍受許多不光采的公然羞辱，然而「缺乏道德素養」的人仍不在少數。在指揮部，我們只知道中隊裡役期未滿即遭調職的人數，和完成役期的人數約莫相當。我們無從知道有多少受調職的

人員是基於精神因素，只有大隊指揮官麥高文知道。

放棄效死的念頭

　　第一次同麥高文見面，當他告訴我當晚他要飛往柏林時，我著實大吃一驚。他說弟兄都喜愛他和大夥一起飛。在中隊裡，大家都知道，只要醫官在機上，那架飛機必定可平安返回。過去兩個月裡，他已經進出柏林達六次之多。起初我認為他一定是瘋了，一位資深的醫官，又是全職幕僚工作的軍官，何必冒著生命危險，重複做出這些出生入死的任務？後來我終於了解，那是他唯一可以向這批少年軍證明，他不但對他們的身體和靈魂負全責，而且也真心關懷他們。這是當麥高文面對那些瀕臨崩潰的少年，並宣告他們「缺乏道德素養」時，能夠開心無愧的不二法門。

　　麥高文和二十架蘭開斯特轟炸機的官兵出發前往柏林前，他們和因為特定原因不能參與本次行動的預備隊員，舉行了一次餞別啤酒會，那些少年軍喝了大量的啤酒，又引吭高唱他們的隊歌：

　　我們載著炸彈飛往德意志，
　　我們不再帶回來——

　　每一節唱完，他們就反覆呼唱：

　　83 中隊，
　　83 條好漢！

　　我一生中參加過的啤酒會，就屬那一次最感傷。第二天一大早，我們聽見蘭開斯特回家了，只短少了一架——不是麥高文那一架。

　　懷頓之行過後，我決定投筆從戎，辭掉指揮部的工作，自願加入飛行員的行列。我覺得那是唯一光榮的事。由於我受過數學的訓練，我預期他們一定會錄用我擔任駕駛員。不過在投入這項滿腔熱血的行動之前，我就整個局勢和母親商量。母親立刻察覺到問題的嚴重與危險，她知道直接訴諸我的怯懦或嚇唬我，是沒有用的。於是她另闢蹊徑，訴諸我能力上的不足。「當駕駛員，你是絕對沒希望的！」她說：「你一定每次都會迷失方向，當然，我不反對你捨生取義的壯舉，如果你自認為那樣做很對。只是因此浪費一架飛機實在太過划不來。」她的話收到了預期的效果，我放棄英雄式壯烈犧牲的念頭，默默回到轟炸機指揮部的工作崗位。

無關痛癢的反擊

　　那年冬天，我們對柏林發動攻擊期間，德國人也偶爾派遣幾架轟炸機到倫敦上空盤旋。德軍的攻擊和我們的規模相比，根本微不足道。他們的目的，無非只是為了鼓舞柏林人的士氣。1940 年，當倫敦遭受砲火猛烈攻擊時，我們也曾對柏林發動過幾次象徵性反擊。所以 1944 年 2 月，當德軍轟炸機在我們頭上嗡嗡作響時，我還是大大方方躺在床上，懶得下到地窖去。我想著上面那些可憐的德國少年，冒著生命危險，只為了讓宣傳部門第二天早上有文宣題材。當我默想這些你來我往無關痛癢的轟炸、無聊的遊戲，正是我們所捲入的戰爭時，外面傳來一陣震耳欲聾的聲響，我臥房的窗戶

整個摔到地上，跌得粉碎。距離我家兩屋之隔，座落在皇后門和親王路轉角的法蘭西研究院（Institut Français），被炸彈打個正著。

法蘭西研究院是戰前倫敦法國人的文化中心。聽說戰前法國人對戴高樂不是很滿意，1940 年當他從法國到倫敦訪問時，旅英法僑認為他取得法國政權的手段不盡合法，因此並不歡迎他。整個大戰期間，法蘭西研究院的人和戴氏之間，一直有零星不斷的爭執。母親和我到街上去看遭大火焚燒的法蘭西研究院，熊熊烈焰在冬夜裡照得天空通明。或許那些在天上盤旋的小夥子不是德國人，而是戴高樂來報老鼠冤的殺手。不管真相如何，無論從哪個角度看，都沒什麼道理可言。

在作業研究部參與轟炸機折損率原因分析的同仁，包括我在內，一致認為我們想到一個上上之策，可以大大降低折損率。我們希望將兩座砲塔及相關的機械、彈藥整個從飛機上拆除，並且將機員由七人減為五人。證據顯示折損率並未隨經驗的累積而減低，更證實了我們的推論：砲手在夜間對防衛轟炸機的貢獻是微乎其微。轟炸機的基本困擾是：它們的速度太慢、載得太重，加上砲塔又相當沉重，就空氣動力學的觀點而言，實在很笨拙。我們估算，如果將轟炸機的砲塔拆除，餘留的空洞再用平滑的整流板蓋上，飛行速度每小時大約可快上 80 公里，機動性也大為提高。

折損率每晚不相同，我們曉得主要取決於德軍指揮官在指揮戰鬥機攔截盟軍轟炸機群上的成功或失敗而定。每小時快 80 公里或許會使局面完全改觀。至少，我們敦促指揮部可以嘗試做個實驗，先從幾個中隊開始，將砲塔拆除。這樣他們很快即可看出，沒有機槍砲塔的蘭開斯特轟炸機遭敵軍擊落的數目，是增多還是減少？私底下，我還有另外一個理由希望砲塔拆除，因為即使這項改變無法

挽回整架轟炸機，至少也可以少死兩名砲手！

官僚體系令人憤慨

　　我們給總司令的所有建言，總是經過官僚管道層層轉呈。官僚體系的篩選過程中，一些尖銳的批評和較急進的建議，就一點一點被刪除；按照往例，總司令只會被告知他愛聽的東西。我第一次看到我們的官僚體系運作起來竟是如此，當時所受的衝擊，及今思之，記憶猶新。那時，一位英國空軍婦女輔助部隊的中士，手上拿著襲擊法蘭克福的轟炸計畫，走進我們的辦公室。一如往常，攻擊點都是由空中照相複製到目標城市的地圖上，然後畫上一個直徑將近 5 公里的圈圈。這份計畫乃是要與我們的分析報告一起上呈總司令的。我們的長官面有慍色的看了幾秒鐘之後，擲還給那位中士。「丟進圈圈裡的炸彈少得太離譜了吧！」他說道：「妳最好改成 8 公里的圈圈再交上去。」

　　有了這次經驗，我就對當局對我們的建議──亦即撤去砲塔後轟炸機存活率可能更高的看法，有著不屑一顧的態度，也不至於太過訝異了。因為這種建議根本不對總司令的胃口，因此底下的官僚自然也不會喜歡。如果硬要將拆除砲塔的想法向上面推薦，就必須對抗官方迷信英勇砲手能捍衛機員的想法，也必須面對指揮部龐大的官僚勢力，這樣勢必會捲入一場政治鬥爭，一發不可收拾；況且我們的勝算也不大。總而言之，我們的長官對這種鬥爭可沒多大胃口。就這樣，砲塔仍然在轟炸機上，而砲手依舊無謂犧牲，直到戰爭末了。

　　在總部與我同辦公室的，有一位半愛爾蘭血統，年齡也與我相

仿的年輕人，名叫歐拉格林（Mike O'Loughlin）。他曾經當過兵，後來因為患上癲癇症而除役。他數學懂得沒我多，可是對現實世界的閱歷卻比我深。當我們環顧指揮部四周所充滿的殘忍與愚蠢時，我滿心沮喪；而歐拉格林則義憤填膺。但憤怒還能有創造力，沮喪則毫無益處。

　　有一件令歐拉格林很憤慨的事，就是飛機的緊急逃生門。每一架轟炸機的地板都留有一個緊急逃生門，只要機長下達跳傘逃生命令時，就可以掀起門板跳機逃生。官方的宣傳給機員一種印象，萬一飛機不幸遭擊中，他們可以很從容的拉開降落傘逃生。通常他們最擔心的，是被憤怒的德國百姓抓去動用私刑；至於陷在著火的機艙不得逃脫，反倒不那麼在乎。其實，遭百姓動用私刑的事從未發生過，而且只有很少數的機員被俘擄後遭蓋世太保槍斃。絕大多數的死因都是在黑暗中因身處突然失控的飛機而驚慌失措，急急忙忙之下，身上臃腫的飛行衣和跳傘裝備，妨礙了他們順利擠出那個逃生小洞，加上事前訓練又不周，以致白白枉送性命。

以意志力獨抗官僚

　　跳機逃生設備的機械結構又是另一樁禁忌的話題，思想純正的空軍健兒自然不應當想、也不必討論。遭敵人砲火擊中後，能跳傘逃生並生還的確實比例則是更高的機密，甚至比中隊裡出勤成功和傷亡率的統計更諱莫如深。如果那些男孩獲悉遭敵軍擊中而緊急跳傘的成功率竟如此之低時，他們當中有些人可能會太早做跳機保命的準備。

　　歐拉格林對官方的禁忌向來視若無睹，他費盡心力蒐集到相

當齊全的資料。從各型飛機的失蹤機員名冊，到最後出現在敵軍戰犯名單的人數資料，他有了驚人的發現。美軍轟炸機若在白天遭擊落，約有 50% 機員能順利逃脫；英國的老式夜戰型轟炸機，如哈利法克斯、斯特林轟炸機為 25%；而蘭開斯特則只有 15%。蘭開斯特是英國當時最新型的轟炸機，各方面的性能也都優於哈利法克斯和斯特林。老式轟炸機都已逐漸淘汰，中隊編制也迅速換成蘭開斯特。歐拉格林是整個指揮部唯一關心飛機遭擊落後，那些男孩命運下場如何的人。

　　要分析美式轟炸機和哈、斯兩型轟炸機逃生率差距的原因很容易，可以歸咎於白天和夜晚轟炸任務外在環境的相異；美式軍機或許在被擊落前有較多警訊，並有餘裕從容棄機逃生；而且白天找逃生出口也明顯比夜晚容易得多。但是哈利法克斯和蘭開斯特之間就找不出這種託詞了。不久，歐拉格林就發現蘭開斯特低逃生率的緣由——它的艙門比較笨重而且很難擠過去。艙門笨重，可能是奪走上千條少年寶貴生命的隱形殺手！

　　歐拉格林獨自奮鬥了兩年，試圖強迫指揮部修改蘭開斯特的逃生艙門，但終究還是失敗了。這是一場意志力對抗官僚政治的不平等爭戰。這位患有癲癇症的年輕人，面對軍方牢不可破的頑固勢力，他的進展遲緩得令人發狂。好不容易蒐集到逃生率的資料，又花了好幾個月的時間，指揮部才正式承認有此一問題存在。正式承認問題後，又花了好幾個月才說服蘭開斯特的製造商設法改進；製造商開始著手解決問題，又花了好幾個月，新的逃生艙門設計才出爐。改良艙門的雛型在千呼萬喚下，終於到達我們的辦公室，等到可以進入生產線，戰爭已結束了。

　　戰爭結束時，轟炸機指揮部做出全部傷亡統計，結果如下：出

勤死亡計 47,130 員；跳傘逃生並生還者有 12,790 員——其中包括
138 員成為戰犯被處死。逃生率為 21.3%。我一直相信，如果我們
的指揮官能更嚴肅看待這問題，我們的逃生率應該可以接近美軍的
數字。我軍共殲滅了大約四十萬德國人，其中有三分之一是死於漢
堡和德勒斯登的兩次火暴。德勒斯登那場火暴，是威力最大的一
次，但是在我們看來，其實只是彎刀碰到葫蘆頭——純屬僥倖。我
們對柏林發動過十六次攻擊，火力都和德勒斯登那次沒有兩樣，每
次我們都希望能製造出火暴；德勒斯登那一次並沒有什麼特別，只
是因緣際會，正好如我們所願罷了，就好像打高爾夫球一桿進洞那
樣。很可惜，德勒斯登並沒有什麼軍事價值，況且那次大滅絕來得
太晚，未能對戰局產生什麼決定性的效應。

荒謬的指揮系統

　　馮內果（Kurt Vonnegut）寫了一本有關德勒斯登戰役的書，名
叫《第五號屠宰場》。好多年來，我一直想要寫一本有關那次轟炸
的書，現在則無此必要了；因為馮內果已經寫得很好，非我所能企
及。他當時正在德勒斯登，親眼目睹慘況。他的書不僅文筆流暢，
而且很忠於事實；我發現唯一不精確的地方是，他對當天造成火燒
德勒斯登的起因語焉不詳，沒有說那是英軍的功勞——美國人只是
第二天錦上添花而已。身為美國人的馮內果，不想把故事寫得好像
英國人才是造成此慘案的罪魁禍首；除此之外，他說的每一句都不
是空穴來風，尤其貼切的是書名副標題「少年十字軍」。馮內果在
前言解釋了這個副標題的由來，他說是因為朋友的太太看完該書，
怒火中燒，然後叫他用這個副標題。她說得一點不錯，少年十字軍

正是那個殺戮戰場的最佳寫照。

　　轟炸機指揮部是專為放火燒城及屠殺人民而成立的機構，卻把工作弄得一塌糊塗。這機構或許是由某個瘋狂社會學家所提出來的構想，藉以盡其所能凸顯科技的邪惡本質到極致。蘭開斯特本身是了不起的飛行機器，卻變成那些男孩駕駛的死亡陷阱。官僚系統更是徹底失敗，目的與手段不分，竟以出擊次數當成衡量一個中隊成功與否的指標；也不管師出何名，只計算投擲炸彈的公噸數，不管落點何在。而由上而下滲透整個體系的保防觀念，目標並非對準德軍，居然在瞞上欺下——全力防堵倫敦當局知曉錯誤、失敗的指揮決策，也不讓中隊裡的少年知情。

　　至於總司令本人，套句英國正史記載，他自己競選某公職時說過的話：「……有一種傾向，諫言說成干涉，批評說成妨礙，證據說成文宣，是非被嚴重混淆！」作業研究部門原本應該提供給他獨立的科學諍言，結果卻畏首畏尾不敢對他的策略提出絲毫挑戰。總司令部塞滿了一群參謀，偶爾當我受邀到他們的軍官餐廳小酌時，總令我想起歷史學家吉本（Edward Gibbon）自傳中，描述兩百年前的牛津人：「他們手中那深濃濁劣的酒，正是其年幼無知、無所節制的最好藉口。」

　　早在戰爭進入科技時代之前，許多這類的邪惡已存在軍方體系久矣。我們的總司令正是典型的前科學時代軍頭，殘暴、缺乏想像力，不過總算他還有點人性，願意為他所行一切負擔起政治責任。比起雪曼將軍（General Sherman）打著正義旗號、行邪惡之事，他還不算太壞；他只是過分投入，做了超乎政府所允准給他的職分。總司令的人格倒不是轟炸機指揮部的邪惡之根。

科技為邪惡披衣

　　邪惡之根乃在於「戰略轟炸」這種理論，幕後主導了轟炸機指揮部自 1936 年設立伊始後的演進軌跡。「戰略轟炸說」認為贏得戰爭或防止戰爭發生的不二法門，就是從敵國上空降下死亡與毀滅。

　　這種說法在 1930 年代風靡了許多政治與軍事領袖，原因有二：第一、這個理論提供給他們可羨可行的遠景，避免觸及他們最害怕的夢魘：第一次世界大戰中的無止盡戰壕攻防戰。第二、這個理論給了他們希望——或許戰爭可以整個免於發生，也就是後來眾所周知的「嚇阻」（deterrence）戰術。這個理論認為，如果各方政府知道戰爭的後果鐵定是遍地轟炸、玉石俱焚，那麼終究有嚇阻各國政府開戰的作用。但是，就對德戰役而言，歷史證明這個理論無法支持上述兩個理由。戰略轟炸既沒有嚇阻戰爭發生，也沒有贏得戰爭；到今天為止，也沒有任何一場戰爭，單靠戰略轟炸機就得勝。儘管有如此清楚的歷史證據，「戰略轟炸說」仍然在轟炸機指揮部大行其道，而且不止延續了整個二次大戰，直到現在仍方興未艾——有更多國家接納，而且炸彈愈造愈大。

　　轟炸機指揮部是早期因為科學技術，而在既有的邪惡兵役制度上又加添新罪狀的典型例子。技術使得邪惡得以巧妙避人耳目，化明為暗。透過科學與技術，邪惡化身成官僚組織，每個人都不必為發生的事情負責：蘭開斯特上的少年十字軍不須負責，他們只是看著雷達螢幕，朝著上面的汙點瞄準、投下炸彈而已；在中隊總部翻閱文件的軍官也不必；坐在作業研究部小辦公室內計算機率的我更不必；沒有人會感覺到個人該負的責任。我們都沒有親眼目睹人們遭殺戮！我們也沒有人特別去關心！

怯懦的道德飾詞

　　大戰的最後一年春天，最為悽慘。雖然經過德勒斯登一役，從 1945 年的 4 月到 5 月，城市轟炸仍然持續進行。德軍的夜間戰鬥機戰到最後一兵一卒，仍然在最後幾週內擊落數以百計的蘭開斯特。我開始回顧過去並詢問自己，到底怎麼回事？我怎麼讓自己捲入這場瘋狂的殺戮遊戲？

　　從一開始，我就已捲入這場瘋狂的殺戮遊戲！從大戰一開始，我就節節敗退，從一個道德據點棄守到另一個據點，到最後沒有任何道德底線可言。大戰剛開始時，我堅信人與人之間有兄弟之愛，並號稱自己是甘地的信徒，在道德上反對任何暴力。戰爭一年以後我撤退了，我說：「很不幸，和平抗爭對希特勒太不實際了。不過道德上我仍然反對採取轟炸手段。」幾年後，我說：「很不幸，為了贏得戰爭，轟炸似乎是不得已了；所以我毅然到轟炸機指揮部工作，但是我仍然反對向城市進行全面轟炸。」及至我到達轟炸機指揮部，我說：「很不幸，我們畢竟還是得全面轟炸城市，但是道德上我還可以安慰自己說，我是在協助贏得戰爭。」一年後，我又說：「很不幸，我們的轟炸似乎對贏得戰爭並沒有實質的貢獻，不過在道德上我還可以說，我是在努力挽救機員的生命。」

　　直到大戰的最後一個春天，我也找不出任何藉口了，我眼睜睜坐視歐拉格林在逃生艙門的事上孤軍奮戰，我從一個道德原則退守到另一個原則，到頭來一無所有、一無是處。最後的春天，我望著辦公室窗外的樹林再度吐露生機，案上正好有一冊英國詩人霍普金斯（Gerard Hopkins）的詩集。他臨終時寫下的一首詩，適切道出了我心中的絕望：

看哪！春風又綠江南岸，

如今，枝葉豐茂，彷彿披蕾紗。

山莆焦躁伏全境，瞧！還有清風徐拂，

小鳥築巢，非我築；非也！我築惆悵如。

時間的宦臣，無甦醒之工源自我手，

我生命之主，求祢賞賜我根所需之雨露！

三十年後，我和妻小到東德拜訪妻子叔叔的家。我們一同站在院子裡的防空洞下面。防空洞是叔叔用磚頭和鋼筋砌成的，附近的地上還隱約可找到彈坑的痕跡。三十年了，防空洞的屋頂仍舊堅固，地板仍舊乾燥，那棟房子仍屹立在柏林東南的村莊上。在轟炸機指揮部那幾年，我太太就住在那棟房子，當時年紀還小。轟炸機呼嘯而來的那晚，她就是在防空洞下度過的。毫無疑問，當大隊指揮官麥高文和子弟兵的飛機來轟炸柏林，我和弟兄們在懷頓基地暢飲啤酒的那個晚上，我太太必定躲在那兒。我們嘗試向孩子們解釋當時的情境，不過顯然不很成功。

「你是說媽咪正躲在這裡，因為爹地的朋友從天上丟炸彈到院子裡嗎？」

要向一位七歲的小孩解釋清楚，的確不是件容易的事。

第4章

詩人之血

　　我還在轟炸機指揮部服務的那段期間，倫敦的戲院正上演英國劇作家德林沃特（John Drinkwater）的戲劇「林肯」，這是德林沃特寫於 1918 年（正是英國處於另一次戰爭陣痛期）的發人深省戲劇。他利用林肯這個角色來反映 1918 年第一次、1944 年第二次折磨倫敦人的問題：到底有沒有所謂的正義之戰？到底有沒有任何理由，無論追求公義到何種程度，足以勝過過程帶來的悲劇與野蠻，還能自稱為正義？在那段茫然的時期，倫敦人渴望獲得這個問題的答案，因此該劇的票房相當好。主角是美國人，或許也是成功的因素之一，我們當時根本沒有心情把任何英國政治家當英雄。林肯就像甘地一樣，遙遠而帶點神祕感，恰好符合此地觀眾的要求。

純潔崇高的戰鬥目標

在學期間，我們對美國歷史所知不多，所以我們天真而熱烈的回應劇情（雖然內容可能令土生土長的美國人大打呵欠）。戲劇的高潮在倒數第二幕，場景是阿波馬托克斯鎮（Appomattox）的法院，儀容英挺的李將軍（General Robert Lee）走向前，將降書遞給蓬頭垢面的格蘭特（Ulysses Grant）。李將軍走後，格蘭特和米德（George Meade）很輕鬆的閒聊，談到他們贏得最後勝利的原因。「我們有勇氣、有毅力，」格蘭特說：「而且我們機智過人，因此擊敗了一位偉大的軍人。我可以對每個人這樣講，不過米德，都是林肯給了我們純潔而崇高的戰鬥目標，讓我們師出有名。而且將勝利歸功於林肯這樣的一個人，比較容易教人心服口服。米德，要不要再來一杯？（倒威士忌）」

格蘭特究竟有沒有講過這些話，我無從得知。有沒有其實也不重要，重要的是在 1865 年，漫長艱苦的戰役結束時，有人曾發諸肺腑的說了這些話——純潔崇高的戰鬥目標。林肯明白這一點很重要，不只是為了打贏，而且是盡可能用乾淨的雙手打贏。

1944 年時，我們的領袖並無此體認。1944 年，我們早已萬事俱備要贏得戰爭的勝利，這場仗打 1939 年開始，我們已經有很正當的理由參戰。可是我們也同樣萬事俱備去火燒德勒斯登、轟炸廣島，導致後來全球陷入核戰恐懼之中。我們玷汙了正當的理由，而汙點就附著在我們身上。就像涅絲比在《魔術城市》定下的法則所說的，我們一直希望戰略轟炸為我們打勝仗，於是我們就被判定終身得使用戰略轟炸機，不得擺脫！

德勒斯登被火焚燒後幾天，我們的報紙——《新聞記事報》

（*News-Chronicle*），報導了我的中學室友湯普森（Frank Thompson）的死訊。他的死並不尋常，為了解釋他逝世的意義，我得回溯到1936年，當時我十二歲，湯氏十五歲。

溫徹斯特中學，也就是湯氏和我寄宿就讀的那所學校，有個特色，就是讓不同年齡的男孩共處一室。一間寢室住十到二十個人，任何人都沒有隱私可言。那棟建築已有五百五十年歷史。十四世紀時，我們的學長也住過同樣的地方，嬉鬧聲不斷。像我這樣個子矮小、聲音尖銳、年僅十二歲的小男孩，突然來到這鬧哄哄的地方，只有本能的縮在角落，用狐疑的眼光靜觀四周的動靜，不敢稍微輕舉妄動。

我最擔心的是，會不會被常常突如其來的言語、肢體衝突榨成肉餅。就像「高爾基的童年」（*The Childhood of Maxim Gorky*）這部東斯可（Mark Donskoy）於1938年導演的不朽巨片所描述：李雅斯基（Alyosha Lyarsky）飾演童年的高爾基，在一棟住著一大家子的農夫家裡，於鎮日彼此爭吵不休的夾縫中求生存一般。

每回我看那部片子，總會讓我回想起湯氏和我住在溫徹斯特時的光景。在我們那間寢室，湯氏是體型最壯、嗓門最大、最狂狷不羈、也最聰明的一位。所以我對他非常熟悉，而我從他身上所學的，比從學校中其他人身上學到的要多得多；儘管他或許從未注意到我的存在。記憶最深的是有一天，湯氏從牛津渡週末回來，昂首闊步走進寢室，扯著嗓門高唱「她是那麼……，我必須要……。」從此，他就和我們這群遺世獨立的和尚族分道揚鑣了。

不可一日無詩

年僅十五歲，湯氏已然贏得學院詩人的美譽。他是拉丁和希臘文學的鑑賞家，可以滔滔不絕談論羅馬詩人何理思（Horace）、希臘詩人平德爾（Pindar）抒情詩的細微品味。不像我們當中其他古典學者那樣，湯氏也讀中古世紀的拉丁文和現代希臘文，這些對他而言，並不是死的，而是活生生的語言。他比我們其餘的人都更關懷外面的世界，諸如西班牙境內如火如荼的內戰，和他預見行將來臨的世界大戰。

從他身上，我第一次捕捉到模糊的概念——有關戰爭與和平這類對日後生活影響無遠弗屆的道德問題。聽他談話，我學習到若捨詩篇一途，根本無從有效掌握這些大哉問。對他而言，詩並非知識份子的娛樂而已，詩是人類歷代以來嘔心瀝血、從心靈深處淬鍊出來的智慧結晶。湯氏生命中不可一日無詩，就像我不可一日無數學一般。

湯氏生前寫的詩不多，發表的就更少了。我在此引用他的一首詩，直接講到戰爭的主題，那是 1940 年寫成——亦即英軍從法國撤退那一年。湯氏觀察整個事件，乃是透過希臘詩人埃斯奇勒斯（Aeschylus）所寫〈阿加門農〉（Agamemnon）中的合唱曲。古希臘城邦阿哥斯（Argos）的市民大合唱，旨在沉思從阿加門農掛帥親征，到特洛伊城倒塌、大軍凱旋歸來，這十年間的戰爭。對湯氏而言，很明顯也很自然，這些希臘人三千年前的愛恨悲苦，因著六百年後偉大詩人的筆而永垂不朽，並且也應該足以反映及光照我們自己的愛恨愁緒；不管是特洛伊城之役或敦克爾克戰役（Battle of Dunkirk）。

　　因此湯氏將兩場戰役巧妙交織融入他的詩裡，並使用埃斯奇勒斯合唱曲中的一句，做為結束歌詞，詩名叫做〈為了別人老婆的緣故〉（Allotrias diai Gynaikos）：

圓圓的飛鏢板和空空的壁爐前，
他們談論著村子裡失蹤的孩子：
湯姆，上一季的最佳板球投手，
他在飛機失控後，就屍骨無存；
比爾，愛喝酒、愛談笑的比爾，睡了，
敦克爾克大戰，協助別人逃生後就永遠睡了；
大衛登上了航空母艦，一去不返──
那位沒人疼、沒人理的大衛，
可是笛子吹得極好，我還記得。
「這些孩子勇敢犧牲，我們永遠引以為傲，
他們身後留下的，足以讓老阿道夫仔細思量。」
那是最嘹亮，最動人的口號，
但是在角落裡，聽到旋風呼嘯的唱著：
「為了別人老婆的緣故」
他們死於別人發動的戰爭！

「窈窕的海倫妃子飄髮過海來，
你的朋友、你的死黨──巴利斯，與她為伴。
我們未曾信任他，你卻與他歡聚，
多年嬉鬧，任你的田地荒蕪，
我們警告你，你該停手了吧……」

但是，如今我們派遣兒子出去，離開了玉米田；
戰爭，像個雜貨商，過磅後又將我們遣回。
人終不過是塵土，你的年月卻終日昏黯。

「沒錯，他們死得其所，卻非為迎合你們的目的，
不是為了讓你們能駕雙馬出獵；
當他們的兒子按下帽沿，開啟錢財之門，
或許我們該舉起手，譜下我們自己的休止符。」
某人在他的鼻息下，咆哮寫下這首詩，
字句雖輕，但大智者已然聽聞到——他正甦醒！

勇於創革

湯氏敏感察覺到溫徹斯特的魔力，卻又能剛強反擊。「溫徹斯特的文化氣息吸多了不好，」他後來寫道：「懷舊鄉愁過濃，朝夕處在這些老爺建築裡，走在這些優雅的檸檬樹下，很容易讓人的心停滯在中古世紀，流連忘返。人格只能停留在法國詩人阿伯拉（Pierre Abelard）的階段，以為全世界仍在他的掌握下。有人和過去的榮耀墜入愛河，但是又沒有辯證學家可以幫忙他解釋。過去的偉大榮耀源於它勝過更古老的世代，阿伯拉之偉大乃是因為他的勇於創革。」

湯氏無論如何，並未以研究過去為滿足；他說服老師開班教授俄文，並且很快就學得朗朗上口，進而發現當代的革命詩人古斯耶夫（Gusyev）和馬雅可夫斯基（Mayakovsky）比古典詩人更能滿足他的品味。我後來也選修了那門課，所以至少還能分享湯氏的這段

狂熱。但是湯氏對語言的胃口可以說是貪求無厭，他組織了「稀有語言社」在寢室裡和其他幾位社員比賽，看誰能用最多種不同語言互相叫罵。

　　有一段時間，他們發起計畫——用格拉歌里文字（Glagolitic script）寫文章。格拉歌里是一度盛行於黑暗時代的華麗、捲曲、花俏的文字，直到後來使徒聖塞瑞爾（Saint Cyril）將基督教傳入時，才改為較實用的塞瑞爾語（Cyrillic）。「所有的斯拉夫語系都很好，」湯氏寫道：「但是除俄語外，波蘭文、捷克文顯得緊張而不安，保加利亞語則貧乏而無教化，至於塞爾維亞—克羅埃西亞語則可能是最令人激賞的，只是有一點霸氣蠻味，很適合游擊隊和山地人邊喝酒邊高談闊論之用，但還不適合用來說明現代的複雜哲學。俄文是哀傷卻有力的語言，輕輕流出舌頭如熔融的黃金。」後來，他對保加利亞語的評語又稍有改變。

　　1938 年，湯氏離開溫徹斯特後，我就沒有再見過他。他去了牛津，加入共產黨。1939 年大戰暴發時投入軍旅，戰爭期間大半在中東度過。他曾轉戰利比亞、埃及、巴勒斯坦和波斯，每到一地總是多交了不少朋友，多學了許多語言。1944 年 1 月，他空降到當時被德軍占領的南斯拉夫，任務是擔任英國的聯絡官，負責與保加利亞的地下抗戰組織取得聯繫、組織空降支援，以及和總部設在開羅的聯軍指揮部建立無線電通信。4 月，在他最後一封家書中寫道：「關於我自己，真的沒有什麼新鮮的消息好說。我辛勤工作，希望維持住全世界最精良勇敢的部隊。戰爭之外，我最大的娛樂就是和某些植物重逢，如紫羅蘭、報春花、梅花等等，我已經有三個春天沒看過這些花兒了。」

為理想赴義

差不多一年以後，我們才在《新聞記事報》上讀到故事的完結篇。保加利亞派駐倫敦的世界貿易聯合使節團代表，曾經目睹經過：

湯少校大約是在 6 月 10 日，於李塔可佛（Litakovo）的遊街審判後遭處決，他先前已被拘禁了十天。和他一起被處決的還有四位軍官——一位美國人、一位塞爾維亞人、兩位保加利亞人，還有其他八位人犯。

公開「審判」在村民大會堂草率舉行，會堂裡擠滿了看熱鬧的民眾。目擊者說湯氏當時靠著柱子坐著抽菸斗，當人家點名審問他時，出乎大家意料，他不需任何翻譯官。

湯氏操著一口標準的保加利亞語，而且還能引經據點。「你一個英國人，憑什麼侵入我們的家園，在這兒興風作浪？」他被如此問道。湯少校回答說：「我來，是因為這場戰爭不只是國對國的戰爭，還有更深的意義。現在世界上最大的事，乃是反法西斯主義與法西斯主義的鬥爭。」

「你知道持你這種意見的人，在我們這裡是要被槍決的？」

「我早已準備隨時為自由而死，而我也很榮幸，能和保加利亞的愛國同志一起赴義。」

湯少校帶領那一群戰俘登上城堡，他們一面在群眾面前舉起拳頭，高喊盟軍支持的地下軍「祖國戰線」（Fatherland Front）的口號，一面昂首闊步向前行。一位憲兵敲擊他的手，強迫他放下；但是湯少校向著群眾高呼：「我給你們自由的口號！」所有人赴義前

都高喊這個口號。旁觀的群眾有人失聲哭泣，許多在場的人都說，那個場面是保加利亞有史以來最感人的一幕，而他們驚人的勇氣，都是受到那位英國軍官的激勵，心靈因而緊緊相契。

這段敘述從頭到尾都是真的，只有一個字是例外——「反法西斯主義」。我懷疑是那位保加利亞貿易代表的委婉說法。湯氏向來直話直說，我幾乎可以確定他是這麼說的：「現在全世界最大的事，乃是共產主義與法西斯主義的鬥爭。」因為他畢竟是共產主義者，他的保加利亞同志也是共產黨徒。可惜他們活得不夠久，否則他們將發現共產主義和自由未必是同義詞。湯氏心目中的共產主義，不是知識份子所說的共產主義，乃是他從一位蘇聯卡車司機學來的；這個司機是有一次他搭乘卡車運輸隊、穿山越嶺到波斯的路上遇到的。湯氏寫下了他們如何相遇的經過：

「你好嗎？」我用俄文大聲向卡車司機喊叫。聽到自己的母語，他開心的露齒而笑，緩緩向我們走來，「我好嗎？好啊！我很好。」他走過來靠在我的卡車車門旁，若有所思的露齒而笑，不像西方人，他似乎不覺得有接續談話的必要。

「卡夫卡茲（Kavkaz）傳來大好消息，」我說道：「我們不久前才聽到奧中尼基哲（Ordzhonikidze）那邊初傳捷報。」他又露齒而笑說：「你覺得是好消息？」

「是啊，很好啊！你不覺得嗎？」

他想了想，對我笑一笑，然後注視著我大約有半分鐘之久。「是，是非常好。」他再度花了半分鐘沉思、微笑：「是的，就像史達林同志說的。他說：『我們街上會放假一天以資慶祝。』一定

會！一定會！我們街上也會放假一天以資慶祝！」我們一起為這
句話開懷大笑。「是的！」我說：「一定會！我們街上也一定會放假
一天，以資慶祝！」

交通恢復暢通，我們繼續趕路。但是幾個小時過去，我內心仍
在歡笑，而且歡唱，已經好多個月沒有這種感覺了。

國家英雄

湯氏在李塔可佛握起拳頭向群眾高呼口號時，心中必定也洋
溢著同樣的歡唱與歡笑。1944 年 9 月，蘇維埃的大軍開進保加
利亞，祖國戰線接管臨時政府，湯普森成了國家英雄。普羅柯郡
（Prokopnik）的火車站，是共產黨員浴血抗戰最為激烈的地方，後
來重新命名為湯普森少校車站。他現在和同志一起靜靜躺在李塔
可佛村莊的山頭上，墳上立了碑，碑文是由保加利亞詩人波提夫
（Hristo Botev）題的：

> 我或將英年早逝，
> 但我將心滿意足，
> 若後代百姓如此說：
> 「他為正義而死，為正義和自由捐軀！」

湯氏的死訊來得太晚，來不及改變我在轟炸機指揮部的例行生
活。在歐戰最後幾個月，我仍兢兢業業盡我技術人員的本分，努力
協助轟炸機圓滿達成任務，並安全返航。但是情勢愈來愈明朗，幾
個星期過去，我們的轟炸變成漫無目的耗損人命。德勒斯登之役四

週後，我們攻擊了教堂古城玉茲堡（Würzburg），毀壞了位在主教官署內，由義大利畫家帖波羅（Giovanni Tiepolo）所繪的天花板畫（這是歐洲最精緻的一幅）。轟炸機員還格外興奮殲滅了玉茲堡，因為他們知道德軍最要命的追蹤火控雷達就叫「玉茲堡雷達」。

沒有人告訴過這些年輕人，玉茲堡和雷達的關係，就像我們的教堂城溫徹斯特和溫徹斯特來福槍的關係一樣——根本毫無關聯！

鮮血並未白流

我變得愈來愈羨慕敵方的技術人員，因為他們是在協助德國的夜戰機員保衛他們的城池和家園。德軍夜戰機和他們的地勤支援搭配之完美，頗令人驚奇。他們不斷的戰鬥，並且不斷重創我軍，直到最後一片機場被剷除、希特勒的大德意志帝國不復存在為止。戰爭結束，他們就道德上而言，並未戰敗；因為他們知道為何而戰，這是他們的優勢。最後那幾個星期，德軍已不是為希特勒本人，而是為了他們的城市、他們的老百姓捍衛最後一寸疆土。戰爭末期，我們賦予他們戰爭初期所缺少的——崇高聖潔的戰鬥目標。

我也羨慕湯普森，倒不全是為了他所拚死以赴的理由。1945那年，我已經可以預見他在保加利亞所扶助建立的政府，根本無法實現他的期望與理想。無疑的，在許多方面，新政府都優於先前推翻的政府，但是離正義與自由，可還差得遠。

1943 年，湯氏寫道：「在歐陸以外，誕生了更微妙、更勇敢的精神。這種精神，疲憊的歐陸幾世紀以來未曾聽聞，也非這片大陸所能承受得起。那是歷經最大苦難與最大羞辱之後，全民族所匯集起來的共同信念。他們反敗為勝，並努力一勞永逸的建立起自己的

新生活。」或許經過漫長的三十年，我們很難在保加利亞首都索菲亞（Sofia）新政府的官僚中，找到這種精神的遺緒。但是我相信，與湯氏一起篳路藍縷、並肩作戰的保加利亞熱心黨員身上，必定洋溢著這樣的精神。單單因為他們為這精神拋頭顱、灑熱血，就足以在他們建立的政府上，擁有合法的歷史地位。這個政府再不濟，與他們理想再天差地別，李塔可佛後山上的紀念碑仍將晝夜向後代的子子孫孫訴說——他們並未白白流血捨命。

動機與結局的弔詭

歷史上司空見慣的一大諷刺，乃是偉大的先知常常誤判自己的最終擅場。佛祖沒能讓佛法傳遍印度，但佛教卻在日本發揚光大；馬克思在德國成不了氣候，卻怎麼也想不到共產主義會在蘇聯大行其道。同樣的，湯氏的「歷經最大苦難與最大羞辱之後，全民族所匯集起來的共同信念。他們反敗而勝，並努力一勞永逸的建立起自己的新生活」，並未如預期在歐洲發芽滋長；但是除歐洲以外，幾乎到處都看得到這個思想空前成功，成為政治改革的動力——在中國、在非洲、在越南、在美洲的黑人身上。

我的智慧有限，無法預知 1945 年春行將發生的事件，但是我已經可以知道，湯氏戮力以赴、以死相許的夢，遠大於保加利亞政治一端。我知道，如果二次大戰帶來世界凋敝後，能有任何重生得救的希望，那希望只可能來自湯氏生死相許、戮力以赴的詩人之戰，而不是我所從事的技術工人之戰。在那歷史洪流上的一剎那，我情不自禁的欽羨起已故之人。

從這些經驗當中，我們還能學到什麼永恆的教訓呢？

對我來說，至少必修的學分已經很清楚，如果不擇手段且濫殺無辜的話，最初的美意將變成醜陋與惡毒。相反的，立意不良的初衷，如果有夠多的人以袍澤之愛及自我犧牲的精神去爭戰，最後仍可能變得美麗動人、可歌可泣。也就是說，曲終人散之時，如何爭戰？為何爭戰？都可能反過頭來見證你的理由與動機是好是壞。而戰爭的技術成分愈高，愈容易因手段選擇的拙劣，而完全抹殺原本的美善，變成災難似的醜惡。

我在轟炸機指揮部工作的那段歲月，以及湯氏的生與死，都讓我領悟到這番教訓。很不幸，和我同時代的許多人，雖身處二次世界大戰的戰勝國一方，但並未學到這個功課，所以才會在二十年後的越南重蹈災難的覆轍。當美國的轟炸機開始地毯式轟炸越南時，我已經可以清楚看出美軍的動機已無可稱善；因為我看見湯氏精神正潛伏在那片森林裡，為胡志明赤膽輸誠、赴湯蹈火。

美國人在 1945 年所經歷的，與我所經歷的恰成兩個極端。我所參與的轟炸行動，造成我方巨大的損失，而且還徒勞無功；到頭來，我看見德軍的防衛已經差不多擊垮了我們。美國人開始地毯式轟炸日本城市的行動，和我們對德作戰的時間大約同時。他們的 21 轟炸機指揮部，由李嵋（Curtis LeMay）將軍掛帥，以馬里亞納群島為基地，使用燃燒彈攻擊東京，時間就在德勒斯登之役後三個星期，並且同樣製造了極可觀的效果。

在初次攻擊行動，他們在東京製造出的火暴，就已經是我們任何一次轟炸柏林的行動所望塵莫及的；他們一舉殲滅十三萬人，一夜之間摧毀半個城市，而且僅僅損失十四架飛機。他們的行動與規模持續了三個月，在 6 月 15 日宣布暫停，因為已經沒有城市可燒了，日軍根本無力防守。而就軍事上而言，美軍的轟炸機損失可謂

至輕至微，日本整個都市經濟則已完全癱瘓。如果有足夠的緩衝時間，日本的工業機器是否能像德國工業那樣，在疲勞轟炸中仍能迅速恢復，我們不得而知；不過，日本人當時顯然沒有獲得充分的喘息，美軍轟炸任務的明顯勝利，就像我們的任務明顯挫敗一樣。

只是很不幸，人們從挫敗當中學習到的，遠多於從勝利當中學習得的。

失去的平衡點

當燃燒彈仍舊如雨點般落在日本領土上，在美國新墨西哥州羅沙拉摩斯的科學家，也加緊趕製他們的第一枚原子彈；而國防部長史汀生（Henry L. Stimson）正召集他的幕僚，商討如何使用原子彈。當時，我對他們的活動一無所知，我現在所知道的內幕完全來自一本書，名叫《科學新路徑》（*New Pathways in Science*）。那是戰前在溫徹斯特，我從老舊的劍橋大學出版社目錄中訂購的，作者是愛丁頓，1935 年出版，其中有一章講到「次原子能量」（subatomic energy），裡面有一段話令我印象極為深刻。在烽火漫天的日子裡，我仍一直謹記在心：

我早說過，企圖利用次原子能量於實際用途上，根本就是個幻想，不應該鼓勵。但是現今的世界，它已經坐大成為十足的威脅，我們應該起來大加撻伐。當然，如果社會認為物稀為貴可以挽救她的子民免於饑餓，並視富足為災難，視無限的能量為無限的力量，以便策動戰爭和毀滅，那麼遠處的烏雲將是他們的死亡兆頭；雖然目前它還不過像巴掌大。

　　史汀生和他的幕僚，並非對他們所面臨的道德問題全然無動於衷，這光看他們深思熟慮的紀錄就可以明白。無疑的，他們對使用原子彈與否的決定感到寢食難安，他們也體認到此一決定的歷史意義。他們得在立即終止戰爭的短期價值，以及空前勝利後可能陷全人類於核武競賽的高度恐慌之間，權衡輕重，並取得平衡點；當然，他們仍可宣稱他們做了正確的決定。許多書籍都以事後諸葛的姿態，分析此一決定的利弊得失，其實這些作者是靠著一些當初決策者無從獲取的，有關日本政府內部的政治、權力鬥爭內幕。沒有人懷疑當初決策者的純正動機，他們真誠的相信此舉可以挽救成千上萬人的性命，包括日本人和美國人；否則，這些人將因戰爭的持續進行而賠上生命。

　　有兩大因素促使史汀生幾乎不得不決定使用原子彈，而杜魯門總統也只能尊重史汀生的決定。第一、空投原子彈的一切設備都已布置完成，包括 B29 轟炸機、馬里亞納群島上的戰略基地、訓練有素的人員，以及 21 轟炸機指揮部的幕僚機構；萬事俱備，只欠東風。B29 轟炸機是專為從遙遠的海島基地出發，飛渡海洋關山去轟炸日本而設計製造的。放著這些早已蓄勢待發的裝備不用，聽憑戰爭結束的遙遙無期，委實不是上策，也無法對美國廣大群眾交代。第二個左右史汀生的因素，是一項擺在眼前的事實——全面轟炸日本城市，已然收到預期的效果及各方的贊同。

　　史汀生對於核武器和傳統炸彈破壞力的差距，其實了然於胸；難的是，他看不出舊型燃燒彈轟遍東京造成十三萬人死亡的邪惡本質，和丟原子彈到廣島造成同樣死傷人數之間，有何區別。那些侈言反對使用核武器的人，只能提到未來長程的後果和危險，他們不能斬釘截鐵的說：「我們不應該這麼做，因為它是錯誤的！」除非

他們也準備停止使用所有的傳統武器。

史汀生原本或可站立的道德立場，在 1945 年 3 月開始的燃燒彈轟炸時就已不復存在了。更早之前，英國、美國都曾各自在其國內討論過這些道德問題。決定建立戰略轟炸武力、並對平民百姓發動戰爭時，道德問題的答案就已經預先命定了。廣島之役，只不過是後話。

忘卻一切悲憫

1944 年，湯氏空降南斯拉夫之前兩個星期，從開羅寫了一封信：

昨天我拜讀了林肯的第二篇就職演說，如果考慮這篇文章寫成時的背景，我們必須說它是人類史上最值得紀念的非凡演說。

如果有人要尋找神聖復仇的典型，還有什麼比目前對日戰爭來得恰當呢？過去我們在遠東的可恥行徑，從鴉片戰爭以降，都在今天的血流成河中償還。

「我們滿心盼望，懇切禱告，」林肯說道：「這場天譴式的戰爭，快快過去。然而，如果上帝的旨意乃是要它持續到二百五十年來，所有因黑奴血汗勞苦卻毫無報酬而堆積的財富都耗盡，所有因鎖鍊、皮帶勒傷而流的血，都因刀傷劍痕所流之血而償還的那日，戰爭才得止息，就三千年前《聖經》所記載的。我們仍然要說：上帝的審判是又真、又公義的。」

1945 年 8 月，我仍在轟炸機指揮部工作。歐戰結束後，英國

決定派遣轟炸機隊飛往琉球，象徵性的表示，他們也對美軍的轟炸日本戰略有些貢獻，而我也將奉派隨隊前往。8月7日，《新聞記事報》送達我在倫敦的早餐桌上，斗大的標題寫著「駕馭新自然力」。我喜歡這個標題，大而無私，彷彿童年的結束；或許而今而後，我們都能重新來過，行事頗有成人的身量。

　　寫這標題的人想必真正了解，這不只是像部落衝突中誰贏誰輸的問題，更重大的涵意乃是，我們幸運的能夠以戰略轟炸策略，一勞永逸的成就大事。史汀生的觀點格外與我心有戚戚焉，一旦我們栽進轟炸城市這檔事的泥沼中，我們最好能夠勝任，克盡厥職，並能全身而退。

　　那天早晨，我感覺幾年來心中的鬱悶一掃而空，連辦公室都沒有必要再去了。那些造原子彈的人顯然對他們做的東西知之甚稔，他們必定是一群很能幹的人。我突發奇想，或許有朝一日，我可以會會他們，那一定很棒。

　　我在愚蠢的老式炸彈當中混得太久了，在那欣喜的8月早晨，我很輕鬆的完全忘卻格蘭特在阿波馬托克斯鎮對米德所說的話，忘卻阿加門農的合唱曲，忘卻保加利亞的奮進黨徒，忘卻湯氏握拳高呼口號的樣子和在李塔可佛的那尊紀念碑，忘卻愛丁頓的警告，忘卻林肯的第二篇就職演說，忘卻廣島居民仍然在大火燒灼及放射塵陰影籠罩下、緩緩發病死亡的苦痛……。

　　或許很久很久、很久以後，我才會再想起吧！

第二部

我的第二故鄉
美利堅

人從瘋狂世界趨向何方？
趨向絕望的彼岸！

—— 英國詩人兼劇作家艾略特（T. S. Eliot）
《家庭重聚》（*The Family Reunion*）

第5章

科學學徒

　　1947 年 9 月，我進了康乃爾大學的物理系，註冊成為研究生，受業於貝特（Hans Bethe）門下，學習如何從事物理研究。貝特不僅是優秀的物理學家，更是訓練學生的專家。初次抵達康乃爾向這位大師自我介紹時，有兩件事立刻令我眼睛一亮：第一、他的鞋子上沾了許多泥巴；第二、其他學生直呼其名，叫他漢斯。在英國，我從沒見過這種怪事；在英國，教授是人人尊敬、不可造次的，穿的鞋子也是乾乾淨淨的。

　　幾天後，貝特找了很好的問題讓我研究。他有很神奇的選題能力，所選的問題不會太難也不會太簡單，而且可以隨學生技能、興趣和程度的不同，做適當調整。貝特門下有八到十名學生在幫他做研究，但他總是不費吹灰之力，就教我們忙得不亦樂乎。他每天都和我們上自助餐廳共進午餐，只要和我們談上個把小時，就能夠準

確判斷每位學生的能力在什麼程度。由於按照事先的安排，我只會在康乃爾待九個月，因此他給了我一個題目，他估計我應該可以按時完成。果不其然，就像他預料的，我花了剛好九個月的時間把它解出來。

純物理大復興

我在那段特別的時日到達康乃爾，真是幸運之至。1947 年是戰後物埋白花盛開的一年，因為大戰而潛伏的種子，開始發芽滋長，新想法、新實驗如雨後春筍般在各地發生。那些因支援戰事而走進轟炸機指揮總部、羅沙拉摩斯這類地方的人，統統回到各大學，迫不及待的重建純科學的聖殿。他們加緊腳步想彌補已逝的日子，帶著滿腔熱血、投入全副心力在工作上。純科學在 1947 年已開始活躍起來，而坐鎮純物理大復興中心的，正是貝特。

當時有一樁懸而未決的中心議題，吸引了一大半物理學家的關切，我們稱之為量子電動力學（quantum electrodynamics）問題。這問題說起來很簡單，就是說沒有任何一套準確的理論，可用以描述原子和電子吸收光和放出光的行為，因為它們每天都不一樣。量子電動力學正是填補這空缺的理論。稱為「量子」，因為必須考慮光的量子特性；稱「電」，則表示它處理有關電子的行為；「動力學」，因為它描述到力與運動。

我們繼承了戰前的物理大師，如愛因斯坦、波耳、海森堡和狄拉克（Paul Dirac）等人對此一理論的基本想法。然而光是基本想法還不夠，基本想法僅能粗略告訴我們原子的行為，而我們希望能夠精確算出其行為。科學上的事物常常太過複雜，無法準確計算出

來，所以大多止於粗略的定性理解。奇怪的是，在 1947 年，甚至連最簡單、最基本的東西——氫原子和光量子，都無法準確掌握。

貝特深信，只要我們能夠想出如何利用戰前舊有的想法，一以貫之的計算下來，正確又精確的理論即可問世。他就像摩西站在山頂上，將應許之地指給我們看；他要我們這些學生剛強壯膽向前進，以取得那地方為業，安心在那裡研究。

曇花一現的實驗路

在我抵達康乃爾之前幾個月，有兩件重大的事情發生了。第一件，紐約的哥倫比亞大學做了些實驗，他們測量出來的電子行為比先前的量測結果準確一千倍。這就使得創造出一套準確理論的需求更加殷切，並且得以給理論家一些更準確的數字，以佐證他們嘗試解釋的東西。第二件，貝特本人做了首度的理論計算，結果比戰前既有的答案向前邁進了一大步。他計算氫原子中的電子能量，發現答案和哥倫比亞大學的量測結果相當接近；這表示他走對路了。只不過，他的計算仍然只是臨摹舊作，頂多再添入一些對物理的直覺罷了；既缺乏穩固的數學基礎，甚至還與愛因斯坦的相對論原理不符。那年 9 月，我進到貝特門下時的客觀情勢，便是如此。

貝特給我的問題，是重複他電子能量的計算，叫我以最低限度的修正，使結果得以與愛因斯坦的理論一致。這個問題最適合像我這種數學背景很好，但物理知識缺乏的人來求解。我立刻埋頭苦幹，寫滿了上百頁的算式，邊算邊學當中的物理意義。幾個月下來，答案蹦出來了，而且與哥倫比亞大學的實驗結果也很接近。我的計算其實仍然是依樣畫葫蘆，與貝特的計算相較，並沒有根本上

的進步，也沒有比貝特更推進到理解電子行為的核心。但是，那年冬天花費數月的計算，加強了我的技巧與信心，並且對我本行的東西更加精通，下一步就可以開始進入思考階段了。

量子電動力學的計算告一段落後，貝特鼓勵我每個星期到學生實驗室，花幾個小時做實驗。其實那些都不是真正的實驗，只是照著一些老掉牙的著名實驗步驟，如法炮製一番，實驗結果是老早就知道的。其他學生都在嘀嘀咕咕的抱怨說，做這些老掉牙的實驗簡直浪費時間，但是我卻做得津津有味。我們以前在英國，實驗室裡的東西根本不准隨便亂動；如今，從前在課本裡讀過的什麼怪東西，如晶體、磁鐵、稜鏡和光譜儀，都又真又活的擺在那兒，由我們自由碰觸、安排。當我量到不同顏色的光，打在金屬面上產生不同電壓，並且發現愛因斯坦的光電效應定律真的存在時，我感覺就像看到神蹟一樣。

很不幸，做到密立坎油滴實驗時，我搞砸了。密立坎（Robert A. Millikan）是芝加哥大學的偉大物理學家，他率先量測到個別電子的電荷。他設計了小小的油滴雲霧室，可以在顯微鏡底下，一邊加上強力電場，一邊看油滴在那兒上上下下。油滴非常微小，有些甚至只帶有一個或兩個電子的淨電荷。我本來已經讓我的油滴很漂亮的浮在空中，結果我卻抓錯了調整電場的桿子……然後他們就發現我四仰八叉的躺在地板上，而我的實驗生涯也因此宣告壽終正寢了。

我從來不為我曇花一現、並且幾乎賠上老命的實驗經歷而後悔、抱憾。這個經歷比任何其他東西更能把我帶進愛因斯坦的至理名言：「我們可以說，世界永恆的奧祕就在其可理解性。」──這句話的微言大義之中。

　　我在這裡，連續幾個星期埋首於書桌前，做著最精細、最繁複的計算，以求出電子的行為模式；而電子則住在小小的油滴裡，對自己的行動成竹在胸，根本無須等待我的計算結果揭曉。怎麼可能有人會認真相信，電子當真在乎我的計算呢？想不通！但是哥倫比亞的實驗卻又明明顯示，它真的在乎。反正，從我潦草繁複的數學式子裡建立的規則，油滴中的電子還真非服從不可。我們知道的確如此，至於為什麼如此，電子憑什麼要留心我們的數學，則是個連愛因斯坦也無法參透的奧祕！

　　在我們每日和貝特共進午餐的時間，我們總是不停談論到物理、談論到技術的細節，以及深奧的哲理。總括來說，貝特對技術細節比對哲理的興趣要濃，每當我提出哲學問題時，他常常說：「你應該去找歐本談談。」歐本就是歐本海默（Robert Oppenheimer），剛剛走馬上任普林斯頓高等研究院的院長。那年冬天某時，貝特向歐本提到我，他們同意我在康乃爾一年期滿後，可以到普林斯頓去一年。我心中充滿了期待，想趕快和歐本共事，可是又有點膽怯。歐本當時已是紅透半邊天的人物，他一手草創羅沙拉摩斯的原子彈計畫，並擔任召集人；貝特就曾在他手下擔任理論部門的首腦。貝特對歐本推崇備至，但也警告我普林斯頓的日子並不好過；他說歐本對傻瓜沒多大耐性，而且有時候他認定誰是傻瓜的速度，稍嫌快了些。

　　在康乃爾與我們同組的，有一位學生名叫羅曼尼茲（Rossi Lomanitz），他是從奧克拉荷馬州來的窮小子，住在綺色佳郊外的殘破農舍裡，聽說是個共產黨徒。羅曼尼茲從未到過羅沙拉摩斯，但他曾和歐本在加州做過原子彈的研究，那時羅沙拉摩斯計畫尚未開始。1947 年那時候，加入共產黨並沒有什麼大不了的罪

名,是後來才嚴令禁止的。七年後,歐本被控以安全危險罪時的一項罪證,就是他曾協助羅曼尼茲逃避兵役。偵察庭的檢察官羅布(Roger Robb)舉發歐本對羅曼尼茲的關照別有用心時,歐本回答說:「我和學生之間的關係,不光是我站在講台上喋喋不休而已。」這段自白正是貝特和歐本之所以為人師的共通特點。1947年的社會安全公聽會和類似的獵巫行動,我們就不好再贅述。羅曼尼茲和我們其他人沒什麼兩樣,只不過是學生。而歐本則是了不起的國家英雄,連《時代》雜誌和《生活》雜誌都曾以他為封面人物。

肝膽相照的羅沙幫

我到康乃爾之前就知道貝特曾在羅沙鎮工作過;但是之前我從來沒有想到,會遇見一大群除歐本之外的羅沙幫,他們在康乃爾重聚一堂。貝特戰前就在康乃爾任教,所以等到他重回工作崗位,就盡其所能的延攬曾在羅沙鎮與他共事的優秀青年,例如曾任羅沙拉摩斯實驗物理主任的威爾森(Robert Wilson),還有曾經前往馬里亞納群島去照料轟炸廣島、長崎兩顆原子彈的莫里遜(Philip Morrison),以及負責計算機中心的費曼等人。

我很訝異,竟然可以和這班搞武器的人混得那麼好,他們的經驗和我的經驗相去何止十萬八千里。有關羅沙鎮的歲月,似乎是永遠聊不完的話題,言談之間常不自覺的流露出一種驕傲、緬懷昔日光榮的情感。對這些人來說,羅沙鎮的日子是極寶貴的經驗,那是一段辛勤工作、肝膽相照、又充滿歡樂的日子。我有感覺,似乎他們樂於待在康乃爾的主要原因,是康大物理系仍然可以嗅到昔日羅沙拉摩斯的氣氛。我自己也嗅得出那種無所不在的鮮明氣息,就是

年輕、朝氣、活力，以及不講究形式，是一種共同成就科學大業的雄心，又不摻雜嫉妒或名利而鉤心鬥角的人性弱點。貝特和費曼在多年之後榮獲諾貝爾獎，可是康乃爾並沒有哪一個人，為了私人的榮耀而爭權奪利。

　　羅沙拉摩斯的人不會在公共場所談到原子彈的技術細節。說來也很奇怪，他們可以高談這個主題，卻又游刃有餘不觸及危險地帶。只有一次，由於我的無知，弄得餐桌上的每一個人都很尷尬，我說：「還好，愛丁頓已經證明不可能用氫元素製造炸彈。」結果全場硬生生的鴉雀無聲，然後迅速轉換話題。那個時期，任何有關氫彈的想法都列為高度機密。飯後，有一個學生把我拉到一旁，偷偷的告訴我說，很不幸愛丁頓搞錯了，而且很多氫彈的研究工作已經在羅沙鎮做過一段時日。他說請你記得，以後千萬別再碰那個話題了。我很高興他們願意信任我，從那次以後，我覺得自己已真正成為他們當中一份子。

　　許多羅沙鎮的老戰友後來都投入了一些政治活動，目的是為了教育廣大群眾如何面對生活中的核武真相。他們最主要的爭辯論點在於，美國獨擁核武器的優勢不可能太久，長遠之計，必須要成立強而有力的國際機構，來統籌管理所有的核武活動。莫里遜是散播這項訊息最不遺餘力的人，歐本則是私底下和他在政府裡的朋友遊說同一件事。但是到了 1948 年，情勢已明朗化，如果想把這種國際機構建築在戰時美蘇聯盟的基礎上，已經機會渺茫；因為美蘇的合作關係已如明日黃花，核武競賽已然揭開序幕。國際統籌管理的理想，充其量只能成為長遠的夢想罷了。

從未有過罪惡的自知

我們和貝特的午餐會談常常環繞在羅沙拉摩斯，以及與原子彈發展、使用的相關道德問題上。在羅沙鎮時，貝特已為這些問題深感困擾，其他的羅沙人則似乎都還沒有任何煩擾的感覺，一直到廣島之役以後才改觀。工作如火如荼當中，他們好像被吸進科學細節裡，一心一意只關注計畫的技術成功面，他們工作太過繁忙，根本來不及擔心後果的問題。1945 年 6 月，歐本曾是史汀生智囊團的一員，擔任運用原子彈的參謀。歐本贊同史汀生的決定，因此就有了後續的發展；然而歐本當時並沒有和羅沙鎮的同僚商討這件事，連貝特都被蒙在鼓裡，那個責任乃是他一人單獨承擔。

1948 年 2 月，有一期《時代》雜誌登出歐本的專訪，裡面就出現了他有名的告白：「由於某種直覺，物理學家是明白罪惡、知道是非的，這不是鄉野清談、低級幽默或誇大其詞能輕易掩蓋的。這種對罪惡的自省，是他們不能失去的。」在康乃爾的羅沙人聽到歐本的說法，無不義憤填膺，痛加駁斥。他們從未有過罪惡的自知；他們自認為了協助贏得戰爭，付出了代價完成艱巨而必須的工作，他們覺得歐本在眾人面前的說詞有欠公允——好像任何人製造什麼致命的武器、在戰爭中殺害人命，就罪不可赦。這樣一筆抹煞他們的貢獻，自然會忿忿不平。

我可以體會他們的氣憤，但是我覺得歐本言之有理。羅沙鎮眾物理學家的罪惡，不在於造了可怕的武器。當他們的國家正在打仗對抗希特勒納粹政權時，他們建造原子彈，在道德上還說得過去；但是他們不只是造原子彈，他們還樂在其中，他們一生中最快樂的時光就是製造原子彈那些日子。這一點，我相信才是歐本說他們有

罪惡感時，心中真正的意思。歐本海默說的沒錯！

　　幾個月以後，我才歸納出美國學生身上令我感到奇怪又迷人的特質——他們生命中沒有悲劇的意識；而這意識卻深深鐫刻在這一代歐洲人的心版上。美國青年生命中未曾經歷過悲劇，因而無從感覺；因為沒有悲劇意識，連帶的也就沒有罪惡感。他們看起來年輕而天真。雖然大多數人年紀都比我大。他們經歷過戰爭，但沒有留下傷疤。羅沙拉摩斯只是他們嬉戲快活的好地方，未曾戮及他們的天真或無知。這也就是當歐本說出實情時，他們反而無法接受的原因。

科學奇才費曼博士

　　歐洲人心靈意識改變的歷史轉捩點，在第一次世界大戰，而非第二次。第一次大戰遺留下那種悲劇情懷，瀰漫在我們呼吸的空氣中，而且早在二次大戰未暴發之前就已經如此。歐本浸淫在歐洲文化中，長成以後自然帶有那種悲憫的意識。貝特是歐洲人，所以也有那種性格。本地出生的美國青年，除了費曼以外，仍舊活在沒有陰影的世界。三十年後的今天，自又是另一番景象。越戰在美國人生活中的影響，如同一次大戰在歐洲所產生的基本心情轉變。當今美國青年在心靈上已與父執輩漸行漸遠，反而較接近歐洲人的心靈。天真無知的年代，已經向我們所有的人宣告終結。

　　費曼在這一方面，其實可以說在每一方面，他都是異類。他是個土生土長的美國青年，卻已走過悲劇的歲月。他深愛一位聰穎而藝術氣息濃郁的女子，也娶了她為妻，但她旋即死於結核病。他們結婚時，就知道她已病入膏肓。費曼到羅沙鎮工作時，歐本還特地

為他妻子安排住進新墨西哥州大城阿布奎基的療養院，讓夫妻倆可以常常見面。大戰結束前幾週，她病逝阿城。

　　抵達康乃爾不久，我就發覺費曼是系上最有生命力的人物。許多方面，他都令我想起湯普森。費曼不是詩人，當然也不是共產黨員；但是和湯氏一樣，他嗓門大、才思敏捷，對各種人、事、物，有著強烈的興趣，愛講些瘋笑話，藐視權威。我住學生宿舍的時候，偶爾會在清晨兩點左右，被遠處沉靜校園中傳來的陣陣怪聲所吵醒，那是費曼打邦哥鼓（bongo）的聲音。

　　費曼也是極富原創力的科學家，他拒絕把任何人的話當一回事；換句話說，這意味著他得重新探索，或者為自己重新發明差不多整套的物理。他花了五年的時間潛心工作，並重新發明量子力學。他說他看不懂教科書裡正統版本的量子力學，所以只好從頭開始。這是個雄心壯志的大業，那些年間，他比任何我所認識的人都加倍用功；最後，他終於發明一套自己能夠懂的量子力學版本。接下來，他就用費曼版的量子力學去計算電子的行為模式。他能夠重現貝特原先用正統理論途徑所求出的結果，不只如此，還可以更上一層樓，用他自己的理論算出更精細的電子運動詳情——那是貝特的方法完全無法觸及的。費曼的方法可以算得更準，而且更省事，無人能望其項背。我用正統方法替貝特做的運算，花掉我幾個月的時間，寫了幾百頁的紙；費曼卻可以在黑板上，花半個小時而得到完全相同的答案。

　　這就是我在康乃爾發現的局勢。貝特用的是費曼看不懂的傳統量子力學食譜；費曼用的則是他私人的量子力學祕笈，沒有人看得懂。每次兩個人算同一道問題時，總是獲得相同的答案，而費曼總是可以多算出一大堆東西，這是貝特辦不到的。很顯然，費曼的理

論基本上是正確的。我暗自下定決心，做完貝特交代的工作後，接著就要來了解費曼的祕笈，並且用其他人都能懂的語言，將他的思想闡揚出來。

另闢蹊徑的物理觀

1948 年春，貝特和費曼到帕可諾山（Pocono Mountains）的別墅，參加歐本海默主持的專家會議，討論量子電動力學的問題。我不在受邀之列，因為我那時還不是專家。執行哥倫比亞實驗的人都出席了，波耳以及許多重量級的物理學家都在那兒。會議的重頭戲是由曾受業於歐本門下的哈佛年輕教授，許溫格（Julian Schwinger）主講的專題，時間長達八個小時。最後，許溫格似乎解出了主要的問題。他找出一套新的量子電動力學理論，可以解釋全部的哥倫比亞實驗。他的理論建築在正統原則上，就數學技巧而言，已屬上上之作。他的計算十分繁複，沒有幾個人整場八個小時都聚精會神聽他說明，但是歐本卻頻頻點頭表示他的贊同。

許溫格講完後，輪到費曼上台，費曼試圖告訴已經筋疲力竭的聽眾，他如何能根據自己的非正統方法，更精簡解釋同樣的實驗結果，可惜沒有人聽得懂他在說什麼。末了，歐本還說了些難堪的評語，就草草收場，那天費曼走出會場時，覺得非常沮喪。

在康乃爾的最後一個月裡，我盡力和費曼多見幾次面。費曼最棒的一件事就是，你不用害怕好像在浪費他的時間。大多數的科學家，當你去找他談話時，他們總是客客氣氣的請你坐下，過不了幾分鐘，你就會從他們不耐煩的表情或者焦躁的手指頭發現，他們希望你趕快走。費曼不像那樣，當我走進他的房間，若他不想和我說

話時，他會很乾脆的說：「走開，我很忙。」甚至頭也不回一下。這樣我就會識相的走開，等到下次我再來，他讓我坐下，我知道他不只是客套而已。我們長談過數個小時有關他獨家版本的物理，我終於有點開竅了。

　　普通人很難領會費曼物理的原因，是他不用方程式。通常理論物理從牛頓時代開始，就是先寫下幾條方程式，然後用力算出方程式的解——這就是貝特、歐本和許溫格他們做物理的方式。費曼則是直接從腦子裡把解答寫下來，一條方程式也不用，腦子裡彷彿有一幅物理圖像，事情的來龍去脈一目了然，只須做最少的運算。難怪那些花了一輩子在解方程式的人，會被他搞糊塗了。別人的腦子是分析式的，他的腦子卻是圖像式的，我自己受的訓練，最早從皮雅久的《微分方程》奮鬥開始，就一直是分析式的。等到我聽費曼侃侃而談，再看他畫在黑板上的奇怪圖畫，我漸漸吸收了一些他圖畫式的想像力，並且開始對他那一版本的物理觀較能適應。

將歷史累加起來

　　費曼意象的本質，是鬆開一切的限制。正統物理的說法是，先假設電子在某個時間是處於某狀態，然後你解某特定的微分方程並計算它下一步會怎麼動，再從解答求出往後某個時刻的行為。費曼則捨此道，只簡單的說電子愛怎麼動就怎麼動；電子在整個時空以各種可能的方式動，甚至只要它高興，逆著時間跑都可以。如果讓電子從某個時間、某個狀態起動，而你想看它到底在另一個時間會不會處在某個狀態，你只要把所有可能使電子從一個狀態轉進到另一狀態的歷史貢獻累加起來，就行了。

電子的歷史指的是任何時空容許下的路徑，包括在時間軸上鋸齒狀前進後退的路徑。電子的行為，只是根據費曼研究出來的一套法則，將歷史累加起來的結果。同樣的技巧，只要稍事修改，就不但可適用於電子，也可適用於任何其他東西——原子、棒球、大象等等。只是對棒球和大象，法則會比較複雜就是了。

這種按歷史累加的觀察事情方法，其實並不是那麼莫測高深，只要習慣就好了。就如同其他原創的想法，慢慢都會被物理學的發展脈絡所吸收。因此三十年後的今天，再回頭看的時候，我們很難相信初次聽到時，為何顯得那麼難以掌握。我何其榮幸能在 1948 年新思想誕生時，在康乃爾躬逢其盛，而且有一段短短的時間曾做為費曼的共鳴板。我目睹了費曼長達五年之久、披荊斬棘開拓出新意象，並將之統合起來路程。我看到費曼的努力，又不禁讓我憶起六年前凱因斯論及牛頓的一段話：「他獨特的天賦就在於能夠將純腦力的問題，在心裡反覆思考，直到想通為止。我在想，他的出類拔萃是因為腦部直覺神經特別強勁，耐力又夠，遠遠超過其他的人類所致。」

悲憫的小包裹

1948 年春，又發生一件值得紀念的事。貝特收到一份從日本寄來的包裹，裡面有新創物理期刊：《理論物理的進展》（*Progress of Theoretical Physics*）的頭兩期，出版地是京都。這兩期是用英文印的，紙張呈淡淡的棕色，品質不太好。全部內容是六篇短短的文章，第二期的第一篇文章名為〈波動場的量子理論推導——相對不變量法〉，作者是東京大學的朝永振一郎。最下面還有注腳說道：

「原文是用日文寫成，……1943年翻譯。」

貝特把這篇文章拿給我讀，內容言簡意賅、沒有任何累人的數學，卻直搗許溫格理論的核心。這件事背後含義相當深長、珍奇，因為就在戰火肆虐的殘垣斷壁、時局動盪之中，在完全與外界隔絕的情況下，朝永振一郎竟然能夠維持理論物理的研究，而且成績斐然，某些方面甚至遠超過當代所有其他地方的成就。他默默耕耘，獨自奮鬥，沒有哥倫比亞實驗的幫忙，卻比許溫格早五年，奠下新量子電動力學的根基。1943年那個時候，朝永振一郎尚未完成全部的理論，也還沒有將其發展成實用的工具。

將量子電動力學發展成系統化的數學結構，許溫格的確功不可沒；但是朝永振一郎卻是率先踏出正確的第一步。1948年底，他坐在東京戰爭過後的廢墟當中，寄給我們這些悲憫的小包裹，好似從地底傳來的呼聲。

幾個星期之後，歐本收到朝永振一郎寄來的私人信函，說明日本物理學家最新的成果；他們正朝著和許溫格同樣的方向迅速邁進。彼此之間的通信，於焉建立。歐本邀請朝永振一郎到普林斯頓來訪問，接著，朝永的學生也陸續來到普林斯頓和康乃爾。當我第一次見到朝永教授的印象，可以用一封寫給父母家書上的一段話來形容：

他比許溫格或費曼更能夠把別人的想法表達清楚。當然，他也頗有自己的一套，而且他是個一點也不自私的人。

在朝永的書桌上，除了物理期刊之外，總放有一本《新約聖經》。

第6章

阿布奎基之旅

　　康乃爾的學期在 6 月結束，貝特替我要了一張邀請卡，讓我到安娜堡（Ann Arbor）的密西根大學去，參加為期五週的暑期課程。許溫格要在那兒演講，把他在帕可諾山會議的八小時馬拉松演講，放鬆為五個星期慢慢開講。能夠當場聽到許溫格本人說明他自己的想法，對我而言，自是千載難逢；可是學期結束到暑期課程開始之前，還有整整兩個星期，該怎麼打發呢？費曼說：「我要開車往阿布奎基，你何不與我同行？」我看看地圖，在直接往安娜堡的路上，阿布奎基並不順路，但我仍說：「好，我和你一起走。」

獨享費曼

　　我到美國來的各項費用，皆是由哈克尼斯基金會（Harkness

Foundation）提供的大英國協獎學金資助。基金會很慷慨的給了我一筆資金，可以渡暑假用。他們希望我能夠到美國各地看看，獲得較宏觀的視野，以免對美國的印象只局限在校園一隅。免費搭便車到阿布奎基，正是好的開始。

四天之中，費曼差不多所有的時間都歸我獨享。我說差不多是因為，費曼喜歡沿途搭載招手要坐順風車的旅客，我也很喜歡這些徒步旅行的人；這些人就像美國的游牧民族，腳力好像永不衰竭，不經心的由一地走到另一地，既不慌，也不忙。在英國，也有些吉普賽游牧民族，但是他們自成封閉的社會，我從來就不曾和吉普賽人說過一句話。費曼和那些搭便車人說話的樣子，好像他們是多年的好友；他們和我們分享探險的經歷，而費曼也投桃報李一番。我們愈深入西南，費曼說話的方式也跟著改變，他會把口音、慣用語慢慢調成搭便車人的樣式，比方說：「我啥也不知道！」在他口中出現的頻率愈來愈高。我們愈接近阿布奎基，費曼對周遭的環境似乎就愈快活自在。

我們在聖路易過密西西比河，然後越過奧沙克（Ozark）山脈到奧克拉荷馬州。奧沙克鄉村是全程最可愛的地方，翠綠的山巒，覆滿了花木，偶爾還點綴著靜謐的農家。奧克拉荷馬州是另一番景象，富有但醜陋，新的市鎮和工廠到處林立，推土機咆哮著撕裂土地，奧克拉荷馬正因為發現石油而成了暴發戶。

到奧克拉荷馬市的路上，我們遇到了一場暴雨。在那個地方似乎不只人粗暴，連天氣也是這樣。那是我們第一次見識到熱帶的暴雨，那場雨之大，連我記憶中英國最大的雨，都變成毛毛細雨了。我們在大雨傾盆之下，緩緩推進了一會兒，又碰到交通阻塞。有幾個年輕人告訴我們，前面公路的積水快兩公尺深，根本過不去，

他們說豪雨已持續一個星期了。我們掉頭撤退到一個叫做維尼塔（Vinita）的小鎮。前進無門，只好找家旅店靜待大水消退。旅館裡擠滿了像我們一樣受困的旅客，我們很幸運還有一間空房間，費曼和我只要一人分擔五十美分。房門上貼了一張告示說：「本旅館訂下新的管理辦法：如果喝醉酒，請勿上門。」

頭腦最清楚的人

在那小小的房間裡，滂沱大雨敲打著積滿灰塵的窗櫺，我們則在裡面談個通宵。費曼說到他已故的妻子，談到她臨終前，他如何悉心看護，如何伴她走過人生最後的旅程，以及他們如何一起捉弄羅沙拉摩斯的安全人員。又談到她說的笑話、她的勇氣。

他談及死亡的神情很輕鬆，彷彿死亡是很熟悉的東西；只有心靈遭受死亡的黑暗權勢恫嚇過，猶能保持完好的人，才能如此處之泰然。瑞典導演柏格曼（Ingmar Bergman）在他的電影「第七封印」中創造一個角色，叫做「變戲法的佐夫」（juggler Jof）──他總是瘋瘋癲癲、愛開玩笑，一天到晚看見異象、做異夢，但沒有人相信。最後當死亡叼走其他人的時候，只有他一人生還。費曼和佐夫有很多地方極其相似，康乃爾就有很多人告訴過我說，費曼是個瘋子；其實，他是全世界頭腦最清楚的人。

費曼那晚在維尼塔說了好多關於他在羅沙鎮的工作。起初，是威爾森──康乃爾首席實驗物理學家，也是我們的好朋友，邀請費曼加入原子彈的研製計畫。費曼幾乎是出自本能的，立刻回答他說：「不要，我不幹！」然後他又再三思量，並且在理智上說服自己說，應該去，以免被希特勒捷足先登就糟了。因此他慨然允諾，

加入原子彈計畫。先是在普林斯頓工作，然後才轉移鎮地到羅沙鎮。他火熱投入他的工作，並且迅速升任組長。

當人家請他當計算機組的組長時，他年僅二十六歲。那個時代所謂的「計算機」，其實並不是電子機器，而是人腦。費曼深諳領導統御的藝術，知道如何使他的組員全心全力投入到工作上。從他接管計算部門以後，算出答案的問題激增了九倍；整個組卯足了勁，好像在和時間賽跑，要在 1945 年 7 月首次原子彈試爆前，完成所有的計算。費曼在一旁猛為他們加油打氣，於是就像大型划船比賽，他們划得又快又賣力；甚至連德軍已退出戰場，只剩他們自己一隊在比賽，他們還渾然不覺。當他們抵達終點線，也就是三一試爆（Trinity bomb test）時，費曼坐在吉普車的篷下，高興的猛拍了一下他的邦哥鼓，咚！一直到很後來，他才有時間再回想，當初輕率回答威爾森說：「我不幹！」究竟對或不對。自從那些日子以後，他就拒絕再做任何和軍事有關的工作，他知道他會做得太愉快、太好，而樂不思蜀。

浴火重生

費曼對核武器未來的發展，有他獨樹一幟的看法。當時流行兩個幻想，較保守的幻想流行在美國高層領導階級，認為這類武器的發展與生產可以永無止盡，並且讓美國長保軍事及政治優勢；較自由的幻想則認為，當全世界的政府都體認了核戰大毀滅的危險，核武器反而會變成永久和平的保障。

費曼對任何一種說法都不抱期望，他認為戰爭總是每隔一段時間就會發生，而且核武器遲早有一天會拿出來使用。他覺得任

憑這些武器發展而不加管束，還妄想自己可坐收漁利，簡直是痴人說夢。他預期遲早有一天，有人會對我們以其人之道，還治其人之身；因為沒有理由相信別的國家會比我們更有智慧，或者更仁慈。

我們車子經過克里夫蘭和聖路易的時候，費曼竟在心裡估算原子彈爆炸的離地高度、輻射的致命範圍和震波、火災等規模，他對未來的期望實在是夠灰色、夠淒涼的了。我感覺自己好像和《聖經》中的羅德（Lot）同行經過所多瑪和蛾摩拉。然而，費曼並不是懊喪，相反的，他對凡人有著絕對的信心，相信他們總能夠逃脫統治者犯下的愚昧罪行。就像變戲法的佐夫，在大而可畏的審判日來臨前夕，他還能靜坐與客人分享新鮮的牛奶和野草莓。他知道凡人的韌性，他知道死亡和毀滅過後，常會激發出我們肉體裡的精髓。

碰巧在一年之前，也就是 1947 年的夏天，我在戰後的德國城市明斯特（Münster）的瓦礫堆中，住了三個星期。明斯特大學邀請了一群外國大學生到他們學校，旨在打開德國學生與外界接觸的第一扇窗戶。在明斯特街道規劃處的協助下，我們走過堆積如山的瓦礫。「雖然本市到處都是殘垣斷瓦，」街道規劃書上寫道：「在貧窮困苦當中，街道、人行道和公園綠地的外觀上，仍然表達了高尚的自尊和彈性，以及市民堅毅的精神。」

千真萬確，每天傍晚，只要天氣還不算太壞，明斯特饑餓的群眾仍然會走出地窖，手裡拿著小提琴、大提琴、巴松管，在露天之下，演奏第一流的交響樂。有一天晚上，他們甚至上演一齣歌劇，雖算不上是頂好的，但是那個劇場，綠草如茵，是羅馬競技場式的圓形。巨大的山毛櫸和栗子樹，樹影搖曳，再加上半毀的城堡在黃昏時投射下來的側影，古意盎然中帶點感傷，滿天的晚霞更充分彌補了歌劇表演的不完美。從此以後，我對餓肚子走過瓦礫廢墟就甘

之如飴，不再把眼目停留在這些破敗的外觀上。才短短三個星期，竟然已完全習慣了住在這樣饑餓而殘破的城市。

我向費曼提起這些在德國的經驗，他說這本在他意料之中。他不認為任何炸彈、甚至原子彈能長久粉碎人性的心靈，「只要稍微想一想我們是怎麼經歷這一大堆瘋狂的事，還能生還，」他說：「原子彈也就算不得什麼了。」如果你是變戲法的佐夫，能夠看見死亡天使拍動黑色的翅膀，趁你駕馭馬車穿越風暴之際，掠過你頭頂的話，死亡也算不得什麼了。

物理的直覺

談完了原子彈，我們的話題轉到科學，費曼和我對科學的看法總是南轅北轍。我們互相攻擊對方的想法，真理卻愈辯愈明。費曼不信任我的數學，我則不信任他的直覺。世界在他的眼中，只是一些經緯交織的作品展布在時空之間，所有的東西都可自由移動，只要把各種可能的歷史統統加起來，就可描述最後的結果。他的觀點有一個基本而必要的假設，就是共通性或普遍性。它必須描述一切發生於自然界的事情；你不能把他那種所謂「路徑（歷史）積分法」想像成只適用於大自然的某一部分，其他部分又不適用，不可以！不能說只適用於電子，不適用於萬有引力。它是統一的原則，要嘛一體適用，要嘛一概不合。

可是我非常懷疑這種說法，我知道許多大科學家都追逐過這種統一理論的鬼火；在科學戰場上，這類統一理論早已屍橫遍野。就連愛因斯坦也花了二十年在尋求這個統一理論，結果卻是什麼滿意的結果都沒找到。我非常推崇費曼，但是我不相信他能勝過愛因斯

坦這位個中老手。費曼對我的懷疑頗不以為然，他說愛因斯坦之所以失敗，全係因為他停止思考緊密的物理圖像，捨本逐末去玩弄方程式所致。我必須承認他說的沒錯，愛氏早年偉大的發明都立在物理的直覺上面；後來統一論失敗，是因為只剩下一些沒有物理意義的數學式子。費曼路徑積分法的精神，給人看到的正是早年英氣煥發的愛因斯坦，而不是垂垂老矣的愛因斯坦。

雖然這些話都是物理界的史實，但是我仍然有話要說，我告訴費曼，他的理論只能算是一場大夢，而不是科學理論。除了費曼之外，沒有人會用他的理論，因為他只是突然直覺的冒出一些想法，再用它們做為遊戲規則，然後以此類推。除非這些規則可以明明白白的用文字符號表達，數學上也夠精確，否則我不能稱之為理論。

我接受傳統對物理理論屬性的觀點。根據傳統的觀點，大一統原則並非理論；我們或許希望有朝一日可以發現全物理領域皆通用的大一統原則，但那是下一代的工作。至於目前，大自然已可以很方便的分成幾個疆界分明的領域，我們只要一次了解一個領域就夠了。所謂理論，乃是精確而細微的描述大自然某一部分。不同領域的理論，可以使用不同的觀念來解釋，湊合起來就提供了全方位觀察世界的方法。

三大物理界

目前，我們看到物理的世界，可以分成三個主要的領域。第一個是非常大、非常重的物體，如行星、恆星、銀河系、宇宙等的組合。在這個領域，重力是最主要的力，而愛因斯坦的廣義相對論則是空前成功的理論。第二個領域都是些非常小、生命週期極為短暫

的粒子，只見於高能碰撞和原子核裡頭。在這個領域，以強核力為主導，但迄今尚未有任何完整的理論。片片段段的理論此起彼落，它們或多或少也滿足了實驗家觀察到的結果，但是這個超小領域，基本上和 1948 年的情形差不多，自成一個世界，等待人們逐一探險。

在超大和超小之間，存在著物理界的中間地帶，也就是第三領域的範圍。中間地帶範圍非常非常之大，包括一切大小居於原子核和行星之間的東西，是人類日常生活的經驗範圍，例如原子和電子、光和聲音、氣體、液體、固體、椅子、桌子和人。我們所謂的量子電動力學，就是屬於這中間地帶的理論，所有第三領域的物理過程都在描述之列，只有超大和超小的東西除外。

費曼野心勃勃的想理解所有的物理，我則寧可在中間地帶尋找可以安身立命的理論。費曼在找尋一些很有彈性的通則，可以適用於宇宙內一切東西；我則是要尋找一組乾淨的方程式，以準確描述中間地帶的現象。我們就這樣你一句、我一句的聊到天明。三十年後的今天，再回頭看看我們當時辯論的論點，其實我們兩個都對。科學特殊的美感就是這樣，有些看來恰呈兩極化的論點，如果退一步，以更宏觀的視野來看時，卻可能並行不悖。

我沒錯，因為後來的科學發展證實，大自然喜歡有所區隔。量子電動力學完成了預期的目標，它可以非常非常正確的預測所有在中間地帶所做的實驗結果。費曼也沒錯，因為後來他發明的時空軌跡、路徑積分法等通則，證實適用範圍比量子電動力學更寬廣。在非常小的領域，也就是現在通稱的粒子物理領域，量子電動力學的嚴格形式變成英雄無用武之地；反而是費曼更富彈性的法則，亦即現在通稱的費曼圖（Feynman Diagram），變成每一位理論家手上，

第一套派得上用場的工具。

　　那個風雨交加的夜晚,費曼和我在維尼塔那間斗室中,都看不見三十年後的遠景。我只是隱隱約約覺得,深藏在費曼想法的深處有一把鑰匙,可以開啟量子電動力學理論的大門,而且會比許溫格工整的結構更簡化、更實際。費曼則覺得他有更遠大的目標,而不只是讓許溫格的方程式看起來更整齊、更悅人而已。所以我們的論辯其實並沒有結束,只是離開我們、各奔前程去了。

分道揚鑣

　　黎明之前,我們總算小睡片刻。第二天早晨,我們再度朝奧克拉荷馬市出發。雨還是沒有停,但是已經比前一天小多了。我們駛過因石油致富而迅速竄起的沙帕爾帕(Sapulpa),然後路又不通了。我們想繞道而行,沒想到卻走到一條通往水邊的路,路的盡頭是一口大湖,只好再回頭開往沙帕爾帕。

　　途中我們遇到一對印第安夫婦,在雨中沿著路邊踉踉蹌蹌的走,顯然是喝醉了酒。他們全身都濕透了,所以很高興的跳上車。這對夫婦正好當我們的嚮導,帶我們走上一條未鋪柏油、遍地泥濘的路,把我們帶到洪水侵犯不到的高處。他們的身體很快就乾了,心情也很好,就和我們一起在車裡坐了大半天。他兩人的目的地是秀尼(Shawnee),他們在那兒的油田工作。前幾天,不知道打那兒弄來幾瓶私釀威士忌,下班後帶著酒離開秀尼,到沙帕爾帕朋友家開懷暢飲一番。酒盡人也散,正是我們給他們倆人搭便車的前一天。大水迫使我們一直沿著北方的高地走,同樣也離秀尼愈來愈遠。當那兩個印第安人終於下車、並且很友善的向我們道別時,他

們離開秀尼已經非常遠了，而且比我們剛發現他們的時候還遠。

我們最後一道障礙是跨越西馬隆河（Cimarron River），這條河寬約八百公尺，濁浪濤天。當車子開在橋上面，真令人提心吊膽，我們隨時都可能被大水沖走，淪為波臣。還好，河的另一邊，天空已漸漸晴朗，最後我們終於抵達德州境內。那是我們抵達目的地前的最後宿點。

仙人掌在沙漠地盡情綻放，費曼也跟著心花怒放。當我們駛進阿布奎基，已是豔陽高照的好氣象，連警車都向我們鳴笛表示歡迎。過了一段時間，費曼才發覺警察是在向他示意，要他停車。他們很有禮貌的說，我們違反了所有的交通法規，必須上法院去。幸好裁決所還在上班，可以立刻處理這件案子。

裁決所吩咐我們必須繳五十美元罰款，因為我們在速限二十英里的路段，以七十英里時速飆車，按照超速每一英里罰一塊錢的規定，我們必須罰五十元。官員說這是他見過超速罰款金額最高的一次，我們打破了阿布奎基的紀錄！接下來，換費曼鼓起如簧之舌，唱作俱佳的向官員解釋說，他如何從綺色佳開了三千多公里路，到阿布奎基來探訪他心儀已久、準備結婚的小姐；又說阿布奎基是多麼偉大的城市，他又是多麼高興睽違三年之後還能舊地重遊。

很快的，費曼就和那位官員彼此交換大戰期間，阿布奎基的點點滴滴。最後我們只被罰了十四塊半美元——十元算超速罰款，四塊半是法庭的規費。費曼和我平均分攤罰款，最後我們三個人都握握手，一副賓主盡歡的模樣。然後我們互道珍重，分道揚鑣。

心領神會

我搭乘灰狗巴士到聖塔菲（Santa Fe），再轉車回安娜堡。我上
車不久就發現，享受長途巴士旅行之道，就是搭夜車好養精蓄銳，
天亮後再盡情欣賞車窗外的田園風光。從丹佛到堪薩斯市之間，漫
長的夜晚，我和幾位十幾歲的小孩攀談起來，其中一位是舊金山來
的年輕水手，另一位則是來自堪薩斯州的女孩。我們也是聊個通
宵，從外遇到家庭故事、上帝，最後談到政治。我突然想到，如果
是兩個英國陌生人談同樣的話題，次序一定正好相反。他們兩個可
真健談，直到太陽從地平線上冉冉升起，談興依舊不減，仍是談得
那麼投機。有時候，他們教我覺得自己好老，有時又教我覺得年輕
起來。

在安娜堡那五個星期，我結交了許多新朋友。那個時候，安
娜堡的暑期學校是自 1930 年代起，一些物理學家暑期巡迴演講的
重鎮。許溫格那次的演講可謂驚人的優美演出，好比一首難度極高
的小提琴鳴奏曲，由一位大師來演奏，其中的技藝表演尤高於音樂
本身。幸好許溫格為人和藹可親，讓我也有機會與他多交談。從這
些談話中，我終於明白他理論發展的來龍去脈，這比演講現場領會
的要多得多。在演講當中，他的理論好像已經切割過的鑽石，閃亮
而耀眼；而當我私下和他談話的時候，我看到的則是粗糙的石礦
——就是精心雕琢之前，許溫格本人所見的原始風貌。如此一來，
我就更易於掌握他的思路與想法了。

安娜堡的物理學者很慷慨的給我單獨的房間，位於他們建築物
的頂樓。每天下午我都會躲在頂樓的屋簷下幾個小時，仔細查驗許
溫格演講的每一個步驟，再默想我們談話中，他所說的每一句話。

我希望能夠熟練每一個許溫格用到的技巧，就像我十年前苦練皮雅久的《微分方程》一樣。五個星期很快的過去，我已寫滿上百頁的計算，用許溫格的方法算過無數的例題。暑期課程結束後，我覺得我對許溫格理論的了解，已經沒有對手了，或許只有許溫格本人足堪匹敵——那也正是我到安娜堡去的目的。

在安娜堡那段時間，另外發生了一件美事。我收到來自明斯特的長信，是一位女孩子寫的，那是一年前我在明斯特那段饑渴時光認識的，我們一直保持聯繫。她是用德文寫的信，但是信尾卻引用了葉慈（William Yeats）的詩：

我深願能用衣裳鋪在你的腳下，
但是我太窮，除了夢之外，一無所有；
我將我的夢鋪在你的腳下，
腳步請放輕，因為你踩的是我的夢！

我很懷疑，對於不是以英語為母語的女孩，能不能充分體會這首詩的意境有多美。我假設她真懂，我心裡也向自己承諾，我會腳步放輕、我會溫柔的走。

離開安娜堡後，我再度乘坐灰狗巴士來到舊金山。那段旅程最令我回味無窮的是，從懷俄明州下回音溪（Echo Creek）到鹽湖盆地那段蜿蜒的山路。我們走過一百年前，摩門教徒翻山越嶺到此定居的高山與深谷。這些山谷都獲得悉心照料，非常美麗，就像瑞士的山谷一樣；美國其他地方，都沒有像這塊地受到如此的珍惜。你可以一眼看出來，這些人真的相信他們已經到達應許之地，做長治久安的打算，並且要維持它的美麗給子子孫孫。

　　我在舊金山和柏克萊待了十天，暫時拋開物理學，讀讀喬哀思（James Joyce）的《一位青年藝術家的畫像》（*Portrait of the Artist as a Young Man*）以及尼赫魯（Motilal Nehru）的自傳。我稍稍看看加州，就覺得還是比較喜歡猶他州。如果比較猶他州和加州移民的成就，他們約在同一時期建立各自獨特的文明。我覺得如果說猶他州成就偉大，加州的成就則是偉大加上擁擠！加州沒有一處可以比得上摩門山谷——在那兒，民房村莊簇擁著雄偉的摩門教聖殿，兩邊的山峯高聳入雲，氣派非凡。

打通任督二脈

　　9 月初該是回東部的時候了，我登上灰狗巴士，三天三夜直達芝加哥。這次沒有人可以講話，道路又太顛簸不能看書，所以我只好坐在窗邊看風景。看著看著，慢慢進入舒服的夢鄉。第三天，當巴士嗡嗡駛過內布拉斯加（Nebraska）的時候，奇妙的事發生了——我已經兩個星期沒有想到物理，如今它卻突然排山倒海、一股腦兒的衝進我的腦海裡。費曼的圖像和許溫格的方程式，開始自行在我腦裡前後對正、左右標齊，而且從來沒有那麼清晰過。我生平第一次，可以將這兩個論點兜在一起。

　　有一、兩個小時，我把那些片片段段的東西重組再重組，忽然我明白過來，他們其實可以彼此配合得天衣無縫。我手邊沒有紙筆，可是一切都是那麼清晰，根本不需寫下來。費曼和許溫格其實只是從不同的兩側在觀看同一組思想；如果將兩人的方法結合起來，就可以得到理想的量子電動力學理論，既有著許溫格的數學精確，又有費曼的彈性。

在中間地帶，終於誕生直截了當的理論了。我真是三生有幸，因為我是唯一有緣親炙許溫格和費曼兩位大師，而且真正能夠了解兩位大師孜孜矻矻努力目標的人。在這樣承受啟迪的時刻，我由衷感謝恩師貝特，是他讓這一切成為可能。在那奇妙的一天所餘下的時光裡，我一面望著太陽逐漸平西，一面構想到達普林斯頓時，該怎麼寫這篇文章。我認為論文的題目應該寫為〈朝永、許溫格和費曼的輻射理論〉，這樣朝永振一郎就可以得到他應得的榮耀。

巴士進入愛荷華州以後，天色漸暗，我也好好睡了一覺。幾天以後，我收拾行李離開綺色佳，啟程往普林斯頓。我已經愛上灰狗巴士了，當旅途結束時，我都覺得有點依依不捨，只可惜普林斯頓還有工作在等著我。在晴朗的 9 月早晨，我第一次走了快兩公里半的路，從我普林斯頓的寓所到高等研究院去。自我離開英國來美國學物理開始，已經整整一年了。才經過一年，我居然已經踏著 9 月清晨的陽光，來到高研院教導偉大的歐本海默先生如何研究物理！

整個情勢實在荒謬的令人難以置信，我用力掐了自己一下，確定自己不是在做夢。陽光仍然灑在身上，小鳥依舊在樹上輕啼……。我最好還是小心一點，我告訴自己要「腳步放輕，因為你踩的是我的夢！」

第 *7* 章

攀登 F6 峯

七年過去了，夏天的腳步也遠颺。

七年前，大主教離我們遠去，

他對教區的百姓向來和善。

但是就算他再回來，也無濟於事了，

一貧如洗的我們，能有什麼作為？

只有等著見證……

噢！湯瑪士大主教，噢！我們的救世主！

離開我們，任憑我們住在卑賤和晦暗的地方吧！

離開我們，不要叫我們！

——守著房屋倒塌、看著大主教崩潰、坐待世界的滅亡！

1948 年秋，我住在歐本海默的辦公室，艾略特的《大教堂謀

殺案》（*Murder in the Cathedral*）劇中的幾句台詞，突然迴響在腦際。六男二女，八位青年物理學家共用這間辦公室，工人則加緊趕建新大樓，好讓每個人都有各自的辦公室。其實我寧願大樓永遠完不了工；大辦公室比較舒服，同事之間也比較熟絡，我們八個人可以繞著大木桌坐，聊聊天，彼此認識認識。我們分別來自不同的國家，都是應歐本海默的邀請，到高等研究院來工作。我們都還年輕，沒有什麼家累。

我們把書和論文散置在大木桌上，歐本海默正巧去歐洲，不需要用辦公室，我們就在不安穩的心情下度過了六、七個星期。時間一週一週的過去，我們也似乎愈來愈感覺不到他的存在，就像艾略特劇中第一幕所呈現的，大主教一去不返的感覺逐漸擴大——繼而帶入他戲劇式的復出，和接踵而至的悲劇。

我們不知道1948年會上演什麼樣的悲劇，可是總有一種山雨欲來風滿樓的感覺。

險些陷入泥淖

1948年，對那些渴望二次大戰的混亂結束後，永久和平即可來臨的世人而言，乃是幻想破滅的一年。那年秋天，當我們無助的圍坐在歐本海默的桌子四周，猶太人和阿拉伯人正在巴勒斯坦打得不可開交；柏林整個被蘇聯大軍封鎖，朝不保夕，只能靠空投民生物資勉強硬撐；聯合國對於有效的國際核武管制計畫又不能達成協議……。整個歐洲以及半個亞洲都仍百廢待舉，無知的人類似乎又迫不及待的衝入更大、更可怕的毀滅愚行之中。

我們還冷酷的計算著，萬一柏林情勢告急，我們可能採取的

行動：蘇聯會迅速占領西歐地區，我們則用原子彈轟炸蘇聯的大城市，直搗黃龍。美國有一大半的人相信，他們憑庫存的一大堆原子彈，就足以轟得蘇聯跪地求饒。我則心知肚明，我知道這正是把1812年的拿破崙、1941年的希特勒帶進萬劫不復境地的同一種幻想。1948年秋，危機似乎已經迫在眉睫，美國人幾乎要走上拿破崙和希特勒敗亡之路，妄想迅雷不及掩耳一舉擒服蘇聯；然後才驚覺自己差點掉入戰爭無止境的泥淖中。我甚至已經很認真的考慮，是不是該回去英國探望父母，或者想辦法把他們接來美國同住，以免後悔莫及。

我們憂心忡忡的坐在歐本的辦公室裡面等待，我們知道他肩負沉重的責任，一方面要協助引進人類的新惡行，一方面又得盡力緩和它帶來的副作用。還好我們不用分擔他的責任。我們只想過太平日子，忘卻我們曾經走過的戰爭歲月，並進而避免未來可能還會陸續到來的戰爭。就像艾略特筆下，來自坎特伯里，站在大教堂台階上獻詩的女人一樣：

> 我們看見那青年慘遭截肢，
> 女子在磨坊的水溝邊顫抖；
> 另一方面，我們的日子仍然要過下去，
> 活著，卻好像只活一半……
> 建造半個避難所，
> 供我們睡眠、吃喝與歡笑。
>
> 上帝總是給我們一些理由，一些希望；
> 但如今，新的恐懼玷汙了我們，

沒有人能遁逃，沒有人能避免，
它在天上飄蕩，又在我們腳下奔流。

詭異的很，艾略特本人也在高研院，和我們一樣，應歐本的邀請而來。艾略特拘謹而害羞，每天下午茶的時間都會出現在休息室，獨自一人坐在沙發上邊喝茶、邊看報。《大教堂謀殺案》是他十三年前的作品，我不知道他能否隱隱約約察覺到我個人的思想。這位能從信心與絕望的心靈深淵，創作出大主教滅亡戲劇的偉大人物，對於自己的話語充塞在整個悲劇世紀的深谷迴音，莫非真的充耳不聞？莫非他也一樣在恐懼戰慄之中，等待歐本海默歸來時勢必伴隨而來的邪惡凶兆？我一直鼓不起勇氣去問他。艾略特周遭，被他的名聲以及本人的保守性格緊緊纏繞，彷彿木乃伊四周的玻璃棺槨。我們這一班年輕的科學家，還沒有一位有本事突破這道障礙。

那是吃飯的地方

終於，歐本海默回來了，我們被逐出他如同伊甸園的辦公室，放逐到新大樓。他並沒有像大主教一樣，說：

安靜，任由他們步步高升，
他們說的比懂的還多，這是你不了解的。

他並沒有對我們說什麼令人難以忘懷的歡迎詞。其實，他根本很少留下什麼時間給我們；才一回來，就又馬不停蹄的趕到華盛頓商討若干政治大計。他這樣匆匆離去，令我們失望，卻也讓我們

鬆了一口氣。沒有他，我們工作還是可以照常進行，不過，很快的我就發現，把他比作艾略特劇中的大主教角色並不正確。我們可以用兩個小男孩的對話來為事件始末做個總結，這是當他們走過這棟大樓前面時，我們無意中聽到的。大樓本身有個尖塔，頗有宗教建築的風格，「那是教堂嗎？」其中一位小男孩問。「不？那是高研院，」另一位回答說：「高研院不是教堂，是吃飯的地方。」

歐本稍後從別人口中聽到這段稚語後，心中大樂。

他一直不願仰慕他的人把他說成是聖徒，並且不遺餘力的撇清。1964 年，一位德國作家寫了阿諛諂媚的電視劇，戲劇化的描述歐本海默的受審和定罪；歐本到處奔走，企圖阻止該劇的製作，甚至不惜控告製作人扭曲了他的真實面，結果都徒勞無功。「他們想把那件事演成一齣悲劇，」歐本說：「其實反而搞成了笑鬧劇。」

當艾略特榮獲諾貝爾文學獎的新聞傳來時，他本人還在高研院。報社記者蜂擁而至，包圍著艾略特，他更退縮回他的玻璃棺槨裡頭。我最後一次見到艾略特，是在他出發往斯德歌爾摩之前，歐本海默特別為他舉辦的盛大餞行會上。那是一場站立式的晚餐會，大約有一百人參加。歐本海默穿著燕尾服，打著黑色領帶，衣冠楚楚，一派雍容的主人模樣，可謂完美演出。當歐本開口向我說話時，他是要給我菜單，上面寫著一些風味絕佳的墨西哥美食，是這次晚餐會特選的。艾略特避開主要的人群，獨自隱退到小房間，和一批年長而有名望的人在一起。最後，我雖然還是握到了艾略特的手，但是我覺得在這個場合問他對歐本的看法如何，似乎不太對。

多年以後，我問歐本對艾略特的看法如何。歐本非常喜歡艾略特的詩，對他的天分也有極高的評價，可是他也承認艾略特在高研院停留的這段時間，並不是很成功。「我邀請艾略特來這兒，

是希望他能再寫出另一本巨著；結果他只寫了《雞尾酒會》(*The Cocktail Party*) 一劇，他生平最拙劣的作品。」

為量子電動力學而戰

我們一群年輕人在歐本辦公室焦急等待的那幾個星期，我花了些時間整理前些時候，在往內布拉斯加的灰狗巴士上突然湧進我心裡的靈感，並且寫成一篇論文，趁歐本還沒有回來以前，投到《物理評論》(*Physical Review*) 期刊上，這樣他就沒有機會挑我的毛病。等他回來以後，我送給他論文拷貝，心中等著看會有什麼事情發生。

結果，什麼事都沒發生；不過，這倒也不奇怪，畢竟我這篇文章對於偉大科學設計的貢獻，微不足道。我做的只不過是把許溫格和費曼量子電動力學的細節，做歸整和統一；在我尚未起步以前，許溫格和費曼早已跨出一大步，他們的原創思想已成型，留下來給我的工作只是把方程式解出來。我知道歐本向來對思想、觀念的興趣遠大於方程式，很自然的，他可以找到許多更有趣、更重要的事去做，並不急著讀我的文章。

幾星期之後，我逮到機會和歐本交談，出乎我意料之外的，我發現他對我作品不感興趣的原因，剛好和我想像的相反。我原想他對我的作品只會表示輕蔑，認為缺乏原創力，脫不開許溫格和費曼的影子；相反的，他認為我基本上就是牛頭不對馬嘴。他認為臨摹許溫格和費曼的舊作，根本在浪費時間，因為他認為許、費二人的想法，根本與現實脫節。

我先前已經知道他對費曼從來沒什麼好感，至於他居然強烈抨

擊許溫格，倒是一大震撼。許是歐本的學生，六個月前歐本還讚許有加，怎麼會……？他一定是去了一趟歐洲下來，承認物理本身需要一套根本而極端新穎的想法；許、費二人的量子電動力學，只是另一場錯誤的嘗試，充其量只能用花俏的數學方程式，去修補舊思想理論所遺留的破洞。

聽他這樣講，我真是喜出望外；這意味著，在我爭取認同的奮鬥上，會變得更有意思。現在不用去和歐本爭辯說，我的作品或許還有多少未定的價值，現在乃是要為整個量子電動力學計畫而戰，同時也為維護許溫格、費曼以及朝永振一郎而戰。不再於細節上打轉，我們乃是直搗基本問題的核心──我已經可以感覺到上帝已經將它交在我的手中！

歐本海默也低頭

不久後，在歐本舉辦的每週一次專題研討會中，輪到我上台報告。頭兩次我努力要澄清我的想法，到頭來都一團糟。第二次挫敗之後，我寫信回英國，向父母親報告這個步履蹣跚、進展緩慢的奮鬥過程：

在研討會上，我仔細觀察他的行為反應。如果人家為了其他聽眾的緣故，說了些他已經懂的東西，他就會迫不及待的催促人家換別的東西講；然後呢，如果人家說了他不懂，或者不能立即同意的東西，他又會用尖銳，甚至令人難堪的評語攻擊人家，根本不等別人把重點完全解釋清楚。所以就算他錯，別人也不知道如何回答他。如果再仔細看他，你會發現他一直東搖西晃，一副神經緊張的

樣子，而且菸不離口。我相信他的缺乏耐性，恐怕也不是自己控制得了的。

星期二那天，我們的公開辯論達到最高潮，當我批評他對許溫格的理論無來由的過分悲觀時，他盛氣凌人，對我不假辭色。就在場聽眾的觀點而言，他是贏得論辯的勝利；可是研討會後，他又變得極為友善，甚至還向我道歉。

我們之前的爭辯，到第三回合出現了轉機。我的良師益友貝特從康乃爾來我們的研討會上演講，他要講的是他近來在費曼理論上做的一些計算。我每週寫回英國的家書，道盡了那個場景：

他獲得的待遇，正是我習以為常的方式，就是不停的被喋喋不休、不知所云的聲音所打斷，甚至連把他的主要論點表達清楚都很困難。當他被這樣干擾時，他總是很平靜的站著、默默不語，只是面帶微笑，彷彿在對我說：「現在我明白你遭遇的是什麼困難了。」接下來，他開始為我打開生路，在回答問題時，他說：「我相信戴森應該已經向你們講過了。」最後，貝特做了結語，他明明白白的說，費曼理論稱得上是最佳理論，大家都應該去研習，以免胡言亂語、言不及義——同樣的話，我已經喊了好久，可是卻不見功效。

從那次以後，我的道路就平坦了不少。再下一次安排到我主講時，歐本就真正用心聽了。我又講了兩次，然後在我第五次主講過後的早晨，我在信箱內發現了歐本正式宣布投降的紙條，上面寫著幾個字「我放棄抗辯　歐本海默」——是他潦草的筆跡！

安身立命

　　幾天以後，歐本遞給我用打字機打好的信，指定給我高研院的長期職位，並且慷慨的安排我可以住在英國，然後定期造訪普林斯頓。當他給我這封信時，同時又寫了一些他出了名的曖昧語句：「當你坐上你的小船啟航時，可以出示這封信給羅斯托弗（Lowestoft）的港務局長看。」或許他是想到偉大的物理學家波耳。波耳於 1943 年從德軍占領的丹麥，乘坐一艘小船抵達瑞典，再從瑞典到羅沙拉摩斯，會見歐本海默。可是為什麼寫羅斯托弗呢？我實在搞不清楚。

　　1949 年開春第一件大事，是美國物理學會在紐約舉行盛大的研討會。歐本在最大的一間演講廳以會長身分致詞，自從上了《時代》雜誌的封面後，他就成為萬世巨星了。因此在預定開幕前半個鐘頭，會場已擠滿了兩千多人。他的題目是「場和量子」，對於我們努力嘗試了解原子及輻射奧祕的興衰榮枯、滄海桑田，做了一番非常好的歷史總回顧。末了，他以極熱切的口吻提到我的研究，並且說它是近來希望之所繫——雖然目前還不夠深入到足以擔當大任。我很高興的暗忖道：去年是許溫格，今年是我，明天會是誰呢？

　　渡過了漫長的冬天，普林斯頓的春天翩然來到。歐本待在華府的時間愈來愈長，除了他正常的政務之外，還在為他的朋友——美國原子能委員首任主席李黎恩索（David Lilienthal）辯護，共同對抗共和黨員在國會發起的惡毒攻擊。他為李黎恩索的辯護既巧妙又成功，殊不知這番攻擊，只是日後相繼而來歇斯底里控訴的序曲，五年後歐本因此下台。

　　當他遠在華府的那段期間，春季熱席捲了高研院一大群年輕

人*。我們拋開嚴肅的工作，開始尋歡取樂。有好多梯隊到海邊弄潮，但是有一個早晨的景象特別深印在我記憶中，清晰如同昨日——有一輛破破爛爛的道奇老爺敞篷車，篷子敞開，以賽車式的高速，呼嘯過高研院的森林，直奔河邊。上面滿載了八到十個高研院的年輕人，或坐或掛的。車行過處，草木為之斜傴，動物為之驚逃，連早起散步的教授，也都被嚇的四處走避。

那部車子的主人是院裡的一位小姐，這番出遊則是由別人駕駛。這瘋狂景象並沒有記錄在我每週的家書上，我驕傲的雙親可不會想知道，我在普林斯頓竟和一群年輕的「不良少年」廝混！我們可以說從來沒有過年少輕狂的歲月，因為少時戰禍頻仍，家庭也不富裕；現在正好補償那段逝去的光陰。幾年以後，我和那位道奇老爺車的車主結婚，車子則毀於綺色佳一條結冰的路上，那又是另一番故事，說來話長。

故事的結尾是我終於升任高研院的教授，並穩定下來，從此過著幸福快樂的日子。我成為歐本海默長達十四年的朋友及同僚，從他受審前一年起，到他去世的那年為止。我有充裕的時間研究及省思這個人一生的功過，他曾在我的命運，也曾在全人類的命運上，扮演了如此備受爭議、似是而非的角色。

跟著命運走

對於歐本海默的內在思想，我所知不多。在他受審的那幾個星期，他被安排住在華府一處非常祕密的所在，以避開新聞媒體的緊

---

* 譯注：春季熱（spring fever），指春天一來，大家都無心工作。

迫盯人。當時我和他唯一的接觸，只是透過居中聯繫的律師，從普林斯頓送達歐本急需的換洗衣物而已。大審過後，政府正式宣判他不值得信任；於是他回到高研院專心從事研究。日子還是和往常一樣，只是那口大型不銹鋼保險櫃，以及兩位日夜守護保險櫃達七年之久的警衛，都不復存在。

有些報紙的小道消息謠傳說，高研院的理事會醞釀要罷免歐本，認為在公眾面前遭判不名譽罪的人，不適宜對外代表高研院行使院長的職權；理事們果然宣布他們將召開會議，討論歐本是否適合續任院長。我則鄭重的向我留在英國的朋友們尋求協助，確定那邊可以幫我留個退路；萬一歐本遭到罷黜，我還可以堂而皇之的宣布辭去教授一職，並且迅速而戲劇性的回轉英國。

結果，理事會決議讓他留任，並且表達對歐本領導高研院的信心。我很高興自己不必做出看似壯烈而高貴，實則彆扭的姿態，更高興可以留在普林斯頓和歐本共事。我覺得經過這番公然的貶抑之後，歐本變成比以前更盡責於院務，他在華府的時間愈來愈少，在高研院的時間則相形增多。他仍然是大眾寵兒，也是科學袍澤，更是國際知識份子圈所景仰的英雄；但是現在則不再那麼忙碌，也更能專注在院務上，並且得以重新回歸他的最愛——閱讀、思考並討論物理學。

歐本海默對於物理真是鍾情一生，他一直想要努力了解大自然的基本奧祕。我沒能成為深度的思想家，這點頗令他失望。他曾經抱過這樣的希望，當他指定給我長期職位時，他期望我會成為年輕的波耳或者愛因斯坦。如果當時他記得問問我的意見，我一定會告訴他：費曼才是你應當期望的人，我不是。我那時候是，以後也一直是——解決問題的人，而非創造思想的人。

我無法像波耳和費曼那樣，靜靜坐上一年，全心全意只集中思考一個深度的問題；我對太多事物感興趣了。我也曾徵詢過歐本的指導，他說：「照你的命運走就是了。」我遵命而行，但是結果並不完全討他的喜悅。我照自己命運走，走進了純數學、走進了核能技術、走進太空科技和天文學；所解決的，都是他認為物理學上非主流的問題。同樣的，因為性情差異，我們對高研院物理系發展方向的看法也大相逕庭。他喜歡集中火力，多聘些基本粒子的專家；我則喜歡邀請具有各種不同專長的人士，所以常常意見不合。

不過隨著年齡的增長，我們對於重要的事情，也有更多的互敬互諒，並能達成共識。我們都同意聘請中國物理學家楊振寧和李政道為本院的教授，儘管當時他們都還非常年輕。我們也欣喜於這兩位新秀逐漸嶄露頭角、青出於籃，成為了不起的科學領袖。

悲劇英雄

究竟歐本海默有何特長呢？在漫長的日日共事經驗中，我常常問自己這個問題。偶爾會有些誇大的雜誌和電視報導，把他形容成悲劇英雄。他對這些報導不屑一顧，然而這些說法多少還是反映了一些事實。我起初預期他會像艾略特劇中的大主教角色，這個揣摩並非全然失當。他有自編、自導、自演的天分，他能夠讓自己投射在觀眾面前的形象，是不可一世的；他可跨越世界，彷彿世界只是一個舞台。或許我失當之處，只是挑錯了戲碼讓他當主角而已吧！

1937 年，是全球散文作家失望的一年。艾略特不是唯一一位純以詩歌戲劇表現當代悲劇色彩的作家；同一年，《大教堂謀殺案》在英國出版，劇作家安德森（Maxwell Anderson）的《冬之組

曲》（*Winterset*）也在美國上市；又過了幾年，詩人奧登（Wystan Auden）和小說家伊塞伍德（Christopher Isherwood）合寫了《攀登 F6 峯》（*The Ascent of F6*）。

《F6》於 1937 年在倫敦首演，由布瑞頓（Benjamin Britten）配樂，奇蹟式的捕捉了將來事件的陰影。《F6》之於《大教堂謀殺案》，就像《哈姆雷特》之於《李爾王》一樣。艾略特的大主教集權勢與驕傲於一身，就和李爾王一樣，在臨終時，因為安詳的向命運低頭而蒙救贖。《F6》的主角則較為複雜，較具現代性格。他是登山隊的一員，朋友都叫他 MF，像哈姆雷特，性格中摻雜了傲慢、模稜兩可及人性的溫柔。這許多年來，我愈是了解歐本海默，就愈發覺得他的人格有許多方面，都看得到 MF 的影子。我不禁這樣想，《F6》就某方面而言，簡直就是為歐本一生而寫的寓言。

《F6》的架構很簡單，MF 是博學多聞的人，專精歐洲文學和東方哲學。報紙上對他年輕英勇的事蹟記載如下：

> 受教於匈牙利私人教師門下，
> 那年，他才十來歲……
> 曾攀登過當地古堡險峻的西牆，
> 刷新了大縱谷縱走的紀錄……
> 在維也納追隨尼德邁爾（Niedermayer）研習生理學……
> 暑假期間翻譯孔子的論語，
> 未婚，討厭狗，擅長拉中提琴，
> 據說是高耶＊畫作的權威。

＊ 譯注：高耶（Francisco De Goya），西班牙浪漫主義畫派畫家。

這簡直像極了歐本海默的早熟與矯揉造作的青年時期。就像MF訴諸群山以尋求心靈慰藉，歐本則是走向物理學。

F6是一座未曾有人攀登過的奇美山峯：

小時候，曾在夢中見過她向北的巨面。一天夜裡，輾轉反側，無法成眠；我起身研究她的深谷，沿著東西的險峭山脊緩緩爬行，小心搜尋著每一個可攀附的凹處，謹慎展開每一次艱險的挪動。

這座山對大英帝國的安全，有著極重要的政治價值。它聳立在帝國前線，山的另一邊就是敵對勢力的領域。原住民甚至相信，誰能第一個爬上頂峯，誰就能統治整個區域。史塔格曼妥公爵（Lord Stagmantle）代表政府提供必要的財力支援，請MF擔任登山探險隊的領隊，就像格羅夫斯（Leslie Groves）將軍提供歐本海默軍方的資源、請他擔任羅沙拉摩斯計畫的主持人一樣。MF起初拒絕捲入那場政治遊戲，後來又轉念接受；就像歐本在審判台前說：「當你看到某件計畫，就技術觀點是頗有甜頭的，你自然勇於投入。至於做成之後怎麼辦，那得等技術成功了之後，再去傷腦筋。原子彈就是如此。」攀登F6峯在技術觀點上，可能也很甘甜吧！

征服魔鬼的誘惑

《F6》這齣劇照亮了歐本天性中的許多方面：揉合了超然哲學與強烈企圖心、對純科學的獻身、對政治世界的嫻熟與靈活手腕、對形而上詩詞的熱愛，以及說話時故弄玄虛、好做詩人風流倜儻狀的傾向（羅斯托弗的港務局長！記得嗎？）。對身旁親近的人，態

度可以晴時多雲偶陣雨，冷熱不定、喜怒無常。有一次我問他說，你身為常常招惹問題的父親，孩子不會很難做人嗎？他回答說：「噢！不會啊，反正他們沒有什麼想像力。」這句話令我想起，當某女士控訴 MF 是因為害怕，以致起先不敢接受 F6 探險的挑戰時，MF 回答說：「我害怕的事情很多，伊莎貝小姐！但是那些事即使妳做最可怕的惡夢都夢不到，更別說妳剛講到的那件事。」

那座 F6 峯的山腳下有間修道院，探險家出發前會先在那兒集合。僧侶們的活動及任務，就是安撫住在山頂上的魔鬼。修道院院長拿出水晶球，讓每位訪客輪流看，以認識自己的魔鬼異象。輪到 MF 向水晶球窺視時，舞台後方黑暗之中傳來下面的聲音：

　　給我麵包
　　恢復我的死亡
　　給我一輛車
　　使我成為一顆星
　　使我強壯
　　教導我，何處是我的歸屬
　　讓人景仰我
　　讓人想望我
　　使我們和善
　　使我們同心
　　使我們勇敢
　　救我！

其他人問他看到什麼，他說什麼也沒看到。後來，當他單獨和

修道院院長在一起時，才透露他所看見的：

水晶球再拿來給我看一下，我想證明我見到的異象乃是粗劣的偽造……。我想我看到了這個世界濃粧豔抹下的病態臉龐，因為我走近而亮了起來，就像獨子回家時的表情。

修道院院長在故事中的角色，就像在羅沙拉摩斯計畫中的波耳。院長解釋這異象說：

魔鬼是真實存在的，只是牠對每一種天性，採取的手段與造訪的方式都很獨特。像你這樣複雜而敏感的人，牠的偽裝會更加巧妙……。我想我明白你受的誘惑是，你想要征服魔鬼，拯救人類。

偉大的心靈

登山行動倉促進行，因為據報導有一支敵對勢力的隊伍已經出發，從山的另一側開始攀登。MF隊上有一名年輕隊員罹難喪生，MF評論道：

我驕傲狂妄下的第一位犧牲者……修道院院長說的沒錯。我在歷史上的地位，就和偏離正道的凱撒幫同樣一文不值——他們是愚蠢的害人精，將溫良的人們從愛的溫床中猛拉出來，在喧天鑼鼓的掩護下，護送人們去溺斃於溝渠、陳屍於荒漠。

於是故事繼續進行，結局是MF死在山頂上，僧侶們在他的屍

體上宣唱最後的頌詞：

> 現在已不再有憤怒、也不再有挫折了，
> 獨自躺在死亡的懷裡；
> 如今伴隨著莫名的恐懼，
> 以及每一個細微的錯誤，
> 他暴露了人類的弱點。
> 他們遭到歷史的唾棄，
> 他們為這些事使盡全力，
> 在一陣痙攣的抽痛中，
> 在一股突如其來的吸力下，
> 把他捲入無盡的毀滅，
> ──但他們也同歸塵土。

1937 年，當我看這齣戲時，「他們遭到歷史的唾棄」意味著大英帝國政治地位的破產，並且行將在二次大戰的大變革洪流中，被沖刷淨盡。到了 1954 年，同一句話意味的則是當時的美國原子能委員會主席史特勞斯（Lewis Strauss），夥同他手下的安全及情治爪牙、新聞界的拜把兄弟，在政府和軍方的協助下，硬是讓歐本海默很不光榮的垮台。

奧登和伊塞伍德非常成功的刻繪（或說是預測了）我在 1948年到 1965 年間，所認知的歐本海默人格特質。不過有一項重要的特質，卻從我所認識的歐本海默與戲劇中的刻繪中遺漏了；那個遺漏的元素乃是在羅沙鎮，凡是與歐本共事過的人有目共睹的──偉大心靈。一次又一次，在羅沙拉摩斯「榮民」的追思當中，我們總

會讀到歐本如何和整個實驗室溝通，他個人獨特的魅力使得整個團體和諧運作，就像交響樂團在傑出指揮家的手下一樣。這些追思當中，或許有些是誇大其詞，又混合了鄉愁所致，但是毫無疑問的，歐本的領導風格在羅沙拉摩斯同僚之間，留下了不朽而偉大的印象。

鞠躬盡瘁

我在 1948 年至 1965 年間，常問自己：他的偉大處究竟在哪裡？為什麼在我認識的歐本身上，卻不再明顯可見呢？終於，在 1966 年，我親眼看見了答案。1966 年 3 月，他獲悉自己罹患咽喉癌將不久於人世的十二個月間，心靈似乎反而更加強壯，雖然體力已日漸衰殘。MF 的特立獨行風格，已被他所揚棄。他變得單純、直接，而且不屈不撓，勇敢無比。我看見了他在羅沙鎮的朋友們所看見的，匹夫而為百世師；看見他肩負沉重責任，還能以幽默的方式面對每日的工作，使得我們這些在他周遭的人，都為他的典範所激勵。

我最後一次見到他是在 1967 年 2 月，高研院自然科學學院的會議上。我們要開會決定下一年度客座人員的名單，在座的每一位都須在會前先做完分量龐大的家庭作業，亦即先讀完一大箱的申請文件，並且評判他們的相對優點。歐本照常來出席會議，雖然他心裡有數，無法活到迎接新進人員的那一天，而且連說話都很困難了；可是他仍然盡責的做完他的家庭作業，對每位候選人的優缺點記得分毫不差。我從他口中聽到的最後一句話是「我們應該同意溫斯坦（Weinstein），他很不錯。」說完這句靠著不屈服的意志才努

力完成的話之後，歐本海默就回家臥病在床，進入昏睡狀態，從此沒有再醒來。三天之後，與世長辭。

他的妻子吉蒂打電話找我商談追思典禮的事宜，除了音樂以及歐本的朋友們追述生平事功之外，她還想要安排一篇詩歌朗誦，因為詩歌一直是歐本生命中很重要的一部分。對於朗誦的詩歌她心中早有腹案，就是英國詩人赫伯（George Herbert）寫的〈衣領〉（The Collar）。

這首詩是歐本生前最喜歡的詩歌之一；吉蒂覺得特別適合用來描述歐本自我表現的風格。可是後來她又改變主意，她說：「不行！個人味道太濃了，不適合這種公開的場合。」她害怕把歐本的靈魂赤裸裸呈現在眾人面前，的確有她的理由，從過去痛苦的經驗，她學到教訓，知道報紙對這種剖白會如何處理。她已經可以想像歐本的真實感情，會受到何種可怕的扭曲——報上頭條新聞會寫著：「知名科學家、原子彈之父，病危之際終而皈依宗教」。於是典禮上的詩歌朗誦就取消了。

難道沒有月桂為冠？

歐本過世已久，現在吉蒂也去世了，新聞界再也不能進一步扭曲他。我想現在把赫伯的詩印出來紀念他們夫婦兩人，也無傷大雅了。或許它可以提供我們一條探尋歐本天性最深處的線索，並且給我們啟示。其實在他的靈魂之中，李爾王的成分畢竟還是多過哈姆雷特：

　　我敲擊船舷，呼喊道：「罷了，我將遠渡重洋。」

什麼，我將歎息憔悴？
我的航線和生命都是自由的，像道路一樣通暢，
像風一般不羈，像倉廩一般廣大，
——我仍然需要懇求嗎？

我沒有莊稼收割，只有使我流血的荊棘嗎？
失去的真誠果子，一去不再回頭否？
確有葡萄佳釀，在我頹喪枯乾之前；
確有新纍穀物，在我淚水氾濫以先。

逝去的年歲，
難道沒有月桂為冠嗎？
沒有鮮花也沒有花環為飾嗎？
——一切都枯萎，一切都荒廢了嗎？
不！不是這樣，我的心哪，必有果實，
你也還有雙手！

用雙倍的歡愉，恢復你被歎息吹走的年歲，
離棄合適與否的爭論；
拋開你的牢籠，以及狹隘思想造成的捆索；
重新造好索，用以增強並牽引，
——做為你的律網。

當你故意視而不見，
甦醒吧，行動吧！

我將遠渡重洋，
去那兒呼召你的死亡之頭，收拾你的恐懼；
能夠忍耐適應，滿足服事要求的，
——才配得這負擔。

一句狂似一句的時候，
我想，我聽到一聲親切的呼喚：「我的孩子！」
我回答：「我的主！」

第8章

降E小調前奏曲

　　對於有數學天賦傾向、卻生長在音樂家庭的我而言，早在我對音樂有任何真正的了解之前，就已經被樂譜上那些五花八門的音符所吸引，感到十分好奇。很小的時候，我看到一份專為父親那架調得很準的鋼琴所用的琴譜，那是《巴哈四十八首前奏曲和賦格》，我很仔細的研究了升降調在各調號中的排列。父親向我解釋說，巴哈如何用所有二十四個大調和小調譜寫了兩冊曲子；但是第二冊樂譜為什麼沒有降E小調前奏曲呢？父親也答不上來。反正，巴哈就是決定在第二冊中改用升D小調代替就是了。所有其他調號都用了兩次，惟獨降E小調出現一次，就是在第一冊的第八首。我對重升記號與重降記號的調子也感到大惑不解，為什麼重升調中有一個特別記號，重降調卻從缺呢？這點父親也不知道，我的問題真是難倒他了。我注意到第三號升C大調前奏曲是第一首用上了重升記

號的曲子，第八號也很特別。我請父親把第三號和第八號彈一遍，好讓我熟悉一下重升調和重降調的曲風。第八號前奏曲重降 B 調的美麗樂音，總令我百聽不厭。

延續音樂香火

我父親是位著名的作曲家，也經常應邀擔任指揮；他指揮過各級的詩班和管絃樂隊，從地方性的音樂俱樂部到倫敦交響樂團都有。雖然他的孩子沒有一個繼承他的音樂天賦，不過他對此倒頗能處之泰然，而且還是常常帶我們去聽他的音樂會。

有一次在音樂會上，一位知名的聲樂家對我說，我真是幸運，年紀輕輕就可以聽到那麼多好音樂。我回答說：「音樂是很好，但就是太長了。」從此以後，父親在許多場合就常常很高興的引用我這句名言。他很快就發現在演奏當中，使我不致坐立不安的妙計。他給我聲樂以及管絃樂的指揮總譜，這樣我就可以跟得上台上的演出。我很快樂的靜靜坐在位子上，看著總譜上各種樂聲的跳躍；偶爾看到一小節有五到七拍，又有些奇奇怪怪的音符及休止符，我就格外興奮。就這樣，我用我的眼睛代替了音感不佳的耳朵，欣賞了好多場好音樂會。

到了青春期，我開始對音樂發展出有限、卻真正的了解與愛好。我很喜愛聽父親閒暇在家時彈奏鋼琴，他常常彈那四十八首前奏曲和賦格。耳濡目染之下，我甚至學會用我獨門的方式，彈奏其中的幾首。降 E 小調前奏曲，一直是我的最愛。撇開它獨特的調號和重降記號不談，音樂本身也是非常傑出。雖然是純巴哈的音樂風格，卻隱約預藏了貝多芬的強烈感情。

　　父親的黃金時期，正和英國的鼎盛時代緊緊相扣，也就是第二
次世界大戰的初期。當時他不再是學校老師，而且已經搬到倫敦，
擔任皇家音樂學院（Royal College of Music）的院長。皇家音樂學
院是英國兩大音樂學府的其中一所。當戰爭暴發，倫敦開始遭到轟
炸後，政府以及音樂學院的理事會，一直敦促他趕快將學院撤離市
區，搬到鄉下較為安全的地方。但他絲毫不為所動，並且向理事們
指出：皇家音樂學院提供了倫敦至少半數以上、頂尖管弦樂演奏者
及音樂家的生計，這些人大部分每週到院裡教課二、三天，他們光
靠音樂會的收入，根本不足維生。如果學院撤走了，可能產生兩個
後果：不是音樂學院喪失最好的師資，就是倫敦音樂生活的命運，
將在大戰期間關閉。不管是那一個，都將斷喪整個世代的音樂家前
途。所以，父親把院裡的一間辦公室改成寢室，並對外宣布，他會
待在那兒主持校務，只要屋頂一瓦尚存，他誓不離開。

同舟一命

　　倫敦其他幾所大型音樂學院聽到這個消息，原本已經準備撤
離的，也都紛紛改變主意，不搬了，照常運作。倫敦的音樂生命在
大戰的六年當中，活躍依舊，並且孕育了更新的才華，任人欣賞。
父親寸步不離的守在他的崗位上，白天指揮學生樂團，晚上則協助
撲滅燃燒彈引發的火災。音樂學院蒙受唯一的實質損失，只有一間
小劇場，裡頭存放了一些無可替換的古裝戲服。那次事故發生在夜
裡，所有的教授、學生都安全逃離大樓。從戰爭開始一直到結束為
止，沒有人在院裡受到絲毫傷害。

　　大戰期間，我常和父親到音樂學院的餐廳共進午餐。那裡的

人都一本正經，也不輕易表露感情，他們的談話主要都是些專門的術語和他們那一行的笑話。不過我倒是可以感覺到他們對學院的忠誠與熱心，那種同舟共濟的精神，將他們和我父親緊緊的聯繫在一起。每天一起面對危險並共度難關的經驗，讓他們產生團結一心的精神，生活在太平盛世和只待在學術機構內享受安逸的人，是無法想像的。後來，當我看到1947年，明斯特的市民在廢墟旁舉辦露天演奏會和戲劇表演，以及當我聽到我的美國朋友談到戰時羅沙拉摩斯的諸般故事時，我就不禁想起這種精神。

1944年夏天，正當V1火箭轟炸英國最猛烈的高峯，我在音樂學院吃了一頓永難忘懷的午餐。父親和他的教授同事們，興高采烈的討論著音樂學院擴建的計畫，以便容納並照顧戰爭結束後，勢必如潮水般湧入的學生。

每隔一段時間，談話總會被遠處傳來的V1火箭，噗—噗—噗接近的聲音所暫時中斷；隨著噗噗聲愈來愈響，談笑聲也愈發高昂，直到那機器怪獸聽起來似乎真的兵臨城下了，才中止。然後噗噗聲若突然消失時，談話也會中斷，屋子裡安靜個五秒鐘，等著機器怪獸墜落地面，接下來一聲震耳欲聾的轟然巨響過後，談話又再度開始，並一直不中斷的延續到下次遠處噗—噗—噗的微聲傳來，才又周而復始一次。我在那兒杞人憂天的想著，如果餐廳被打個正著，將會對英國的音樂生命造成何等打擊與傷害；但是這種想法似乎距父親和他的同事非常遙遠，整個午餐休閒時間，V1火箭轟炸的事情連提都沒有人提一下。

我以前常常和父親談到許多關於戰鬥與殺戮的道德問題，尤其是在大戰初期那幾年。起初我是忠貞的和平主義者，並且想要成為良心反對者（conscientious objector）而拒服兵役。我內心不斷掙

扎，不知道如何在義與不義之間，畫上倫理的分界線。

父親很有耐性的聽我敘述我搖擺不定的原則，聽我為自己近來和平立場的轉移，尋找合理的藉口，他很少發表意見。我的倫理教義愈說愈複雜，因為一方面我拒斥狹隘的國家忠誠意識；另一方面我又實際參與了國家為求生存而勇敢爭戰、幽默自處的行動，我逐漸在自己構築的理論與實際之間莫衷一是。

對父親來說，問題卻很單純，也用不著與我爭辯，他深諳坐而言不如起而行的道理。當他把床搬進音樂學院時，已經把立場擺得很鮮明，人人都可以看見。在局勢每況愈下的 1940 年，他說：「我們只要做得合乎中道，持守自己的立場，很快就會看到全世界都站在我們這一邊。」當他說到全世界的時候，很可能他心裡想的乃是特別指著美國，以及他自己的兒子。

多年以後，當我翻閱歐本海默的安全聽證會卷宗時，不由得想起自己和父親之間的對話與討論。為期三週的聽證會即將結束之前，戲劇性的高潮出現了。

物理學家泰勒（Edward Teller）應邀出席聽證會，與歐本面對面，在檢察庭上做證。法官開門見山就問泰勒，是否認為歐本海默會構成安全危險；泰勒很謹慎的選擇用字，回答說：「在無數的問題上，我和他的意見都截然不同；而他的行動，老實說，令我覺得既困惑不解又極其複雜。就此範疇而言，我覺得，我寧願看見關乎國家重大利益的責任，是操在我比較了解、因此也比較信得過的人手上。」這些話相當準確的描寫了父親對我在戰爭初期，那種認知轉變的態度。

歐本海默，和我一樣，同是令人困惑又極其複雜的人；他既想要與華府的軍事將領意見同步，又想同時能拯救全人類，二者兼

得。泰勒，則像我父親，很單純。他認為站在軍事弱勢的地位上，侈言高超的道德原則，並妄想藉此拯救全人類，無異緣木求魚，痴人說夢。

泰勒在科學家與炸彈設計者的角色上克盡厥職，以確保美國的強大為先；而把武器使用的道德判斷權，交到美國人民和他們選出的民意代表手中。就像我父親一樣，他相信只要我們仍然保持強大，並且持守中道立場，不用多久，全世界就會站在我們這一邊。泰勒最大的錯誤，在於錯估形勢，他並不知道，廣大群眾認為他出席歐本聽證會的行為，算不上高尚的舉動。如果泰勒沒有出庭作證，聽證會的結果肯定也不會受到左右，而泰勒本身立場的道德力也不致遭到抹黑。

氫彈之父

我第一次與泰勒相遇是在 1949 年 3 月，當時我在芝加哥大學向那兒的物理學家演講，題目是有關許溫格和費曼的輻射理論。我借用了些外交辭令，先對許溫格讚許一番，給與極高的評價，然後再解釋為什麼費曼的方法更有用，更有啟發性。演講結束後，主席問在場聽眾有沒有什麼問題，泰勒率先發難問道：「如果有一個人大叫：『沒有上帝，只有阿拉，穆罕默德是祂的先知。』說完立刻灌下一大桶酒，你對這個人持何看法？」泰勒看我沒有回答，於是自己回答了自己的問題：「我會認為這個人非常明智！」

1949 年，芝加哥大學物理系的活力，僅次於康乃爾。費米（Enrico Fermi）和泰勒在芝加哥的角色，就如同貝特和費曼在康乃爾一樣。費米是位公認的領袖，和藹可親，為人其實很嚴謹；泰勒

在物理界做了不少有趣的事，但是同一件事都沒有做太久。他做物理的目的似乎只是為了好玩，而不是為了什麼榮耀。我很快就喜歡上他這樣的人。

康乃爾的朋友曾私下告訴我，泰勒在美國矢志發展氫彈的事上，投入很深。由於我只是外國來的客座，這種事情原本事不關己，我也毋須知道太多。可是像他這種個性樂天而達觀的人，居然會讓自己投入這種比現有武器更猙獰、殺傷力更大的破壞機器，實在令我強烈好奇。在芝加哥的時候，我碰巧有機會和他討教政治方面的意見，他透露說，他是世界政府（World Government）運動的熱心擁護者。世界政府的構想，在當時的動機是要確保世界和平，並且不管蘇聯加不加入，都要在短期內成立。泰勒熱切而有智慧的宣揚世界政府的福音；在我每週家書中，我用下面的話總結：「他是詮釋『沒有人比理想主義者更危險』這句諺語的最佳範例。」

芝加哥之行兩年後，泰勒和烏拉姆（Stanislaw Ulam）在羅沙拉摩斯有了突破性的關鍵發明，使得氫彈從理論構想成為實際可行。1949 年，在烏拉姆和泰勒的發明成功之前，歐本海默曾經寫說：「我不敢確定這個可憐的東西真的可行，我也不相信，若不用牛車拉，它可以運到目標區。」發明成功之後，歐本在審判時改口說：「從技術觀點而言，它的確是件甘甜、可愛又美麗的工作。」

1951 年 3 月，羅沙鎮的實驗室在日夜趕工下，僅僅二十個月就把氫彈造好，並且做了大規模的試爆，威力相當於一千萬公噸的 TNT 炸藥。數年之後，泰勒發表了一篇文章，對氫彈的發展歷史做了清楚的交代，篇名是〈眾人的集體創作〉，指出他本人在氫彈存在這件事上，受了超過他所應得的讚譽與責備。他說的當然不錯，氫彈不是一人獨力完成的作品；然而，無可否認，泰勒一直是主要

的倡導者和推動人，不遺餘力的促成它的誕生，並拒絕各種拖延與困境的攔阻。歷經漫漫歲月的努力，從最早 1941 年羅沙拉摩斯還沒開張前，到大戰期間，以及 1945 年幾乎眾叛親離的窘境，他對氫彈花費的心思，比任何人都更深、更長、更遠。所以，要了解氫彈如何造成的人，都自然把目光投向他——這一點也不意外。

擺不脫魔鬼的誘惑

　　氫彈的發明與建造，在 1951 至 1952 年間是不對外公開的。當時我人在康乃爾大學，對這件事知道的只是：貝特突然失蹤了八個月之久，去了羅沙鎮。那一年，我必須代他上核物理的課。貝特回到康大不久，旋即有一位先生從華府來造訪他，手腕上鏈著一只手提箱。那位先生看起來神色緊張，站在物理系的廁所前面，偌大的箱子就在那兒晃盪——顯然手提箱裡裝著氫彈第一次試爆的成果資料。貝特整個人被自己不能談論的事所占據，變得無心關注物理，那年真是康乃爾日月無光的一年。貝特耽溺於氫彈計畫的一個小小副作用，是我第二次下定決心離開康乃爾，前往普林斯頓。

　　兩年後有一天，當我到華盛頓送衣服給歐本的律師時，在旅館的大廳和貝特不期而遇。我從來沒有見過他臉上如此冷若冰霜。我知道他才剛去過法院為歐本作證，「聽證會很糟嗎？」我問道。「沒錯，」貝特說：「但那還不是最糟的，我剛剛才和一個人結束了我這輩子最難過的一次對話，就是和泰勒。」他就此打住，但是言下之意，已經再清楚不過。泰勒決定做出不利於歐本的證詞，貝特試圖勸他回心轉意，卻是言者諄諄，聽者藐藐。

　　這真是個令貝特和泰勒二人同感悲哀的時刻。他們是多年老

友，在大戰之前就彼此熟識。他們的個性和能力恰好互補——泰勒總是熱情奔放，天馬行空；貝特則生性嚴謹，見多識廣。貝特結婚前一直是泰勒家中的常客，幾乎快變成一家人了。到了 1954 年 4 月，此情此景已成追憶，不可能有「破鏡重圓」的指望了。貝特失去了一位最老的摯友；泰勒的損失更大，由於他將自己的聲音借給歐本的敵人，做為攻擊的武器，結果不但失去了珍貴的友誼，也失去許多同僚對他的尊敬。新聞記者和漫畫家將他描繪成只為區區一點私人利益，就賣友求榮的猶大。

其實，仔細閱讀泰勒在法庭上的證詞——他並沒有出賣別人的意圖，他只是想摧毀歐本的政治勢力，而不是要摧毀歐本這個人。但是這種細微的分別，遇上當時大眾的情緒，已經變得毫無意義。在大多數科學家和學術界人士眼中，歐本的審判只不過是一群偏激的愛國主義者，試圖消滅別人對他們所訂政策的反對聲浪，於是朝反對陣營中最大的目標施加人身攻擊。泰勒既然加入他們的陣線，無論他說什麼，或為什麼如此說，都只有一個下場，就是把自己變成整個世代年輕人所憎惡與唾棄的對象。他自己所負的傷，遠比他施加在歐本身上的傷害，更深更可悲。泰勒可以說重蹈了歐本的覆轍，在 F6 頂峯上，受到魔鬼的誘惑。修道院院長在對 MF 的警告詞中，似乎預言了這兩個人的命運：

　　世界若想存活一天，就一天需要秩序，也就一天需要政府的存在。可是，執政的人有禍了，不管他們貫徹任務的手腕如何高明，他們已注定要滅亡。因為要把人治理好，你只能投其所好，或者威脅、或者利誘，政府必須玩弄人類的私慾與意志；而人類的私慾與意志，是從魔鬼那兒來的。

悲情的終點

核彈爆炸所發出的光芒，對於親身參與把玩的人而言，比黃金更誘人。命令大自然從一個小罐子中，釋放出足以燃燒恆星的能量，或者純藉著思想，要將數百萬公噸的岩石送上天空——這些都是運用人類意志力即可產生無窮能力的幻想。

歐本和泰勒兩人之所以從事人類意志力的運用，都有著良善而誠實的動機。歐本之所以決定造原子彈，是因為害怕如果不先掌握這項能力，可能會被希特勒捷足先登；泰勒之所以決定造氫彈，是害怕史達林會用它來宰制世界。歐本因為是猶太人，他很有理由害怕希特勒；泰勒因為是匈牙利人，則很有理由害怕史達林。

然而，這兩人在達成技術目標後，野心都變大了。他們兩人都在魔鬼引導下，去尋求政治勢力的擴張，如同尋求卓絕的科技能力一般；他們變得迷信政治勢力，以為必須擁有它才能確保自己辛辛苦苦建立起來的事業，不致淪落到他們認為不負責任的人手中而傾頹。最後，他們兩人義無反顧的投身在政治及科技兩大層面，從事人類意志力的運用。正因為如此，兩人都各奔其悲情的終點。

當氫彈的祕密戰鬥日趨白熱化之際，我悄悄開始撫育幼兒，並且繼續思考電子的問題。我在加州大學柏克萊分校待了好幾個夏天，一面教授暑期課程，一面與基帖耳（Charles Kittel）合作研究金屬中的電子理論。金屬會導電，是因為金屬中的電子並不是束縛在個別原子上，而是可以自由自在獨立行動。要了解金屬，光是一次分析一個電子的行為是不夠的，必須處理大量數目的電子；如此一來又有新的問題產生。我們後來發現，如果把許溫格和費曼發明描述個別電子的方法，再稍加修改，就可以清楚交代金屬中的電子

行為。我在這件修飾工作上，算是開了先河。

　　1955 年夏天，我在柏克萊租了一棟大房子，以應付成員日漸增長的家庭之用。那年夏天，我和基帖耳他們那群固態物理研究小組，合作得很愉快。我們試著要了解自旋波（spin wave）的現象。自旋波是一種磁化波，可以在磁鐵上傳播，就像海浪在水面傳播一樣。如果用迅速變化的磁場去刺激磁鐵，自旋波就會開始運動。從其運動方式及衰減方式，實驗者就可獲得該磁鐵原子結構的詳細資訊。

　　整個夏天，我就是在苦思如何用精確的數學式子，來描述在原子海的海面上滾動的自旋波。把磁鐵當作一群原子的集合來探討很容易；把它當成一組自旋波的集合，也很容易；難就難在如何將這兩幅圖畫拼起來，成為一以貫之又兼容二者的體系。是已有些眉目，可是尚未完全解答；甚至近四分之一世紀以後，仍未能完全釐清。

自有定論

　　我們租的那棟避暑大屋，坐落於山丘上，可以俯瞰柏克萊校園。那是一棟很棒的房子，視野也是一級棒，背後的山丘仍然保持著原始風貌。我們可以從家裡散步到那片尤加利樹林，孩子們很喜歡在裡頭嬉戲。

　　有一個星期天早上，我們散步上山，房子仍一如往常沒有上鎖，大門敞開。當我們從森林中回來時，聽到一種奇怪的聲音從敞開的大門傳出來。孩子們停止聊天，我們一起站在門外留心聽，是我睽違多年的老友——巴哈的〈第八號降 E 小調前奏曲〉！彈得

極好，琴韻悠揚，而且和我父親彈奏的一模一樣。我在那邊茫然納悶了好一陣子，心想：這時節，父親跑到加州來幹什麼？

我們站在柏克萊的家門口，聽那首前奏曲，聽得入神。不管是誰在彈，他顯然把全副心靈都放進去了。琴音飄進我們耳中，彷彿發自肺腑的哀感合唱曲，如同靈魂在最深處的世界跳著帕望舞曲。我們站著等到音樂結束才踏進家門，赫然發現坐在鋼琴前面的，竟是泰勒！我們請他繼續彈，他婉拒了，他說此行是來邀我們參加在他家舉行的派對，碰巧看到那架優雅的鋼琴，似乎在那兒乞求人家去彈它……。我們接受了邀請，他也就此告辭。那是我和他六年前在芝加哥那次相遇之後，第一次有機會再度說話。

我決定，不管歷史對這個人的評價將會如何，我沒有理由視他為敵人。

第9章

紅色小校舍

小時候，我在溫徹斯特讀過天文學家愛丁頓寫的一本書《科學新路徑》。書中警告我們不要發展核彈，但同時也應許我們核能電廠的可能。

以下就是他對未來前景光明面的描述：

比方說，我們建造了一座容量達十萬瓩的大型電廠，旁邊有鐵軌和碼頭，以便將整車、整船的燃料運來餵飽那個怪物。我看見的異象是有一天，這些運輸燃料的配置都不再需要，我們不用準備像煤或油這類佳餚來滿足引擎的胃口，只要用「次原子能量」這種粗茶淡飯就可誘導它工作。

如果有這麼一天，那麼駁船、卡車和起重機都將消失，而電廠一年所需的燃料，只要用一個小茶杯送來就夠了。

　　這幅景象一直生動、清晰的留在我的腦海裡，連同之後幾頁警告我們不要使用次原子能量來發展軍事用途的內容，都令我印象深刻。愛丁頓用「次原子能量」一詞，來描述如今眾所周知的核能。早在 1937 年，我們就警覺到煤炭和石油終有枯竭的一天；核能的和平用途，彷彿一線曙光，在歷史的黑暗時期，帶給人類無窮的新希望。

和平曙光初現

　　1955 年 8 月，當我還在柏克萊默默從事自旋波研究時，聯合國在日內瓦主辦了大型的國際研討會，討論原子能的和平用途。這是核能發展史上決定性的一刻。來自美、英、法、加拿大和俄國的科學家，以前都各自祕密從事核反應爐的研製，這是破天荒第一次可以共聚一堂，自由的交換工作心得。於是一大堆機密文件都公開在會場上展示，幾乎所有關於鈾和鈽的核分裂基本詳情，以及商用核反應爐所需的大部分工程資訊，都有機會讓各國科學家看到。

　　會場充滿了和諧的氣氛，大大小小的演講多方宣告著：國際合作的新世紀即將來臨，知識與物質資源不再轉化為發展武器，而是更有益於全人類的和平用途，像核能發電等。

　　演講中所揭櫫的部分理念的確有其可行性，研討會開啟了各國科技團體之間溝通的管道；而個人的接觸，也自 1955 年開始，一直成功延續到今日。就較小的範圍而言，這種在國際場合公開討論核能科技和平用途的習慣，已逐漸擴及到武器軍備與政治等較微妙的層面。1955 年，在日內瓦升起的高度期望，並非全屬幻想。

　　日內瓦會議的技術籌備處，是由十七位科學祕書所組成的國際

小組負責。這些科學祕書在紐約集中工作了數個月，各自代表自己的國家，竭力討價還價，以期各與會國能透露適度分量的機密，並獲得應有的矚目與榮譽。他們默默工作，不為人知，辛苦的批閱大量文件；大會的成功，他們厥功至偉。這十七人小組中有兩位來自美國，其中一位叫狄霍夫曼（Frederic de Hoffmann），是年僅三十歲的物理學家，受雇於加州聖地牙哥的通用動力公司，擔任康維爾分部（Convair Division）的核能專家。

日內瓦會議甫一結束，狄霍夫曼認為推動核能商用發展的時機已然成熟。有史以來第一次，人們得以製造核反應爐到市面上公開販售，不用受到官僚體系以保密理由層層節制。他說服了通用動力公司的高層主管，設立新的部門，稱為通用原子（General Atomic），由他本人出任總裁。通用原子於 1956 年初開張，沒有廠房、沒有設備，也沒有員工，狄霍夫曼租了一間聖地牙哥公立學校系統作廢的紅色小校舍，並且提議同年 6 月搬進那間校舍，著手反應爐的設計。

實現愛丁頓的夢想

狄氏曾於 1951 年在羅沙拉摩斯與泰勒共事，做過不少關鍵性的計算，促成了日後氫彈的發明。他力邀泰勒在 1956 年夏天，到紅色小校舍加入他的工作；泰勒也接受了狄氏熱誠的邀請，他知道必能和狄氏合作愉快。好一段時間，泰勒和狄氏深有同感，都想盡快脫離研製炸彈的行業，真正讓核能對社會做出正面建設的貢獻。

狄氏還邀請了三十到四十個人，在同一個夏天到紅色小校舍來，他們當中大多數人都曾涉獵過核能的工作，只是負責的可能

有物理、化學或工程的差別。查比（Robert Charpie），是日內瓦會議科學祕書小組中的另一名美國人，比狄氏還年輕。邰勒（Ted Taylor），直接來自羅沙拉摩斯，他是新工藝形式的先驅者，專門設計輕薄短小的炸彈，以塞入有限而緊縮的空間。至於我，不知是何緣故，我既從未與核能有過任何瓜葛，甚至也不是美國公民，竟然也在狄氏的邀請名單裡；或許是我與泰勒有過一面之雅的緣故。狄氏應允我有機會可以和泰勒共事，於是我欣然接受。當時我完全不知道自己是否能勝任反應爐的設計工作，但至少我願意放手一搏。十九年來，我一直等待這個機會，可以實現愛丁頓的夢想。

狄氏算是我與大企業接觸的第一人，以前我從沒有遇過這麼有效率的主管，決策又快又準；更驚人的是，此一重大職權竟會交付給這麼年輕的人。狄氏對權力的拿捏相當精準，從不濫用職權；他幽默風趣，願意聽也願意學，總是顯得從容不迫，游刃有餘。

6月，眾人在紅色小校舍集合完畢，狄氏向我們說明他的腹案。每天早晨，先有三個小時的演講，由那些在反應爐技術上較為嫻熟的人主講，其他人則學習。下午分成幾個工作小組，努力研發新型的反應爐，我們主要的工作即在於：找出是否有哪一種特定型式的反應爐，看起來較為可行，較適合通用原子來製造、銷售，較具有商業價值。

那些演講都非常出色，對我幫助尤其大；因為我對反應爐一竅不通，是道地的門外漢。不過，即使是那些行家，也在彼此之間學習了不少東西。對核反應爐的物理原則駕輕就熟的專家，可以學到化學與工程的細節；化學家與工程師則學到物理原則。幾個星期下來，我們也就都能深入了解彼此的問題了。

安全優先

　　下午的三個工作分組，題目分別是「安全反應爐」、「測試反應爐」及「船用反應爐」，這三大組正是民用反應爐可能存在的三大立即市場。現在回想起來，似乎很奇怪，怎麼發電用反應爐不在工作之列？狄氏明白，通用原子有朝一日，終會走入電力反應爐這一行業，但是他希望公司草創之初，能由較小型、較簡單的成品入門，以獲取足夠的經驗。船用反應爐是要裝在商船上，成為核能引擎；測試反應爐旨在小型化，做成超高中子通量（neutron flux），用來測試電力反應爐的零組件。這些反應爐若進入市場，都將直接面對現有的反應爐，亦即海軍和原子能委員會製造現品的競爭。測試及船用二種反應爐都是在那年夏天設計完成的，但之後在狄氏仔細考量下，因為缺乏商業前景而全盤放棄。最後，只有安全反應爐真正付諸實現，從我們的小校舍中製造出來上市。

　　安全反應爐是泰勒的點子，從頭到尾他都是計畫的主導者。他清楚看見安全問題勢將成為民用反應爐長期發展的決定性因素；如果反應爐安全堪慮，沒有人敢用它。

　　泰勒告訴狄氏，通用原子迅速打進市場的出奇致勝之道，就是要造出一台反應爐，可以公開展示它的安全性優於其他廠牌。他進一步訂下安全反應爐組的首要目標：成功建造一台反應爐，其安全程度必須通過考驗，亦即要讓隨便一群高中生也能動手操作，而毋須擔心他們會受到傷害。這個目標對我而言，實在是再合理不過。我加入安全反應爐組，並且在接下來的兩個月，和泰勒並肩作戰，以期找到令人滿意的解答。

　　和泰勒合作，果然就如我先前所預料的，令人興奮而刺激。他

幾乎天天帶著一些輕率、不成熟的點子到小校舍來，有些點子令人拍案叫絕，有些很實用，更有一些是兼而有之，又聰明又實用。我用他的點子做為起點，對這問題進行較有系統的分析。他的直覺和我的數學巧妙結合在安全反應爐的設計上，就像當年費曼的直覺和我的數學結合在對電子的了解上，恰可截長補短、相輔相成。我和泰勒論辯，也一如我和費曼的論辯，越辯越明，去蕪存菁，逐漸將他狂野的點子與直覺，馴服、擠壓成一條條的方程式。

　　在我們尖銳對立的爭辯聲中，安全反應爐的雛形呱呱墜地。當然唯一的差別在於，當時我是和費曼獨處，如今則不只是泰勒和我二人；安全反應爐組是堂堂十個人的團隊，泰勒和我負責吼叫，然後其他的化學家和工程師默默負責大部分的實際工作。

固有安全性設計

　　反應爐是利用中子可觸發連鎖核分裂反應的原理製成，它可藉由長長的金屬棒來控制反應速率，棒中含有硼或鎘這類可以強烈吸收中子的物質。當你要讓反應爐轉快一點的時候，就把控制棒稍微往外拉一點，離爐心遠一點。當你要關閉反應爐的時候，就把控制棒往內推到底。操作反應爐的首要法則是，切忌將控制棒從已關閉的爐中猛抽出來，否則後果不堪設想。不只是猛抽棒子的白痴會賠上性命，甚至會釀成可怕的意外災難。因此，所有的大型反應爐都設有自動控制系統，讓操作員無法突然把棒子抽出來。這是所謂的「工程式的安全」（engineered safety），意思是說，意外災難理論上可能發生，但是卻可經由適當設計的控制系統，加以防止。

　　然而，泰勒認為工程式的安全還不夠好，他要求我們設計的

反應爐得具有「固有性的安全」（inherent safety），意思是說，它的安全性必須建築在自然律的確保下，而不只是靠著工程上的細節設計。即使有個白痴耍了小聰明，跳過整個控制系統並用炸藥把控制棒一起炸掉，也必須保證它的安全！說得更精確一點，泰勒對於安全反應爐的基本法則是：即使是在反應爐關閉的狀態，當所有的控制棒突然被抽走，反應爐仍須迅速回到穩態操作的地步，不得熔化任何燃料才行。

邁向安全反應爐設計的第一步，是引進所謂的「熱中子原理」（warm neutron principle）。因為熱中子不像冷中子那般容易被鈾原子捕獲，因此使鈾原子發生核分裂的效率也較低。在一般水冷式反應爐內的中子，會因為與氫原子發生碰撞而放慢腳步，最後它的溫度就會和周遭的氫原子大約相同。對一般水冷式的反應爐而言，若真有人粗魯的把控制棒炸掉，那麼燃料會迅速發熱，可是水仍然是冷的；於是中子也仍然是冷的，核分裂的效率將仍居高不下，結果燃料就變得更熱，直到熔化、甚至蒸發掉為止。

但是，如果反應爐在設計之初，只將半數的氫放在冷卻水中，另外一半的氫則與燃料棒的固體結構混在一起；這麼一來，就算哪個白痴真的突然把控制棒抽出，使得燃料變熱，燃料棒內的氫也會被加熱，可是冷卻水中的氫還是冷的。如此一來，燃料棒內的中子比冷卻水內的中子要來得熱，而熱中子會壓抑核分裂的效率，加上本身會自然逸散到水中冷卻下來，並被捕獲，不再參與反應；反應爐會自動在幾乎千分之一秒的短暫時間內穩定下來。這比急急忙忙跑去操作機械式的開關，不知可以快上多少倍。所以，反應爐攜帶半數的氫在燃料棒內的做法，可以說具有先天的固有安全性。

一生的摯友

在這些構想真正能夠付諸實現之前，還有許多實際的困難尚待克服。在這段克服困難的過程中，伊朗的冶金學家辛納德（Massoud Simnad）厥功至偉，他發現了燃料棒富含高濃度氫原子的製造方法。他用氫化鈾和氫化鋯合金製成棒子，又找出兩種成分調配的正確比例，以及冶煉的步驟。當燃料棒從辛納德的爐中抽出時，看起來就像黝黑、堅硬而閃閃發亮的金屬，又像上好的不銹鋼那樣堅韌而能抗腐蝕。

我們掌握了安全反應爐的物理和燃料棒的化學原理之後，許多問題立即橫亙在我們眼前。誰要買這種反應爐？他們買來之後可以做何用途？反應爐功率如何？應該賣多少錢？泰勒從一開始就堅持，它不應只是反應爐專家擺在桌上好玩的玩具；它必須不只安全，而且功率足夠強大，可以做些真正有益處的事。它到底可以做什麼？

這類型的反應爐最顯而易見的功能，是用以產生生命週期較短的放射性同位素，提供醫學研究與診斷之用。如果要用放射性同位素來做為生化示蹤劑（biochemical tracer），以研究活人身體部分機能不彰的問題時，最好是用那些幾分鐘或幾小時之內就會衰減殆盡的同位素，在觀察結束後就能消失得一乾二淨。然而，生命週期太短又有個缺點，不能從甲地運送到乙地，必須在使用地當場製作。因此，我們的安全反應爐，或許可以在某些有同位素需求的大型醫院或醫學中心，占有一席之地。

我們為此目的稍微計算了一下，一千瓩的功率水準應該是適當的。其他可見的應用，例如各大學核工系用來訓練學生，或者

用中子束來研究冶金學、固態物理及探測物質結構等，也頗有開發潛力。假使反應爐要做為中子束研究之用，一千瓩的功率可能嫌太低，所以我們也設計了另外一種可以高達一萬瓩的高功率型。狄氏替安全反應爐取了一個名字叫 TRIGA，表示訓練（Training）、研究（Research）、同位素（Isotope）以及通用原子（General Atomic）。

同年 9 月，在聖地牙哥的工作已告一段落，我搭巴士到墨西哥的提華納（Tijuana）去為家人買禮物。在入夜以後的提華納走著走著，一隻小狗從我後面撲上來，在我腿上咬了一口。提華納到處都是髒兮兮的病狗，根本無從捕捉並認出是那一隻咬我。只好連著十四天，天天到拉荷雅（La Jolla）的診所做巴斯德殺菌治療，以免染上狂犬病。為我注射的醫生一再提醒我，這治療法本身也是在冒險，有六百分之一的機率會導致過敏性腦炎，而其死亡率和狂犬病不相上下。他吩咐我治療前先仔細衡量風險，別貿然進行。我決定接受治療，冒險一賭，因此暑期最後那兩個星期，我承受了莫大的心理壓力。

在這件事上，泰勒真像是一場及時雨。他年輕時在布達佩斯一場電車車禍中，失去了一條腿，但仍然堅強的挺立起來；所以他知道如何給予驚慌的罹病者有效的精神支援。在柏克萊時，我就決定不把他當敵人，如今在聖地牙哥，他成為我一生的摯友。

大功告成

泰勒、我，以及其餘暑期臨時工離開後，還留在通用原子的那幾個人就接手我們先期的草案，努力把 TRIGA 計畫實現，做成真正可以運轉的反應爐。最後的設計是在邰勒、庫慈（Stan Koutz）

和米雷諾（Andrew McReynolds）三人手上完成的。從泰勒起初在
1956 年夏天提出構想，到第一批 TRIGA 造好、領照、銷售，不過
花了短短三年的時間。基本訂價是十四萬四千美元，不包括製造工
資。TRIGA 賣得很好，並且後勁十足；我最後一次計算銷售總數
時，已經賣出六十台，算是異軍突起。因為製造反應爐的公司，很
少做出像 TRIGA 這一型那麼會賺錢的機器。

　　1959 年 6 月，所有曾在紅色小校舍一起打拚，使通用原子順
利起步、站穩的人，都受邀回去參加通用原子實驗室落成的啟用典
禮。真是三年不見，就要叫人刮目相看——改變實在太快了，不
再是租來的小校舍；狄氏如今已坐擁一大片永久基地、現代化的大
樓，雄踞在聖地牙哥北端的台地上。實驗室設備一應俱全，嶄新
的機器、工作台，員工總數逾百人。其中有一棟樓裡面，陳列著審
驗合格的 TRIGA 雛型機，隨時等著向有興趣的客戶展示自己的威
力。狄氏說服了波耳，這位愛因斯坦死後全世界公認最偉大的物理
學家，遠從哥本哈根親臨現場，為啟用典禮剪綵。

　　啟用典禮的重頭戲就是展示 TRIGA 的威力，狄氏特地把一個
開關和一個大型的轉盤接到講台上；波耳演講完畢以後，按下開
關，立即有一聲低悶的嘶聲從 TRIGA 所在的大樓傳出。那是壓縮
空氣突然釋放出來時所發出的聲音，壓縮空氣乃是用來把控制棒高
速自 TRIGA 爐心抽出來。大轉盤上的指針是用來顯示 TRIGA 的輸
出功率，只見它迅速擺至一百五十萬瓩，然後又很快降到五百瓩，
整個展示即大功告成。為了避免出現尷尬場面，事前已經演練過好
多遍；小反應爐果然不負眾望，以一百五十萬瓩運轉了千分之幾秒
後，熱中子就把局面穩定下來。

　　典禮過後，我們看著小反應爐靜靜躺在一池冷卻水的底部，一

動也不動。很難相信，對不對？你怎麼能相信，大自然會在乎三年
前我們在紅色小校舍內絞盡腦汁，好不容易才寫下來的理論與算式
呢？可是事實擺在眼，熱中子的構想果然管用！

水晶球烏雲密布

　　晚上，狄氏、波耳，以及多位名人聚在海邊野餐。酒足飯飽之
後，波耳開始坐立不安起來，邊走邊談是他的習慣，也是嗜好。他
的一生就是這樣走走談談，而且常常到最後只剩下少數一、兩人，
猶能集中注意力聽他講話；因為波耳說話常轉來轉去，句子冗長，
聲音難辨。他示意要我與他同行，於是我們一起沿著海邊走去。我
感到無上的光榮，心裡有點飄飄然的想到了 F6 峯山腳下的修道院
院長。這會兒是不是輪到我來看看水晶球了呢？

　　波耳告訴我說，現在是另一次大好機會，可以獲得俄國的信
賴，和他們開誠布公的談談核能的各個層面。第一次機會已經在
1944 年失去，當時波耳和邱吉爾、羅斯福都分別談過，可是未能
說服這些頭頭。波耳主張避免淪入核武競賽浩劫的唯一途徑，就是
在戰前和俄國人公開把這件事搞定。波耳不斷訴說他和邱吉爾與羅
斯福的談話——那場世紀性的大對談；很可惜，沒有記錄下來。

　　我盡最大的努力想抓住他口裡說的每一個字，可是波耳的聲
音，大部分時候幾乎都聽不見。在那沙灘上，每次他說到與邱吉
爾、羅斯福對談中特別重要的關鍵點時，他的聲音總是被大海的潮
汐所吞沒，不留下一點痕跡。唉！那天晚上，修道院院長的水晶球
是烏雲密布的。

　　對狄氏而言，TRIGA 只不過是個開端；他知道通用原子的

前途，至終乃是維繫在製造、販賣大型電力反應爐的能力上面。1959年開始，實驗室的主要努力方向，即已投注在電力反應爐的發展上。狄氏決定用他一生的前途，孤注一擲的押在特殊型式的電力反應爐上，即是高溫石墨型反應爐（High Temperature Graphite Reactor，簡稱 HTGR）。所有參與通用原子的人員，都同意並支持他這個決定。

這是一場豪賭，可惜最後輸掉了。不過，我仍然認為狄氏當初的決定並沒有錯。如果 HTGR 也和 TRIGA 一樣幸運，勢必會給通用原子帶進一筆可觀的收入，全美國的核能工業也一定遠比目前的情況好得多。科技上要有所突破，不能不帶點賭博性；問題在於，既是賭博，就不能保證一定贏。

不再有夢？

HTGR 面對的競爭，是來自輕水式電力反應爐（light-water power reactor），它從一開始就獨霸美國的核能工業。HTGR 也好，輕水式反應爐也好，在固有安全性上都不能與 TRIGA 相提並論；因為這兩者都是在問題發生時，倚賴工程式的安全系統，可以立即將控制棒推進去，然後把反應爐關閉。如果主機關閉後，不持續冷卻核心的話，可能會有過多的殘餘輻射將核心汽化，釀成嚴重的意外事故。HTGR 與輕水式反應爐主要的差別在於，對於同樣的熱輸出量，HTGR 的核心要大得多，因此可以吸納大量的熱能；關機之後，即使所有的緊急冷卻系統都失靈，若想達到核心的熔點，也得花上好幾個小時。HTGR 一旦出事，當然是極麻煩的事，可是同樣的事故若發生在輕水式反應爐上，必定更加厲害而且一發不可收

拾。就此觀點而言，HTGR 基本上仍算是比較安全的系統。

HTGR 不但比輕水式反應爐安全，而且在燃料使用上，也更有效率。這兩點是它的優勢所在，不過它也有兩大缺點：第一、製造成本較高；第二、正常運轉下，它較難有效控制小量放射性分裂產物的外洩。狄氏還是賭了，他期望 HTGR 的安全及效率優勢，可以路遙知馬力，贏得電力界的青睞。

或許再等久一些，狄氏的期望可以成真，可是對他的公司而言，道路實在太長了一點。眼前成本上的劣勢，以及防外洩系統的複雜性，使他遲遲無法打開市場。他只賣出二台 HTGR，自始自終沒有進入量產階段。況且，在 1970 年代核能發展動向曖昧不明的環境下，使得 HTGR 在商業上能夠獲利的指望，遙遙無期。通用原子最後只好取消了僅有的幾樁交易，並且公開宣布退出核分裂電力反應爐的行業。

但在此之前數年，狄氏就已洞燭機先，跳到通用原子對街上的沙克生物研究院（Salk Institute for Biological Studies）擔任總裁。通用原子則繼續製造、銷售 TRIGA，同時支援一項控制核融合的熱門研究計畫。核分裂發電不再是年輕科學家與積極前瞻的商人眼中，炙手可熱的尖端行業了。

核能發電到底哪裡出了岔錯？1956 年，當狄氏邀我參與反應爐計畫時，我一口答應，只為了能夠一展所長，為人類發掘便宜而無限的能量，於是毫不猶豫加入這偉大的行列。泰勒以及其他自願住進紅色小校舍的人，心中都是懷著同樣的抱負。我們終於讓核能用途找到比原子彈更好的出路，終於能以核能做些好事情，為世界供應如此豐富的能量，使人類不再如牛馬般勞役。

我們的美夢哪裡出了岔錯呢？

傾頹的紅色小校舍

這個問題並不容易回答。許多舊有的勢力都涉嫌重大，他們共謀讓核能發展變得麻煩而昂貴，遠超過我們先前的預估。

我們要是聰明一點，早就應該看出這個三十年來未曾兌現的應許，在新一代年輕人與政治領袖的心目中，已視為一大陷阱，最好別碰；而且他們又覺得，必須把我們這些執迷不悟的人拔救出來。難怪三十年前的夢想，不再能打動今日青年的心，因為他們現在需要的是高瞻遠矚，使自己勇往直前。為什麼今天環繞核能這項主題的政治氣壓如此之低，甚至比紅色小校舍時代更加低迷？若從一般的觀點來了解很容易，不過我相信還有更鞭辟入裡的解釋，可以說明今天核能工業的窘境。

那就是，在工業界本身，紅色小校舍的精神已不再盛行。

核能工業的根本問題不在於反應爐的安全性，不在於核廢料的處理，也不在於核擴散的潛在危險。儘管上述考慮也是實際的問題，但是癥結所在，乃是工業界裡已經沒有人會為了好玩而去造一台反應爐了。當前的景況，已經不可能再見到一群熱心的人，聚集於小校舍裡頭，在三年之內完成設計、製造、測試、領照、銷售反應爐的工作。1960 年到 1970 年之間，不知何時，這種樂趣已杳如黃鶴。冒險家、實驗家、發明家一個個被逐出大企業，而讓會計師、經理人獨擅勝場。

不單是私人企業如此，連政府的實驗室也是一樣，羅沙拉摩斯、利佛摩（Livermore）、橡樹嶺（Oak Ridge）、阿岡（Argonne）等國家實驗室，無一倖免；以往專事製造、發明、實驗、嘗試各型反應爐的優秀青年，都解散了。會計師和經理人說，讓優秀青年去

玩弄一些奇奇怪怪的反應爐，太不經濟有效；於是那些奇奇怪怪的反應爐就此絕跡。

結果，任何可能超越現存系統的重大進步機會，也跟著絕跡。我們只留下少數型式的反應爐繼續運轉，一個個又都冰封在龐大的官僚組織裡頭，不見天日，更遑論實質的改變了。在技術上而言，一個一個都是先天失調、後天不足，安全性也比許多被丟在一旁的設計品遜色不知凡幾。沒有人因為好玩而去造反應爐了，紅色小校舍的精神已宣告死亡，依我看來，這才是核能發展出了岔錯的地方。

嘗試錯誤才能進步

父親年輕時常常騎著摩托車旅行歐洲各地，他比波西格早六十年，學會欣賞摩托車維修的藝術，也體會到「科技的美德植基於對品質的尊重」這個道理。那個時代，摩托車騎士必定也要懂得修車。騎士與製造商攜手合作，嘗試發明無數不同的車型，在錯誤當中摸索學習，看看哪些堅固耐用，哪些不切實際。為了選出優秀的摩托車款式，嘗試不下千遍，其中大多數還失敗得一塌糊塗。摩托車的演化，就像達爾文主張的物競天擇、適者生存的過程——這也就是為什麼今天的摩托車省油又耐用的原因。

拿摩托車的故事和商用核能的歷史做對比，在舉世努力之下，只有不到一百種反應爐派上用場。發展中的雛型也愈來愈少，因為各國政府都因為經濟上的理由相繼削減預算，放棄這項高風險的投資。

現在，世上大約僅有十種型式的核能電廠還有存活的希望，而

按照當前的情勢來看，不可能有哪一種新款式可以獲得合理的試用──這才是核能電廠不如摩托車成功的根本原因。我們沒有耐心去試驗上千種不同的設計，於是也就無從發明出最佳型式的反應爐。或許科技演化也和生物演化一樣，消耗為效率之母；在這兩種領域中，體型小的總是比體型大的容易演化。小鳥演化成功，而其遠親恐龍則從地上滅絕。

核能的未來還有希望嗎？當然有，只是未來如何難以逆料。政治氣候與風尚，一夕數變；不變的是，石油用罄以後，人類將需要龐大的能量，這些能量從哪兒來，總是人類必須想辦法解決的事情。當那日來臨，人們將需要比現有型式更便宜、更安全的核能反應爐。或許我們的經理人和會計師，到時候才會開啟智慧，號召一群像在紅色小校舍內的熱心科學家，並且賦予他們更寬廣的自由去嘗試錯誤！

第10章

1970 土星見

太空時代開始的日期，可以很精確的回溯到 1927 年的 6 月 5日；那一天，有九位青年聚集在德國的布雷斯勞（Breslau）*鎮上的一家飯店，成立了太空旅行協會（Verein für Raumschiffahrt，簡稱 VfR）。VfR 成立六年之後，被希特勒飭令關閉；在那六年當中，VfR 獨力完成了液態燃料火箭的初步發展，絲毫沒有向德國政府申請補助。這是太空飛行史上，第一段浪漫的時代。

VfR 有組織之名，無組織之實，它完全仰賴個別會員的投入與推動。馮布朗（Wernher von Braun）於 1930 年，以十八歲青年學生的身分入會，在 VfR 的後三年，扮演了非常積極活躍的角色。奇怪的是，在威瑪共和垂死掙扎的最後幾年間，也正是德國純物理

---

* 編注：二戰結束後，德國領土調整，該鎮現為波蘭的弗次瓦夫（Wrocław）。

大放異采、VfR 出奇成功的時代。彷彿當代的德國青年，在經濟崩潰、社會瓦解的混亂環境下，反倒推向了創造力的最高峯。VfR 也是三生有幸，在它的創會元老當中，出了一位能詩能文、又是第一流工程師的歷史學家雷伊（Willy Ley）。因為他的記述，VfR 的豐功偉蹟才得以留存青史，不致遭到世人的遺忘；就像喬叟的筆保留了朝聖者奔向坎特伯里的故事一樣。

極端愚昧的範例

雷伊協助草創 VfR 的時候，年方二十一歲；而 VfR 宣告終止時，雷伊年二十七。在《火箭、飛彈與太空旅行》一書中，他描述了 VfR 第一次火箭試射成功的情景：「我們的火箭試射場隨著春天的來臨，而顯得豔麗非凡，山坡上覆滿了新綠的松針和剛發的樺葉，兩山之間的低處，則垂柳片片。蟋蟀在高處的草叢歌唱，青蛙也在遠方鳴叫……但那隻怪獸飛起來了！像雲梯那樣冉冉升空，非常慢，一直升到離地二十公尺，然後才摔下來，摔斷了一條腿。」時間是 1931 年 5 月 10 日，地點在柏林市最郊區一塊四周滿布沼澤的地上。又經過一年集中火力辛勤工作後，剩下的難題一一克服。到了 1932 年夏天，VfR 的火箭已能穩定升空，上達一、二公里的空中了。

一年後，希特勒上台，VfR 所有的期刊、書籍、會議紀錄等，全被蓋世太保搜刮一空。就在 1933 年，浪漫的詩人與業餘人士的時代結束，正式進入專業的時代。一位在西門子柏林總公司上班的 VfR 成員，無意中聽到他們公司經理在電話中告知另一位在戰事部的朋友說：「所有的火箭人員都已安全留置在附近，可以就近

監視他們的一舉一動。」火箭發展工作現在由軍方接管，軍方把他們的研究測試部門設在遙遠的波羅的海旁，一處稱為佩內明德（Peenemünde）的地方，並投入大筆經費及二萬名員工。馮布朗被抓去那邊當技術總監。

這項大規模專業投資的成果可以預期，是技術上極先進的產品──V2 火箭，只可惜在經濟和軍事上，它都沒什麼意義。1944 年秋，我才注意到佩內明德計畫已成功，因為對倫敦展開的 V1 轟炸結束後，我偶爾會聽到 V2 彈頭爆炸的響聲。入夜以後，當城市一片死寂，爆炸聲過後，你總可以聽到火箭墜落的哼聲。當時，倫敦城裡真正投入戰爭的人都對馮布朗心存感激，因為我們知道一枚 V2 火箭的造價和一架高性能戰機相當，我們也知道在前線的德軍迫切需要戰機，而 V2 火箭對我們根本不構成任何軍事傷害。依我們看來，V2 計畫的功效，幾乎等同於希特勒採取了片面解除武裝的政策一樣。

片面解除武裝，顯然不是那些軍事將領起初設立佩內明德機構的用意；當外行的官僚體系接管科學計畫時，這正是其中常見的極端愚昧的範例，而這種極端的愚昧，其實也不是德軍特有的現象。

太空爭霸戰揭開序幕

我自己開始涉入太空探險事業，可以回溯至 1958 年。當時，狄霍夫曼路過普林斯頓，特地進來告訴我 TRIGA 雛型機試轉的最新消息。「另外，」他說：「邰勒想到瘋狂的點子製造核能太空船，他要你到聖地牙哥去看看。」我去了。這就是獵戶座計畫（Project Orion）的開始。

　　有了紅色小校舍一整個暑期的經驗，邰勒下定決心辭別羅沙拉摩斯，到通用原子任新職。他負責幫狄氏組織新的實驗室，監督TRIGA 反應爐雛型機的設計製造。但他滿腦子仍是在羅沙鎮設計的輕巧小型炸彈，所以一有空閒就開始思考，幾年前烏拉姆在羅沙鎮提過的構想，看看是不是可以用這些輕巧的小炸彈來推動輕巧的小太空船，讓它繞著太陽系轉呢？

　　邰勒比我小兩歲，還名不見經傳。他既不像費曼那樣天才橫溢，也不像狄氏那樣英姿勃發；他總是沉默寡言、從容不迫。但是那些日子以後，他變成重要的公眾人物，作家米克非（John McPhee）還為他立傳，描述他的生活及成就。

　　不知道為什麼，從一開始我就感覺他是塊璞玉，外表看起來，他和普通的美國西部人沒什麼兩樣——有賢慧的妻子、四個喧鬧不休的小孩；內心則是剛毅、頑強卻充滿奔放不羈的想像力。還有誰比邰勒更適合當獵戶座計畫的主持人呢？只有他能夠不屈不撓，使他手下那一班脫韁野馬似的工人，甘願以浪子回頭的熱情來回報，與他一起走過五個漫長、崎嶇、時好時壞的年頭。

　　1957 年 10 月，全球第一號人造衛星旅伴一號（Sputnik 1）自蘇聯升空；幾個月後，馮布朗在美國軍方充分財力支援下，也發射了美國第一顆人造衛星，以一別苗頭。兩大強權之間的太空競賽，自此揭開序幕。

　　美、蘇雙方都設立龐大的機構來全權處理太空事務。美國政府已經有人開始倡議，用傳統大型火箭將人送上月球的計畫，預計要花十年的時間，再加上兩百億美元的經費才能達成。

　　邰勒很有興趣到外太空，可是對於政府機構動輒斥資數十億美金的做法，實在很不以為然。他希望回歸 VfR 的方式與精神，經

過一段短暫的時間，他也的確辦到了。

大政府的奢侈遊戲

　　剛開始，邰勒秉持三個基本信念：第一、傳統上，馮布朗採取以化學燃料火箭推進到太空的途徑，很快就會走進死胡同；因為載人的太空飛行，只要距離遠過月球，耗費就會昂貴到荒謬的地步。第二、行星際旅行*之鑰，乃在於核能燃料的運用，因為它每一公斤所能產生的能量，可以高過化學燃料數百萬倍。第三、只要一小組人憑藉大膽想像，就足以設計出比最好的化學燃料火箭造價更低、性能更優異的核能太空船。

　　於是，邰勒在 1958 年春著手創辦他自己的 VfR。狄霍夫曼允許他使用通用原子的設備，而且撥一小部分公司的錢給他創業。我同意在 1958 至 1959 學年度，全時協助他的獵戶座計畫。我們希望建造的太空船是簡單、堅固的，並且能便宜運送大量的酬載到整個太陽系。我們做這個計畫，還喊出一個口號：「1970 土星見！」

　　到了 1958 年，我們已經可以看到馮布朗的登月小艇了。那艘登月小艇，是專為十年後的阿波羅號登月任務而設計，造價太高、能做的任務也不多。在許多方面，阿波羅號太空船和 V2 火箭很相似，兩者都是馮布朗的腦力結晶，兩者在技術上都相當成功；然而若與它們設計來從事的有限工作比較，實在貴得離譜。阿波羅號載運太空人到月球的短程旅行，算是空前成功，在電視上看起來也很壯觀。但是，一旦人類看膩了這樣的特殊景致，阿波羅將和 V2 火

---

* 編注：行星際旅行（interplanetary travel），即在太陽系內的行星間旅行。

箭一樣，淪落到被打入冷宮，因為它們就只能勝任一件事。

　　邰勒和我打一開始就覺得，太空旅行必須先降低成本，才有可能對人類事務有突破性貢獻。如果只送三個人上月球，就得花上好幾億美元的經費，太空旅行將只是大政府才玩得起的奢侈遊戲。而且，高成本也使得修改推進系統使其變成多用途的可行性，變得幾近緣木求魚。獵戶座計畫的主旨，就是要能從地面運送大量酬載至地球上空的軌道，但成本一公斤只要十幾美元就好，比起化學燃料火箭便宜大約一百倍。

　　我們深信，只要我們能成功以低廉代價解決送上軌道的問題，行星際任務就指日可待了。我們規劃了為期十二年的飛行計畫，最終希望能於1968年送人上火星，1970年上土星、木星的衛星。計畫的預算總額，大約一年一億美元。

　　當然，沒有一位專業會計師相信我們的成本估算——他們或許說得沒錯，但對邰勒和我而言，「1970土星見」不只是空口說白話而已，我們真的相信如果有機會嘗試，一定辦得到。我們輪流用邰勒架在自家花園的望遠鏡來觀測木星和土星。我們想像著太空船穿過了土星的光環，進行最後一次的減速動作，以便登陸土衛二。土衛二是我們選定的最佳登陸地點，因為它是太陽系裡水源豐沛的星球之一，甚至還可以在上面種植新鮮的水耕蔬菜呢！

太空旅行者的告白

　　1958年7月，獵戶座計畫正式成立，我寫了一份文件，名叫〈太空旅行者的告白〉，來向全世界說明我們在做什麼，又為什麼做。以下就是部分內容：

美國政府已對外宣布說，我們正在思考以原子彈推進太空船的設計……我個人相信，在眾多想法當中，只有本方法能夠帶領我們造出一艘，真正符合太陽系探險任務需求的太空船。很幸運的，政府大力支持，並鼓勵我們放手朝著行星際旅行的長程科學目標一搏，不用顧慮我們的推進系統會移做軍事用途……。

自從童年時期，我就深信，在我有生之年必然可以看到人類登陸其他行星，而我應該為此大業略盡棉薄之力。如果要我說明我何以深信不疑，我想主要是肇基於兩大信念，一個是科學的，一個是政治的：

一、天地之間還有許多事情，是今日的科學做夢都想不到的，如果我們去外太空一探究竟，應該可以多發掘些真相。

二、長遠來看，有一件事對任何新興高度文明的成長乃屬不可或缺，亦即容許少部分人逃離其鄰居和政府，隨自己高興選擇住在曠野、遠避塵囂。一個真正遺世獨立、富有創造力的小型社會，在地球上已經不可能找到了。

在這兩大信念之上，我現在再加上第三點：

三、我們第一次想到如何使用一大堆庫存原子彈，但不是用來殺人，而是有更好的出路。我們的目標與信仰，是用那些曾在廣島和長崎沾滿血腥的原子彈，為人類敲開一扇通往蒼穹的門窗。

我們一起整整努力了一年，從 1958 年夏到 1959 年秋，充滿了熱情與幹勁，就如同 VfR 於 1931 年至 1932 年間的黃金歲月。我們夜以繼日的趕工，因為知道秋夜將至，政府很快就要決定，到底要把主要方針放在化學還是核能的推進器上；而如果我們屆時提不出可行的設計，那麼，政府的決定勢將對我們不利。

我們在四個不同層面齊頭並進：理論物理計算、高速氣體噴射實驗、實物大小的太空船身工程設計，以及模型機的飛行測試。起初，我們裡頭沒什麼專家，就如同 VfR，每個人都要萬事通；後來，我們變得有點官僚，並且分成物理學家和工程師兩組。

壽終正寢

計畫進行最順利的部分是飛行測試，我們建造了模型太空船，暫以高爆性化學炸藥代替核彈為推進動力。我們之中有一個人，名叫亞斯突（Jerry Astl），他是捷克高爆炸藥的專家，避難來到美國。他擅長製造高爆炸藥機關，透過巧妙的引信及計時系統，幾乎每次都能成功爆炸。他的看家本領都是在二次大戰期間跟捷克地下反抗軍學的。

我們的測試地點是洛馬岬（Point Loma），這是在聖地牙哥西面，一處深入太平洋且地勢陡峭的半島上。那塊地屬於美國海軍所有，在太平洋沿岸一片濫墾、濫建的病態風潮下，僥倖逃過一劫，因此與沿岸的南北景觀大異其趣。測試點上只有一座小型火箭塔台，軍方早已棄置不用。環顧四周，杳無人煙，只有鳥獸罕至的重巒疊嶂，覆蓋著綠色的灌木叢與盛開的仙人掌，再下面就是太平洋。我們一早架起模型的時候，海面常常都還一片迷濛，等到我們布置妥當、準備發射時，蔚藍的海面早已漁帆點點，波光粼粼。

我心中常常納悶，那些星期六下午出帆的水手，當他們看見一個長相怪異的東西從測試架上升空，瞬間又炸成千百碎片的景象時，會對我們怎麼想？我書桌抽屜裡，到今天仍然保存一袋破碎的鋁片，是飛行測試過後留下來的，為的是要向自己證明這些快樂的

回憶，並不只是白日夢而已。

　　我們最後、也是最成功的一次試射，是在 1959 年 11 月 12 日，也就是我離開該計畫，回到普林斯頓人人稱羨的科學工作崗位後幾個星期。敦恩（Brian Dunne），這位從事氣體噴射實驗最賣力的同僚，寫信來向我報告事件始末：

　　真希望上星期你能在洛馬岬和我們一起慶祝，「熱棍」（Hot Rod）飛呀，飛呀，飛！我們還不知道它究竟飛了多高。邰勒當時站在山腰，他說根據三角測量法，用肉眼估計大約有一百公尺高。六份炸藥以空前未有的巨大吼聲，在無比精確的時刻一一爆炸……降落傘在最高點適時張開，飄下來正好落在碉堡前方，定點著陸……我們正準備在下週三開香檳。大肆慶祝一番。

　　太空旅行的第二個浪漫時期，在這樣的情形下落幕。1959 年夏天，官方決定民間的太空計畫不得使用核能推進器，我們的計畫也轉由空軍接管。台勒在軍方贊助下繼續工作，就如馮布朗 1933 年的歷史又重演一般。空軍立即下令停止我們模型機的試射，但計畫本身則多活了六年；這期間有為數頗為可觀的技術突破，然而其中的精神與光榮，則不可同日而語了。

　　獵戶座計畫正式畫上休止符的 1965 年春天，我又去了通用原子，沒有人開香檳。「熱棍」寂寞的躺在阿布奎基的空軍倉庫十八年後，送往華盛頓的國家航太博物館展出至今，看起來風采依舊，和 1959 年時的長相沒什麼兩樣。

塞翁失馬

美國空軍並沒有重蹈希特勒 V2 火箭的覆轍，他們原先也花了六年的時間，嘗試將行星際推進系統改裝成軍事武器。最後，空軍發現我們老早就知道的結果：獵戶座系統根本無法轉用為軍事用途。獲得這項結論後，他們不像希特勒那樣硬行大量生產，反而明智的將整個計畫寫下句點。

計畫結束那天，我寫了一封滿懷傷感的信給歐本海默：

我們 1958 年到聖地牙哥時，是滿懷著科技智慧與政治無知的混合心情；你應該不陌生，或許和 1943 年，你們到羅沙拉摩斯的心情有幾分神似。你在成功當中學習政治智慧，我們則從失敗當中學習。我常常不曉得，對於僥倖逃脫了成功所帶來的相對責任一事，應該是歡喜還是憂愁？

在獵戶座計畫工作的十五個月裡，可以說是我個人科學生涯當中，最令人興奮的一段時間。我特別喜愛浸淫在工程的團隊精神裡，這和科學界崇尚的精神截然不同。一個好科學家必須有豐富的創意構想；一個好工程師則必須能運用最少的原創構想，做出最可行的設計——工程上是沒有超級巨星的。在獵戶座計畫中，和在紅色小校舍裡的安全反應爐組一樣，沒有人是為個人榮耀而工作，誰發明什麼並不重要，唯一要緊的是，發明過後的最終產品必須要有穩定可靠的功能。

受徵召來從事集體創作，與一群終生以團隊合作為首要、不以個人競爭力論高下的工程師為伍，對我而言是相當新奇的經驗。每

天當我快樂的進到實驗室，或者到洛馬岬測試站時，我就想起母親說過的，浮士德如何在荷蘭小村的堤防邊，和村民一起挽袖挖水溝的故事。

如果政府在 1959 年給我們充分的財力支援，好似 1943 年的羅沙拉摩斯一樣，將會有如何的發展呢？我們可不可能已經造出又便宜、又迅速的捷運系統，在太陽系之內穿梭呢？

曾經和我一起在聖地牙哥同甘共苦的朋友們，有時候會問我，如果奇蹟出現，我們突然獲得了一大筆基金，我願不願意重入江湖加入獵戶座復興計畫？我的回答是斬釘截鐵的一個字：「不！」

1963 年簽署的《部分禁止核試驗條約》，明文禁止在大氣層或太空中進行核彈試爆，獵戶座的試飛也因此變成非法。復興獵戶座之前，除非先廢止或重新修訂該條約；而即使沒有那個條約存在，我也不想一面坐在太空船裡瀏覽宇宙風光，一面把放射性的碎片傾倒在另一艘「太空船」的乘客頭上——我們賴以生長的地球號太空母船！

化學燃料火箭獨領風騷

1958 年，當人們沉浸在躍入太空的驕傲時，其實背後正拖著一條長長的核武火焰，閃閃發亮；因為當時美、蘇兩國正在大氣層從事核彈試爆，每年的成長量都以百萬噸當量計算。我們算了一下，即使是獵戶座最雄心勃勃的飛行計畫實施了，與核彈試爆造成的環境汙染比起來，前者造成的環境汙染程度，大約只是現有核彈試爆汙染程度的百分之一。1% 似乎沒什麼，但是仔細研讀文獻記載之後，我發現獵戶座每一次升空所釋放出來的核廢料及放射性落

塵對生物的影響，經統計大約會造成十分之一到一個人死於因放射塵所引起的癌症。一想到我做的事，是增加現有放射性落塵量的百分之一，我的熱情就不由得冷卻下來。

這個計畫進行到後幾年，已無法接受從地面直接升空。太空船只好重新設計，預備採用一具或兩具馮布朗的農神五號（Saturn V）火箭載運到軌道上，遠遠離開地表大氣層範圍才開始點燃核彈。如此一來，將使得造價扶搖直上，而且還未能根本解決放射性落塵的問題。獵戶座太空船在本質上就是個骯髒的產品，所到之處莫不留下放射性的穢物。從獵戶座開始之後的二十個年頭，大眾對環境汙染的標準已經有了根本的轉變；許多 1958 年還可以接受的東西，今天已無法容忍。我自己的標準也在變，歷史已毅然撤棄獵戶座，不會再有回頭的餘地了。

從 1958 年以後，太空探險的歷史已經變成化學燃料火箭專家專屬的舞台；這些專家從來不願意給其他嶄新構想公平競爭的機會。獵戶座已飛逝而去，我對此也無怨無尤，因為它已獲得公平的對待，只是證明失敗罷了。但是還有許多其他後來居上的，比獵戶座更優秀的設計，功能更比獵戶座有過之無不及，而且又不會撒下滿天的放射塵汙染太陽系；然而這些新一代的方法，都沒有像獵戶座那麼幸運，可以和化學燃料火箭公平競爭，爭取出線的機會。

從 1959 年以後，新型太空船的發明已被打入冷宮，也沒有人像我們在洛馬岬那樣試射了。華府國家航太博物館內陳列的，就只有我們那根「熱棍」，再沒有其他模型和它並列了。

狂野的創意

太空旅行尚有些另闢蹊徑的高招，其中最高明的當屬「太陽帆」（solar sailing）。原則上，不用引擎就可能航行於太陽系；你只需要一大張塑膠膜，鍍上鋁，做成一張薄如蟬翼的帆就可以了。你可以適當剪裁，航行時只要運用在海邊玩衝浪風帆的技巧，去平衡陽光落在帆上的壓力與太陽的重力，照預定的航道控制好方向；就像站在衝浪風帆上，雙手操縱著風帆以平衡風對帆的壓力以及浪的衝擊力，就行了。

太陽帆的構想由來已久，最初是俄國的太空旅行先驅希歐考夫斯基（Konstantin Tsiolkovsky）發明的，之後又迭經改良。最新、最優美的太陽帆是馬克尼（Richard MacNeal）發明的日光陀螺儀（Heligyro）。

馬氏的太陽帆是裝有十二片葉片的自轉旋翼機，看起來像是星星狀的陀螺儀。1976 年，加州的噴射推進實驗室（Jet Propulsion Laboratory）很認真的和馬氏合作，設計一艘無人日光導航船，算好時間，準備射入太空和哈雷彗星相會。哈雷彗星每七十六年才會接近地球一次，最近一次是在 1986 年 3 月。用化學燃料火箭根本不可能完成會合的創舉，對太陽帆而言，這卻是一次大顯身手、千載難逢的機會。

可惜太空計畫的主管否決了與哈雷彗星相會的任務，他認為風險太大，他們承擔不起；因為一次任務失敗，所帶來的政治後果可能是賠上整個計畫。所以，他們等於永遠不會支持那種太過先進、未經嘗試過的探險。他們對太陽帆提議的宣判，可以從下面這般沉悶無生氣的官樣文章中看出來：

太陽帆沒有獲得噴射推進實驗室正面推薦的主要原因，在於它的技術可行性絲毫未經證實；若要在短期之內核准，顯然風險過高。

太空飛行歷史的第三個浪漫時期，究竟何時才會降臨呢？第三浪漫時代，必將看見小型太陽帆展翅翱翔於天際，向著太陽飛去。自由自在，姿勢優美，就像每個星期天下午，在通用原子實驗室附近的懸崖邊，迎著海風、穿梭於海鳥之間的小型遙控飛機一樣。你將會看見業餘人士，效法柏林與洛馬岬那一班人，架起測試台──那是新一代年輕人在那兒嘗試新一代的奔放思想、狂野創意。

豪氣干雲

拋開科學上的顧慮不談，有三大原因可以說明為何人類需要到太空去旅行。第一是廢棄物處理問題，我們必須把工業製程搬到外太空，讓地球常保翠綠、怡人，為子孫留下美好的生活淨土。第二個理由是避免物質的枯竭；地球的資源有限，我們不可能永遠放著豐沛的太陽能，以及天際到處充斥的礦藏與生活空間不用。第三個理由是，我們的心靈需要更開闊的視野。太空旅行的最終目標，不只是科學上的窮理致知，或是電視上偶爾出現的壯麗景觀，它乃是要帶給人類心靈真正的舒展。

然而，只有太空旅行變得廉價而便利，才可能真正嘉惠普羅大眾。而要達成此一目標，道路不算遙遙漫長。政府主導的大計畫如阿波羅登月，或許方向根本就不對；不過我還是很欽佩太空人的勇氣，像蘇聯的加葛林（Yuri Gagarin）、美國的阿姆斯壯、愛德

林（Buzz Aldrin）、柯林斯（Michael Collins），以及後繼的新生代太空人。我相信人類通往宇宙之路會更加孤寂，這條路希歐考夫斯基走過、萊特兄弟走過，高達（Robert Goddard）和 VfR 的會員也走過；這些人的干雲之志是任何政府計畫所不能望其項背的。

　　我很榮幸也曾和他們一起走過一段。

第11章

天路客、聖徒與太空人

　　普利茅斯殖民地的首長布萊德福（William Bradford）、耶穌基督後期聖徒教會的會長楊百翰（Brigham Young），和我的好友——普林斯頓大學物理系的歐尼爾（Gerard O'Neill）教授，這三個人有許多相似之處，他們都是有眼光的人。他們都衷心相信，憑藉匹夫匹婦的雙手，就能夠深入蠻荒，開拓一個遠比他們所拋下的家鄉更美、更好的社會。他們也都為後代子孫留下為理想奮鬥的紀錄；他們的雙腳都穩穩的踩在政治、財經等現實世界的土地上，並且都敏銳體驗到錢的重要性——盼望美夢成真就得珍惜這一元、一分，或是一磅、一先令。

　　布萊德福與楊百翰的事蹟，當他們本人在世時，尚未付梓問世；他們的信徒只能從手稿上的隻字片語，去緬懷先人的遺緒。布萊德福的手稿，一直等到兩世紀以後才出版，名為《普利茅斯拓殖

史》（*History of Plymouth Plantation*）。楊百翰的手稿，雖然在摩門教的教會正史中常常受到引用，但是並不完整。所幸，歐尼爾的書《高遠未開拓之域》（*The High Frontier*）不須等到他身後才出版。

明日的太空殖民所將遭遇的人性及經濟問題，其實和布萊德福於 1620 年、楊百翰於 1847 年所面對的問題，並沒有什麼兩樣。很可惜，阿波羅登月探險的大手筆，在一般大眾心目中留下一個不太好的印象，認為只要牽涉到太空的活動，必然動輒花費上百億美元的資金。我認為，這個印象根本就大錯特錯。

如果我們揚棄阿波羅的模式，改而跟隨五月花號或摩門教徒的足蹤，我們將會發現，太空殖民的成本會降低到合理的水準。我所謂合理的成本水準，指的是和清教徒、摩門教徒當初募得款項數額相當的金錢。

布萊德福和楊百翰遺留下豐富的文件資料，描述到募款的困難。布氏在他的書中特別強調，整個殖民探險計畫最艱辛的問題，就是如何定下一組弟兄們都同意的目標：

但是，凡事到了實行的階段，總是格外的困難，尤其是工作需要眾人配合的時候。我們現在的處境就是如此，一些本來應該一起來的人打了退堂鼓，留在英國；有些商人朋友本來答應投資金錢加入探險的，後來捏造許多藉口，臨時抽腿；有些人因為去不成圭亞那而不高興；有些人則非維吉尼亞不去。還有那些我們仰賴最深的人，卻極端不喜歡維吉尼亞，揚言如果目的地是維吉尼亞，他們一根指頭也不想動。

在目標上，若不能達成協議，募款工作就幾乎寸步難行。這是

活生生的事實，1620 年是這樣，今天仍然是這樣。布、楊二人的拓荒史紀錄，前半段與目標、財務奮鬥所占的篇幅，遠遠超過實際旅程的篇幅。做成決定的辛苦過程宣告結束，對二人而言都算是鬆了一大口氣。總算可以踏上征途，把注意力從政治、財務等問題，轉向到單純的生存問題上。下面就是楊百翰在出發橫越大草原前六個星期，亦即 1847 年 2 月冬季，寫下來的一段記載：

　　我感覺好像父親，四周圍繞著一群孩子、一個大家庭。就在冬天的大風雪中，我很平靜的滿懷信心、耐心，等待烏雲消散，陽光普照──我就可以跑出去撒種、耕作，收進滿倉的五穀，對孩子們說：回家吧！冬天又來了。家已經有了，也有木柴、麵粉、燕麥、肉、馬鈴薯、黃瓜、洋蔥、甘藍，一樣不缺。我也準備宰殺上肥的牛犢，預備喜樂的筵席，大宴賓客。我們能做的都做了，我們覺得心滿意足，因為看到結局將是如此的圓滿！

高明的投資

　　讓我暫且從田園式悠閒的陶醉中，回到一分一厘的現實問題。早兩年，楊百翰有如下的報告：

　　五口之家所必備的家當有：一輛馬車、三部牛車、兩頭母牛、兩頭肉牛、三隻綿羊、一千磅的麵粉、二十磅的糖、一管來福槍及些許子彈、一頂帳篷、營柱。假設這一家原先除了床和炊具外，別無所有的話，備妥這些家當共需二百五十美元；包括一家人在內，重量大約二千七百磅。

藝術也包含在楊氏的預算內。1845 年 11 月 1 日，他花了一百五十美元買下管樂隊所需的各式樂器。這項投資相當高明，因為管樂隊——

有時候會應邀到篷車隊伍所經過的村莊裡，開一場演奏會，這對化解某些村民明顯的敵意，有莫大的功勞。因此，這支樂團對我們龐大的篷車隊伍很有幫助，而且功用還不只是鼓舞我們這群天路客的士氣而已。

在楊百翰率領下橫越大草原的隊伍，實際數目如下，1891人、623 輛馬車、131 匹馬、44 頭驢、2012 頭公牛、983 頭母牛、334 隻牛犢、654 隻綿羊、237 頭豬及 904 隻雞。

所以我們可以估計楊氏遠征軍的全部載重量，主要都是這些家畜組成，大約有三千五百公噸；以 1847 年的單價來算，總價大約十五萬美元。

可惜布萊德福沒有為五月花號留下這麼精確的統計數字。他只引用古許曼（Robert Cushman）1620 年 6 月 10 日寄自倫敦的信，亦即啟航前兩個月的來信。古許曼負責張羅航程所需的各樣物資：

親愛的朋友，我收到幾封你的來信，裡頭充滿感情也充滿抱怨。你對我個人有什麼感情或抱怨，我並不清楚；至於你一直在那邊喊：「怠慢！怠慢！」，我很稀奇，為什麼這麼怠慢的人會被放在這個職位上。依靠一百五十個人的財力，不可能籌得出你所預估的一千二百英鎊，更何況衣物鞋襪等花費都尚未計算在內；所以我們還短缺三百英鎊到四百英鎊。如果還希望有額外的探險活動，那麼

所需的啤酒和其他物資也沒有著落。

　　現在，雖然阿姆斯特丹和肯特兩地的啤酒已夠我們使用，可是也不能白白收下。你說這額外的活動，五百英鎊應該就夠了，那就依你。其他補給，我們會去設法張羅，盡量往好處想，還有欠缺的也請多擔待，上主自有引導。

您親愛的朋友　古許曼

　　這封信顯示，古許曼個人得負責籌措的資金，約一千五百英鎊之譜。信中並沒有說明所有的費用——尤其是五月花號的船租。是否已經包括在這個數額之內。

投資新大陸

　　三個星期之後，亦即 1620 年 7 月 1 日，殖民者與投資客之間簽定了協議。殖民者就是那些準備移民到新大陸的人；投資客就是那些投資金錢在這項冒險事業，但是人仍待在家鄉的股東。協議書上說：「到了第七年底，本金和利潤——亦即房地產、有形動產等，由殖民者和投資客兩造平分。」另有一款規定，要給每一位殖民者一股，做為他們勞苦七年的獎金：「每一個人只要年滿十六歲以上，就應分到十英鎊，以十英鎊為一股。」殖民者所貢獻的任何額外現金，得算為額外的股份。

　　1620 年的協議，兩造都不甚滿意，而且摩擦時起。到了 1626 年，亦即預定平分財產的前一年，雙方重新談判，並簽訂了新的協議，「由他們所能選出的最佳律師出面釐訂，使內容更扎實穩妥」。1626 年的協議書上規定，投資客將財產賣給殖民者「折合總價一

千八百英鎊，以下述形式或方式付款——全為債券、全為股份、全為土地、全為商品或全為動產。不管如何自然增息，也不管何種定義的投資客，均以上述方法償還。」買斷投資客的股份，殖民者等於背負了一千八百英鎊的債務，他們花了二十二年的時間，才終於全部還清。

　　我不知道投資客在 1626 年的協議中，有多少收益或損失；也不知道起初的探險成本，殖民者的出資占了多少比重。分析第一點：投資客並不可能蒙受損失，因為 1626 年殖民地並沒有破產，而投資客更沒有借錢不指望償還的習慣。至於第二點，殖民者不可能償付高於最初成本一半的錢。如果他們正好得付一半，他們很可能會竭盡所能的把花費壓低到某個地步，以擺脫掉投資客，一併免去隨著合夥關係而來的無窮麻煩和頭痛的問題。因此，我可以從 1626 年協議的證據來推論，租用五月花號、購置必要設備所需的原始成本，不會超過三千六百英鎊這個安全上限。古許曼信中暗示了下限是一千五百英鎊；折衷一下，我判斷這趟探險的成本是 1620 年時的二千五百英鎊。這個數字即使有誤差，也不會在上下限的兩倍以上。五月花號的載重量，布萊德福則說得很清楚，是一百八十公噸。

傾家蕩產

　　下一個問題是，如何將 1620 年和 1847 年的成本數字，換算成現在的幣值。關於英國工資和物價史的完善資料來源，是經濟學家伯朗（E. P. Brown）和霍普金士（Sheila Hopkins）發表在《經濟學刊》（Economica）裡頭的兩篇論文——後來又收錄於經濟史學會主

編的《經濟史文集》（*Essays in Economic History*）。頭一篇專講工資，第二篇則專講物價。以工資或以物價做為比較不同世紀的成本基準，只是個人喜好的問題。我個人認為以工資為比較標準，比用物價更能反映事實。我做這個比較的目的，是要試著用定量的方式，粗略估計五月花號和摩門教徒歷險過程中，拓荒者付出程度的多寡。

根據伯朗和霍普金士的說法，1620 年建築工人的工資，一天約 8 到 12 便士（當時的 1 英鎊等於 240 便士），在 1847 年，則大約為 33 到 49 便士。至於當今的等值，我以 1975 年紐約建築業同業工會所訂契約中的最低工資，每小時 9.63 美元計算。則以工資為基準的換算率如下：

1 英鎊（1620 年）等於 2500 美元（1975 年）
1 美元（1847 年）等於 100 美元（1975 年）

這些都是很接近的近似值。粗略的檢查一下 1620 年的數字，再想想前面說過的，每位殖民者以 10 英鎊，做為遠渡重洋到普利茅斯不支薪工作七年的代價，就可以獲得印證。若以 1975 年的幣值來估算總成本的話，五月花號是 600 萬美元，而摩門教徒則是 1500 萬美元。在這個基礎上，我畫下表一的頭兩欄，我用這些數字所要強調的一點是，五月花號或摩門教徒的歷險都是非常非常昂貴的行動。在他們的時代，每個探險者幾乎都已耗盡家當，達成了沒有政府支持的私人團體所能達到的成就顛峰。

天價一號島

表一最底行的數字,是一位中等收入的人,為了支付全家旅費,不吃不喝把收入全部存起來得花上幾年,我稱做「每一家庭的成本人年數」。雖然摩門教徒的家庭規模平均是五月花號家庭的二倍大,可是就每一家庭的成本人年數而言,五月花號家庭卻是摩門教徒家庭的三倍。這個差別對殖民地的財政具有決定性的影響。

一個普通人,只要一心一意為某個目標獻身,再加上一些朋友的協助,他在三、五年內儲存年收入二到三倍的存款並不困難。但如果他還要養家活口,那麼不論他如何努力,也不可能在這麼短的時間內存到年收入七倍的存款。因此摩門教徒能夠付得起旅費,但

表一、四大探險之比較

探險行動	五月花號	摩門教徒	一號島,L5 殖民地	小行星群安家計畫
年代	1620 年	1847 年	1990 年以後	2000 年以後
人數	103	1891	10,000	23
載重量(公噸)	180	3,500	3,600,000	50
每人負荷(公噸)	1.8	2	360	2
成本(美元)	600 萬	1500 萬	9,600,000 萬	100 萬
每磅成本(美元)	15	2	13	10
每一家庭的成本人年數	7.5	2.5	1,500	6

注:成本以 1975 年建築業工資為基準。

五月花號的殖民者卻不得不向投資客大量舉債，甚至花上二十二年才能還清。每一家庭的成本人年數在二到七之間，有一個臨界點；超過這個臨界點，對一個普通人而言，是不可能達到自給自足的財務規劃的。

　　我尚未交代表一的最後兩欄。這兩欄代表兩種太空移民模式，都是從歐尼爾的書上摘錄下來的，只是我稍事修改，文責由我承擔。第三欄見於歐尼爾書上第八章〈第一個新世界〉，描述的是由美國航太總署（NASA）所主持的官方太空移民模式——「一號島計畫」（Island One）。第四欄則見於該書第 11 章〈小行星群上好安家〉，所描述的太空移民，乃是由一群熱心的業餘人士所完成的，類似五月花號的模式。

　　一號島計畫的成本是 960 億美元。許多人，包括我在內，都覺得在任何單一事業上花費 960 億，實在貴得離譜。但是我們仍應嚴肅看待這個數字，因為它是由一群能幹的工程師、一些熟悉政府和太空工業運作的會計師所計算出來的，可能也是表一所列估計值中最準確的一個。

　　960 億美元可以買下一大堆硬體設備，你可以在 L5 這個奇妙的殖民地，買下一整座擁有現代便利設施，可容納一萬人在裡面生活的浮城；而 L5 殖民地和地球、月球間的距離，大約就是地球到月球間的距離。你可以買下足夠大的綜合農場，自成封閉的生態系統，可以供給移民者食物、水和空氣。你也可以買下一座太空工廠，讓移民者在裡頭建造太陽能電廠，把龐大的能量以微波束的形式，傳回地球上的接收站。這些事情，或許有一天都將實現。或許誠如歐尼爾宣稱的，960 億美元的投資，可以由電力銷售利潤，分 24 年償還。

如果債務真能在二十四年內還清，那幾乎和五月花號殖民者清償的速度一樣快。但是在一號島和五月花號之間，卻有一項無可避免的差距；表一的底行顯示，一號島的移民者必須工作一千五百年，才有辦法支付他一家人的費用。這意味著一號島的計畫，任憑你如何神通廣大，也不可能成為私人的探險活動，非得要政府出面動員官僚系統，以國家威信為賭注，並且要強力執行職業保健和安全管制不可。一旦政府扛下此一計畫的重擔，則任何嚴重的挫敗或人命喪生的危難，都可能成為一發不可收拾的政治事件。一號島成本之所以如此高，原因和阿波羅探險的高成本完全相同。政府浪費公帑事小，釀成災難卻茲事體大。

小行星便宜之家

短暫訪問過一號島上的超級衛生福利國之後，我們接著看看表一的最後一欄。最後一欄描述了歐尼爾的異象：一群年輕的先驅者存夠了錢，在不靠外援的情況下，由 L5 殖民地搬到小行星帶的荒野，自力冒險從事單程旅行。這裡的成本估計是我們的希望，而非事實。今天，不可能有人知道一行二十三人的私人隊伍，是否能夠以總花費 100 萬美元的經費，買齊全部探險裝備。任何具備專業估價資格的人都會說，這個數字低得太離譜了；不過，我倒不覺得如此，我認為，小行星移民計畫的成本和五月花號成本相仿，絕非偶然。拓荒地球上不再擁有，而外太空行將開放給人類的疆域，最高成本大概就在這個水準。

根據表一的第三、第四欄，小行星探險的每磅成本並沒有比一號島低多少，兩大行動最顯著的差別在於——人數以及每人負重

數。以小行星探險模式進行的廉價太空移民計畫,是否可行,端賴一個關鍵問題的答案,即:一個家庭裡每個人只攜帶總重量兩公噸的東西,就能到達小行星,為自己造一個家、一間溫室,並找到泥土撒種耕作而存活下來嗎?五月花號與摩門教徒即是如此,太空移民若要得到真正的自由與獨立,同樣也須如此。

截至今日,還沒有人類進行過任何對小行星的探測,甚至連用科學儀器從它身邊掠過、近一點仔細看看都不曾*。對小行星群的地勢與化學特性,我們完全不知,就像水手號(Mariner)和維京號(Viking)太空探索任務之前,我們對火星也一無所知一樣。

在探測船探勘評估過小行星之前,我們坐在這兒預想移民將遭遇什麼細節問題,又是否能在上頭安家?其實都還言之過早。現在評估小行星上從事農耕的成本,毫無意義;除非我們能確知那裡的土壤挖不挖得動,還是得用火藥才炸得開?姑且不考慮在未知環境下從事太空移民的動力學問題,我只提幾個制度上的理由來說明,為什麼從一號島的 960 億美元縮減為小行星殖民計畫的 100 萬美元——成本減少十萬倍,並非異想天開。

首先,人數從 10,000 人減為 23 人,就省了 400 倍;剩下來 250 倍,我們希望由我們自行承擔風險與困苦,不勞政府出力,這可望節省 10 倍;取消工會規定及官僚式管理,又可節省 5 倍;最後的 5 倍比較難找。也許新科技的發明能夠幫上忙,或是費心撿拾

---

* 編注:1989 年 10 月 18 日升空的伽利略號(Galileo)木星探測船,已於 1991 年 10 月 29 日飛掠過直徑十五公里的 951 號小行星(Gaspra)一千公里之外,這是當時對小行星所做的最逼近的一次凝視。1993 年 8 月 28 日,伽利略號又飛掠過另一顆直徑三十公里的小行星 243(Ida)。這兩次小行星探測行動是本書中文版初版付梓前,僅有的「近一點仔細看看」。

先前政府計畫所遺留下來的太空破爛，亦是一途——今天已經有數百艘廢棄的太空船停留在地球軌道上，還有些在月球上，正等待我們的小行星先鋒去蒐羅、整修。

一號島和小行星安家探險計畫，恰成兩個極端，我選擇它們來凸顯太空殖民成本的高低估價——當太空殖民開始，真正的成本可能介乎兩者之間。在如此困難而長期的冒險事業中，混合模式也大有可為。政府、商業界和私人營運，都應齊頭並進，彼此學習、借鏡，我們才可能找出如何建立安全、廉價的殖民方式。私人探險將需要政府與商業界的經驗及全力協助，其間的關聯性可以回想一下——哥倫布發現新大陸到五月花號成行之間，相隔了一百二十八年。在那一百二十八個年頭，西班牙、葡萄牙、英國和荷蘭的國王、皇后、親王，一直在打造船舶，鞏固基層商業組織，因而五月花號才有成行的可能。

歐尼爾和我有一個夢想，有朝一日，普通老百姓所組成的私人團體，可以在太陽系、銀河系乃至整個宇宙，自由探險、拓荒。或許這只是痴人說夢，然而，誠如天路客布萊德福和聖徒楊百翰心知肚明的，純粹是錢的問題。我們永遠不會知道何者可行，何者不可行，惟有試了才知道！

第12章

使人和睦

　　當我還在為獵戶座計畫工作的那些年間，人們也正熱烈為核彈試爆的問題展開激辯。我們應不應該和蘇聯談判，一勞永逸的訂下禁止核武試爆的協議？我的老朋友貝特，是正方的代表，在公開場合、在政府內部，他都大力鼓吹要雙方協議下達禁令；我的新朋友泰勒，則全力反對下達禁令。

　　我對貝特的情誼和尊敬從未動搖，但在這場辯論當中，我卻是全心全意的站在泰勒那一邊；因為若不能核彈試爆，獵戶座鐵定要夭折。短程來說，我們至少還需一次試爆，來說服那些持懷疑態度的人，證明我們的太空船靠著三十公尺外的核爆衝力，可以奔向空中，並且船身仍保持完好。長程來說，我們需要更多的測試，以發展出無裂變（fission-free）的核彈，這樣我們航行後所遺留下來的放射性落塵，就可幾乎降低至零。

我知道自己為獵戶座計畫抱持的目標，乃是純潔而和平的；如果單單因為泰勒熱心推動他一手草創的熱核技術，希望它開花結果，就把他貼上戰爭販子的標籤——我看不出這個舉動有何公義。

泰勒和我本著良知，為反對禁止試爆而並肩作戰；看到貝特這位好好先生為「錯誤」的一方奮鬥，我心裡真是難過。我真擔心情治人員會因為他對此事的錯誤判斷而施予懲罰，就像他們五年前對待歐本海默一樣。

一絲絲的愧疚

1959年夏天，我和獵戶座的契約期限將屆之時，我試圖助獵戶座一臂之力，以使它的存活機率稍稍提高一些。我和邰勒攜手走了一趟天路歷程到傑卡司台地（Jackass Flat），這是位於內華達州的沙漠地帶。我們希望在此地進行一次關鍵性的演習，以示範實彈推進的可能性。邰勒和我又去了泰勒在利佛摩的武器實驗室，待了兩個星期，和他們那群人一起研製無裂變核彈；我還寫了一篇文章發表在頗負盛名的政論雜誌《外交事務》（*Foreign Affairs*）上，使盡我一切的外交辭令，反對禁止核彈試爆。

我生平唯一一次感受到絕對的寧靜，就在傑卡司台地日正當中的時分。很久以前讀到攝影家龐亭（Herbert Ponting）的《蒼茫大南方》（*The Great White South*），書中說到在南極大陸，沒有風的日子是極其安靜的。傑卡司台地就和南極一樣寧靜，靜得足以粉碎靈魂，即使屏氣凝神，四周一樣闃無聲響——沒有樹葉在風中沙沙作響，沒有遠處車輛的塵囂，也沒有鳥叫、蟲鳴或孩子的嬉鬧聲。

在絕對的寧靜中，只有你與上帝同在。在那寧謐靜寂中，我

第一次隱隱為我們即將要做的事感到羞愧。我們當真要侵犯這份寧靜，開進大卡車和推土機，幾年之後留下一堆放射性廢棄物在這兒嗎？第一次，一絲絲對獵戶座正當性的質疑，在一片寧靜中，飄進我心裡。

然而，幾個星期之後，我仍然依計畫前往利佛摩，野心勃勃的想一探無裂變核彈的可能性。辛勤工作了兩個星期，一心想設計出一種核彈，使獵戶座的放射性落塵量可減低為原來的十分之一；這是我生平第一次充當第一線的核彈設計師。我在那兒一心只想探索浩瀚的宇宙，沒有絲毫殺人的惡意。

但是在利佛摩，我學到教訓：你不可能在和平用途與戰爭用途的核彈之間，或者和平與好戰的動機之間，畫下一道清楚的界線。在我們每個人的心中，動機常常是混淆不清的。那兒有一位同事發明了一種裝置，後來成為眾所周知的中子彈。我幫助他們，他們也幫助我；兩個星期下來，我和他們成了好朋友，而且就某種程度而言，我已成為小組的一員。就該程度而言，我對中子彈的出現也應該負上一點連帶責任。有了這個經驗之後，我再也不敢胸有成竹的說，我們用在獵戶座上的核彈，與用來殺人的核彈之間，沒有任何瓜葛了。

圍牆外的援聲

我刊登在《外交事務》上的那篇文章，題目是〈核武器的未來發展〉，編輯很高興也很熱切的接受了，刊載於 1960 年的 4 月號。文中主要的論點是說，永久禁止核彈試爆是個危險的幻想，因為武器科技未來的發展，勢必對這項禁令施加有形和無形的壓力；換句

話說，無裂變核彈已是下一波的必然趨勢，任何故意忽略或否定其出生權利的政治安排，是注定要失敗的。以下就是獲得外交事務編輯群高度肯定的一段簡短訴求：

假想一個處境：美國配備了現有的武器，而某個敵人（未必是蘇聯）則有相當的核燃料供應，並且學會如何以無裂變方式點火起動。那麼敵方的火力將凌駕我方十倍、百倍，而且對方在陸軍戰力的部署上，更能多樣化、隨心所欲……。

任何國家在沒有確切把握敵方是否善意回應下，就片面宣布放棄核武發展，很可能不久後會發現，自己已墮入如 1939 年波蘭的窘境，淪落到以馬匹抵抗坦克。

我不諱言這段陳述，基本上是為了挽救獵戶座免於絕跡的最後一搏；當然，除此之外，這篇文章也是向泰勒以及利佛摩的同僚，表明我的忠誠。在利佛摩，我看到他們的努力是何等脆弱，令我印象深刻。

在蛇籠拒馬屏障的利佛摩實驗室內，他們嘗試設計一種空前乾淨的爆炸物，而所有關鍵的理論設計，都只落在五、六位優秀青年的肩上，四周則是身體與心理同被隔離的可憐景況，他們任何時刻都可能宣布放棄。圍牆外面，整個社會對他們的努力，不是漠不關心就是強烈反對。我的文章在某種意義上，等於心理贖罪的表現，意欲彌補對泰勒的虧欠；因為我撇下他們回到普林斯頓，回到歐本海默那裡。

我要告訴利佛摩的朋友，圍牆外面至少還有一個人關心他們！

大錯特錯

　　如今回想起來，可輕易看出我的論點其實有四大破綻：技術上的、軍事上的、政治上的，以及道德上的破綻。

　　技術上來講，我誤判了無裂變核武器發展的可能過程，我原認為他們十年內會充斥市面；可是十幾年過去了，並沒有什麼蛛絲馬跡可尋。軍事上來講，我誤以為「戰術核戰」在軍力部署上很管用。從 1960 年起，我就參與了戰術核戰的細節研討，也看到專家沙盤推演戰爭遊戲的結果，在在令我相信戰術核戰的交戰雙方，很快就會陷入無可控制的混亂局面。結局可能是立即停火（如果幸運的話），或者是提升到戰略打擊層面（如果不幸的話）。不管哪一種，開啟戰端的一方或雙方，不管拿不拿得出無裂變核武器，對戰爭的結局似乎沒什麼影響。

　　政治上來講，我不應該說禁止試爆條約對阻止無裂變核武器的發展必定毫無效果。全面禁止令一下，至少我方就不會發展這些武器了；如果別人知道我們已經停止發展，軍事上也不倚重這些武器，他們拚命研發的誘因也必然大大降低。

　　換句話說，讓敵方必然很快擁有這些武器的方法，就是我們自己先拚命發展、大量部署。

　　道德上，我錯在未曾質疑供應我方士兵新式武器的道德性，我顯然遺忘了《魔術城市》那條使用機器的可怕律法。越戰給我們一個教訓，我們的武器使用並不盡然明智。雖然我們在越南犯下一大籮筐的錯誤，所幸，我們沒有犯下最嚴重的錯誤——使用核武器。如果我們在越南的子弟兵，手上握有小型的無裂變核武器，那麼在危機來臨時啟用核武的壓力勢難抗拒；越戰的悲劇，顯而易見的，

將比我們所目睹的更加可怕不知凡幾。

如今真相已明，《外交事務》上那篇文章只是虛情假意、譁眾取寵，試圖以此力挽狂瀾於既倒。然而，在我把文章投到《外交事務》之前，我曾拿給兩位我所認識最有智慧的人——歐本海默和肯南（George Kennan）過目，請他們批評指教。肯南結束了璀璨的外交官生涯後，成為歷史學家，並且和我共事於普林斯頓高等研究院。歐本和肯南二人讀過我的文章後，竟異口同聲的鼓勵我發表。或許，即使是我們當中最優秀的人，於若干年後的今日，還是比1960年那時候稍微有智慧一點。

文章付梓之後不久，歐本很快就改變心意。他寫信給我，並且一如往常，略有隱喻的引用一句匈牙利諺語：「光是一時失察還不夠，還要大錯特錯才行。」

名列鷹派

那時候，我終於成為美國公民。放棄效忠伊莉莎白女王的決定原本很困難，可是女王的閣員卻促使此事變得簡單；因為女王的外交部有位官員說，我的孩子根據英國的法律是非法的，他們既然不屬於英國的子民，那就沒有資格持用英國護照。因為她的決定，我的家庭成員有一陣子五個人就擁有五種國籍：英國、德國、瑞士、美國，還有一個國際地位未定——沒有國籍！

帶著一個無國籍的孩子旅行歐洲，可一點也不好玩。所以當我走進特倫頓（Trenton）的法院，說完效忠美利堅的那幾個神奇字眼，我真是如釋重負，以後就不用依靠外國親王、公爵的關係了。管他算不算私生子，至少美國願意給我的孩子一本護照。

　　雖是剛誕生的美國公民，我很快就開始行使公民的特權，並且在美國科學家聯合會（Federation of American Scientists）這個專門為各種大道理，到華府遊說的政治組織中，成為積極活躍的角色。該聯合會在華府設有辦事處，由辛格（Daniel Singer）主持，他在聯合會中的頭銜叫做總顧問。辛格當時接掌這份工作只是兼差，後來才由史東（Jeremy Stone）全職擔任。

　　1960 年，我被選為聯合會的代表，承辛格的教導，學了不少國會政治藝術。辛格很喜歡我寫的那篇《外交事務》文章，認為我因而獲得軍事強硬派的美名。他說聯合會最大的問題就在於，發言人常常都是惡名昭彰的自由派，因此還沒開口，他們的意見就已經先被打了折扣。

　　1961 年，聯合會有意促使美國國會通過在聯邦政府下增設「軍備控制與裁軍署」（Arms Control and Disarmament Agency，簡稱ACDA）此一新部門的議案。甘迺迪說他就任總統那天，就要立刻成立 ACDA，相信此舉可以使得限武與裁軍談判，比以往蕭規曹隨的方式，更加專業且不至於流於即興創作。可是議案到了國會，卻遭到許多阻力，一直到 9 月國會休會前一天，ACDA 法案還滯留在參議院，甚至似乎連交付表決都不可能。

　　無可奈何，辛格只好拚命翻閱聯合會會員名冊，希望能夠找到讓保守派議員聽得進話的人；他找到坎恩（Herman Kahn）這個人。坎恩新近才出了一本《論熱核戰爭》（On Thermonuclear War）的書，並且博得軍事強硬派的名聲，甚至比我更強、更顯赫。辛格急電坎恩，請他立即到華府解救 ACDA 法案。坎恩本人是位軍備控制專家，也同意 ACDA 的必要性，他在最後一分鐘趕到參議院委員會，使用連最保守的參議員都能懂的語言為 ACDA 辯護。終

於，在參議員諸公搭機離去前，法案順利通過。

我不是君子

ACDA 於 1962 年初迅速籌組成立，其科技局（Science and Technology Bureau）的局長為龍法蘭（Frank Long），是延攬自康乃爾大學的化學家。龍氏必須設法在幾個月內召集一批能幹的科學家。他心生一計，何不對外提供局裡的暑期聘約，應聘而來的人即使不能勝任也沒什麼大礙，如果有足堪勝任的人才，就說服他留下來。辛格問我是否願意應徵這種暑期工作，我後來去和龍氏面談，也錄取了。於是 6 月間，我開始了在 ACDA 的工作；我在那兒工作了兩個夏天，分別在 1962 年和 1963 年。1963 年以後，ACDA 找到一批適合的專職人員，就不再需要像我這樣的「移工」了。

1962 至 1963 年間的 ACDA，是個愉快的工作單位。該署擁有政府部門的地位，但編制大約只有五十人，在科技局則只有十個人。沒有什麼時間讓我們官僚化，坐在舊國務院大樓底層的老式辦公室裡，每天早晨，前二十四小時的外交電報副本就會在我們手中傳閱。有時候我會覺得有點緊張，尤其是看到電報就這麼躺在某人的辦公桌上，窗外街上的過往行人很輕易就可一眼望穿。

這棟大樓早在史汀生擔任國務卿時就有了，史汀生向來反對美國成立祕密辦公室專司破解外國密碼。他說：「君子不偷閱別人的信件」；以此標準衡量，我的同事和我都不是君子。每天早晨，我們都在那兒看最新的八卦消息，如蘇聯黨書記婚姻出了問題，或者某重要外交官的女兒被發現醉臥巴黎街頭等等，看得不亦樂乎。另有一些電報則較為嚴肅，說到談判進行的細節。

　　1962年夏天，ACDA的主要任務是為兩組談判預設我方立場，一是與蘇聯的禁止核彈試爆談判，一是由聯合國主辦的十八國裁軍會議。老手們都知道禁試談判是玩真的，裁軍談判則只不過是宣傳用的把戲。大部分的年輕後進都希望投入禁止試爆這個迫在眉睫的問題上，所以龍法蘭建議我那兩個月就專心研究較為長遠的裁軍問題，他要我留意看看美國代表是否有機會，促使十八國會議做成一些有益的貢獻。

區域裁軍理論

　　十八國會議的主要問題，是蘇聯代表主張「全面而徹底的裁軍」，而西方代表則主張有限度、針對某特定軍力的裁減。為了要對蘇聯的建議看似有所回應，美國也提出自己全面而徹底的三階段裁軍計畫。計畫中，第一階段必須徹底執行完成後，我們才會承諾進入第二階段。大家都心知肚明，第二、第三階段純屬空想，如果我們真能貫徹第一階段，就已經是一大奇蹟了。

　　ACDA裡確實認真看待全面徹底裁軍的人士，只有宋恩（Louis Sohn）一人；他是出身哈佛的律師，專攻國際法。我常常和宋恩深談，覺得受益良多。他提倡一種叫做「區域裁軍」（zonal disarmament）的方法，可以折衷蘇聯與西方的立場。區域裁軍的規則如下：每個國家應將其疆土劃分為一定數目的區域，每一年的年初，指定一區接受國際監察部隊的公開檢查，確定該區所有的武器都已撤除、銷毀淨盡。公開區的選定由對手國指定或抽籤決定，這樣各國為了自身利益，自然會將武器平均部署在各區域。此外，尚有各種特別條例及豁免規定，來處理首都與特殊軍備的問題。這就

是當時在自由派學術圈內頗受推崇的「宋恩計畫」。

我在 ACDA 做的第一件事，是研究出宋恩計畫的變形，我稱之為「漸進地理裁軍」。在我看來，宋恩把裁軍轉化為二人對弈，似乎顯得太邏輯化，可能比較適用於學術界的對局理論家，而不適合現實世界的政客。所以我把宋恩計畫稍微簡化，並移去其中對局理論的特性。

漸進地理裁軍條約將要求：每個國家把疆土劃分為等面積的區域，每年年初開放一個地區接受檢查，解除武裝；但是開放哪一區則由地主國決定。我希望如此一來，可以使國際監察部隊顯得不那麼唐突，少些侵略性，也較不易引起蘇聯的反彈。每個國家在監察團來視查之前，都有充裕的時間可以移走軍事上敏感，或政治上尷尬的東西──髒的衣服可以私底下先清洗，染有血跡的牆也可先粉刷乾淨。

我和宋恩討論了計畫的細節，將其寫在 ACDA 的正式備忘錄上，很得意的呈給龍法蘭做為我所提出的裁軍問題解決之道。結果石沉大海，備忘錄被歸入 ACDA 的檔案中，以後就再也沒有看到了。

核彈試爆，非禁不可！

在 1961 及 1962 那兩年，美、蘇兩強變本加厲引爆核彈，其中許多都是百萬噸級的，而且放射性落塵量在北半球上空更已上升到警戒線。有一個安靜的早晨，我獨自在 ACDA 辦公室蒐集關於試爆的資料，並將數據畫在方格紙上，看看從圖上可以尋出什麼端倪。由左至右，我先畫上 1945 年到 1962 年的橫坐標；在每一年上面則

垂直標出自 1945 年累積到該年度,所有核彈爆炸的總數。圖形一完成,情勢便一目了然。核彈爆炸累積總數的曲線,幾乎是一條不折不扣的指數曲線,從 1945 年到 1962 年,每三年就增加一倍。

　　這種三年即倍增的現象有一個很簡單的道理,因為從計劃到執行一項試爆,約需耗時三年。假設每次核彈試爆後會引申出兩個新問題,必須靠著三年後再試爆兩次才能獲得解答,如此指數曲線的出現,就不難理解了。發現這個天大的真相後,我已準備好畫出下一步的結果了……有些問題必須任其無解;而在某些關鍵上,我們非停手不可!那天晚上,我頭一次心服口服接受——核彈試爆,非禁不可!

　　7 月 4 日美國國慶那天,我偕妻子和兩個小孩到白宮後側的橢圓形草地上看煙火表演。那兒擠滿了人,幾乎清一色都是非裔,坐在草地上等待表演開始。我們就坐在他們當中,小朋友們很快就和其他人玩在一塊,在那兒追逐嬉戲。然後煙火上場,等到正式煙火表演結束後,群眾就可施放自己的煙火。大家似乎也都有備而來,其他家的小朋友手上都抓著一把沖天炮、水鴛鴦或金魚火花之類的,玩得不亦樂乎,所到之處都閃閃發光。只有我們家小孩很沒趣的靜靜坐在一旁,因為我們什麼也沒準備。但是突然有一位黑人小孩跑來給了我們家小孩一把金魚火花,請他們一起同樂。到那個時候,我才確定美國是我們的家;那一刻才是我公民權真正開始的時候,也才真正釋懷。

鑽進俄共頭子的大腦

　　1962 年夏天的後半段,我在 ACDA 傾全力研究蘇聯的政策

走向。龍法蘭認為先浸淫在蘇聯文件檔案中幾個星期，應該可以讓我在裁軍問題上有更真切的感受。我承繼了湯普森對俄文恆久持續的熱愛，閱讀能力還算不賴。我發現 ACDA 裡面收藏了極為豐富的原始資料，有俄文的報紙、軍事政治刊物；同時，伽妥夫（Raymond Garthoff）也在那兒，他是位俄國通，協助我很快熟悉那些檔案。我很想鑽進蘇聯頭子的大腦裡面，以他們的眼睛來看世界；然後，或許我就可以給 ACDA 提供一些如何和他們幹旋的有效指導。

有一樣是我必讀的，就是赫魯雪夫脫口而出的每一句話——任何我找得到的隻字片語。我發現赫魯雪夫真是塊無價之寶，他和蘇聯其他官員很不一樣，他總是說真心話。沒有一位受雇的文人祕書膽敢將他的演講一五一十的記下來；他說的話常常前後矛盾、誇大其詞，更超乎尋常的耐人尋味及人性化。我心裡有很強烈的感覺：一個如此開放而又古怪的人主掌蘇聯政權，可是歷史上千載難逢的好機會。如果我們不趕緊把握良機，用他了解的語言就基本議題與他談判，恐怕機會一去就不復返了。

對蘇聯文獻的研究使我相信，俄國對維持傳統武力如步兵、坦克、機槍等優勢，是絕對認真的，因為他們就是靠這些贏得二次大戰的勝利。他們對民防也很認真，是全民體育與軍訓運動（DOSAAF）的一項主要活動。DOSAAF 對維持軍民團結與和諧，有很重要的貢獻。他們對尖端科技武器並不像美國人那麼認真而倚重，赫魯雪夫投注大量金錢發展擁有大型雷達、長程攔截火箭的反彈道飛彈系統（anti-ballistic missile，簡稱 ABM），但其實他並不真在乎這個系統效能如何。

在我們思路中占有舉足輕重地位的成本效益觀念，在他的世

界觀裡根本不值一晒。我們的專家和政客很擔心蘇聯的祕密武器，宣稱如果蘇聯的 ABM 系統真的看起來那麼不中用，赫魯雪夫就不會造它。有一次，赫魯雪夫說他要拍一卷 ABM 系統測試的片子公諸大眾，卻被他的參謀勸退了。很顯然，赫魯雪夫心目中的這套武器，只是用來作秀；而他的參謀才真心關切此一軍事系統的效能。

不必戳穿紙老虎

　　赫魯雪夫的 ABM 系統只是最近的一個例子，蘇聯悠久的傳統中，一直都用這種紙老虎式的唬人態勢——利用先進武器的未定價值，來達到政治和心理上先聲奪人的目的。1930 年代公開展示大規模傘兵作戰，1950 年代公開展示尖端的噴射轟炸機，1960 年代將第一顆蘇聯洲際飛彈迅速改裝成旅伴號太空船的推進器，都是同一傳統下的產物。蘇聯每一次都是抓住新武器帶來的契機，製造令人印象深刻的軍力展示。其實展出的武器都只是雛型，卻帶給大眾已經進入量產的假象。蘇聯頭子就是有這種本事，不用真的撒謊，卻能誇大他們的力量，並岔開別人的眼光不去注意其弱點。蘇聯內部存在的嚴格保密特性，是使得此一策略得以奏效的主因。

　　1960 年秋，亦即我在 ACDA 工作的那兩個夏天之間，赫魯雪夫做了震驚世界的舉動——試圖在古巴部署核導彈。根據我對赫魯雪夫性格的了解，這個冒險行動，只是他對尖端武器漫不經心的另一佐證。他可能純粹把飛彈視為一種政治語言，做為炫目的軍力展示，並表示對古巴盟邦的支持而已。他沒想到甘迺迪會把飛彈部署視為軍事行動，而採取軍事方法予以反制。古巴飛彈危機過後，所有思想純正的美國人都相信甘迺迪的表現可圈可點，是個了不起的

英雄。儘管我早在 1962 年夏天就知道 10 月會發生什麼事，我仍不敢奢望說服 ACDA 的高層官員接受我的看法，相信古巴的飛彈只不過是蘇聯典型紙老虎式的唬人態勢而已，甘迺迪根本犯不著去戳穿。

那年夏天結束後，我又寫了一份備忘錄，總結報告我所學到的蘇聯 ABM 系統，並建議美國官方的回應方式應該大幅更張。我說，過去美國對蘇聯紙老虎唬人架勢的反應非常愚蠢；我們沒有領悟到，面對紙老虎比面對真槍實彈其實更為省事，即使我們的情報人員難辨真假也無妨。比方說，1960 年，我們在攻擊性飛彈上享有優勢，蘇聯還靠著假飛彈來掩飾其劣勢。之後我們藉由 U2 偵察機的照片，戳穿他們的騙局，又在大眾面前赤裸裸的把真相公諸於世，於是蘇聯被迫把假飛彈撤掉，猛力加把勁，在短時間即換上真的。當初如果我們夠聰明，就應該讓蘇聯的紙老虎原封不動站在那裡就好了。

至於未來，我主張美國應該用諸般方法，竭盡全力維護、扶持蘇聯的紙老虎。我們應該教美國國防部長少發表揭穿蘇聯系統沒效率的高論，也不要和赫魯雪夫爭辯他宣稱的科技優勢。在與蘇聯的交涉過程中，我們應該只尋求攻擊性武器的設限；那才是真正會威脅我們的，而不要去管他們部署 ABM 系統。如果還是遵照以往的方式，想在談判桌上要求蘇聯頭子放棄 ABM 系統，等於迫使他們將龐大的科技資源由無害的紙老虎防衛系統，轉向更具殺傷力、軍事上更有效率的系統上，這於我們是相當不利的。

全面禁止核試爆

　　我把第二份備忘錄交給龍法蘭，題目是〈美國對蘇聯彈道飛彈防衛系統之反應〉。這次我對蘇聯的行動與意圖做了準確的評估，但是我完全忽略了龍氏更加關切的另外半個世界——我忘了美國國內的政情！我怎能要求國防部長麥克納馬拉（Robert McNamara）站在國會面前稱讚蘇聯的 ABM 系統！那些議員諸公豈不要立即抓住他的話柄，做為控告甘迺迪政府無能的素材：怎麼竟然讓俄國人跑在我們前頭？

　　所以我的第二份備忘錄也和第一份同樣命運，消失在 ACDA 的檔案庫裡頭。

　　在普林斯頓一年之後，1963 年的夏天，我又回到 ACDA 時，氣氛已完全改觀。禁試談判的最後一回合行將於莫斯科召開，ACDA 全體總動員，所有的人手都挹注在這場十萬火急的爭戰之中。我很高興的放下蘇聯長程戰略構想分析，加入禁試組。龍氏以及其他幾個 ACDA 高層人員，已飛往莫斯科協助首席談判代表哈里門（Averell Harriman）折衝樽俎，留在後方的 ACDA 人員則負責為第二階段的爭戰預備立論主張——也就是和美國參議院奮戰，以求條約獲得批准通過。

　　在條約簽定前不久，我分沾了一點小小的榮耀。談判桌上為著條約中是否也一併禁止和平用途的核爆，曾經一度陷入膠著。美方主張和平用途應予保留，俄方則堅決說不行，並拒絕讓步。美方立場的主要出發點，是為贏得某些參議員的同意票；這些參議員強烈支持利佛摩實驗室提出的一項「耕犁計畫」（Project Plowshare）——旨在利用核爆的力量開鑿運河與港口。俄方聲稱耕犁計畫只是

為了繼續從事武器試驗，所想出來的另一個名目與托辭。

談判因此停擺了好幾天，哈里門打電話給華府的甘迺迪總統：「我想如果我們這一點退讓些，條約就可以簽成了。」聽說甘迺迪就拿起電話，問 ACDA 的署長佛斯特（William C. Foster）意下如何；佛斯特說他要請教署裡的專家，於是打電話到 ACDA 的科技局和參謀華德曼（Al Wadman）討論，時間已近傍晚，幾乎大家都下班回家了，只剩華德曼和我還留在辦公室。華德曼過來問我的看法，是否要堅持和平用途的立場。ACDA 裡只有我在利佛摩待過，知道一點耕犁計畫的第一手資料。在那一剎那，我腦子裡想的還不是耕犁，我更關切的是獵戶座，我順口回答華德曼：「我們當然應該讓步！」然後華德曼回電佛斯特，佛斯特回電甘迺迪，甘迺迪再回電給哈里門，條約就簽訂了。

我們要埋葬你？

即使情形真是如此，這樣說故事，還是有點誤導作用。無疑的，甘迺迪除了佛斯特外，還打了其他電話；佛斯特除了華德曼之外，一定也打過其他電話。我相信即便我和華德曼有不同的答案，條約還是簽得成；它已經在歷史的子宮中待產多時，已經到了該出生的時候，我們不過是接生婆罷了。

兩天後，我在華盛頓遇到邰勒，就告訴他我已經簽下獵戶座的死亡證書。邰勒表情很平靜，他早有心理準備。五年來為獵戶座請命，終究還是無可避免的要宣告夭折。

我為 ACDA 服務的下一件事，是走訪耕犁計畫的主持人。我和華德曼兩人一起前往原子能委員會的總部，向主持人要一份白紙

黑字，看看他的計畫在條約規定下是否可以繼續執行。主持人面臨了痛苦的抉擇：如果他說可以，他將是在協助條約通過；如果他說不可以，而條約照樣批准了，他的計畫可能會提前結束。

官僚政治真是個齷齪的遊戲，即使好人占上風。而這位主持人也知道，他簡直任我們宰割。最後他回答可以，而我們就帶著文書，勝利的回到 ACDA。

8 月底，條約批准聽證會在參議院對外關係委員會召開，參議員傅爾布萊特（William Fulbright）擔任主席。泰勒在聽證會上滔滔不絕作證反對本條約；我則應邀為正方作證──不是以 ACDA 員工的身分，而是以私人身分代表美國科學家聯合會發言。辛格和傅爾布萊特的委員會成員私交甚篤，因而由他安排邀約人士。辛格認為我是從敵方陣營起義反正，見證效果比一開始就強力支持禁試的其他聯合會頑固份子，要來得強而有力。

我運氣很好，排在閔尼（George Meany）後面發言。閔尼是美國勞工聯盟的主席，代表一千五百萬選民發言。參議員都全神貫注聽閔尼發言，而大部分議員也繼續留下來聽我作證；我代表兩千張選票。閔尼演出不俗，他嚴詞譴責俄國人達十五分鐘之久，竭力痛陳善良誠實的美國勞工，如何鄙視與不信任可恥的共產黨談判代表。然後，一直到演說末了，他說了一針見血的話：誠實的美國勞工也必須為他們的妻子兒女著想，雖然他們不信任，甚至鄙視共產黨，但誠實的美國勞工仍然支持這個條約。

一齣戲演到這裡，下面的人實在很難接；但是我盡量長話短說，參議員還是聽得很專心。我解釋在 ACDA 時學到與蘇聯科學家親身接觸的經驗，用以描述蘇維埃社會的本質；並且針對蘇聯人民如何相信和平共存的道理，如果條約沒有通過將帶給他們如何可

怕的後果等，——陳明。

結束以後，參議員傅爾布萊特問我一個問題：「赫魯雪夫說的『我們要埋葬你』這句話真正的意思是什麼？」我知道他是明知故問。我就說，這句話在俄文裡面是個很常用的片語，意思是「我們會在此慶祝你的喪禮」；簡單說，就是「我們會活得比你久」的意思，並沒有任何謀殺人的惡意。

我有一個夢

那天在參議院作證完畢以後，我放了自己半天假，沒有回到ACDA。我信步從國會大廈走到附近不遠的憲法大道上，那兒另有一群人在寫另一種歷史。

來自全美各地的非裔美國人當時正群聚在大道上遊行，人數約有二十五萬，沒有音樂也沒有用力踱步的聲音。我一直走到大道底，也就是群眾集結的地方，再和他們一起遊行到林肯紀念館。每一組人馬都拿著旗幟寫明他們的來處，偶爾從群眾當中會爆出歡呼聲，特別當他們看到那些問題最為棘手的地區派遣隊伍經過時，如伯明罕、阿拉巴馬，或阿爾巴尼、喬治亞，或愛德華親王郡、維吉尼亞等早期為自由而戰的主要戰場。從大南方來的隊伍非常年輕，都不超過二十歲。北方代表則較年長，許多是夫妻同行，或是由工會選派到華府來的會員。那些日子，由於南方城鎮的非裔同胞正為公民權如火如荼的奮戰，但礙於抗爭風險，有家累的往往不克前來，因此情況最吃緊的幾州，只有年輕人來參加。

大部分從南方戰場來的孩子們，都未曾離開過家園。他們一直是孤軍奮戰，也從未有什麼人為他們歡呼；他們從來不知道有這許

多朋友，他們就這麼唱著自由歌。而北方人則靜靜的聽，當南方青年唱著、跳著的時候，一個個彷彿都臉面放光，眼神閃爍著未來無窮的希望。

　　從兩點到四點，民權運動的領袖輪番上台演說，碩大無朋的林肯像就在他們頭頂背後。只有法莫（James Farmer）沒有上台演講，但是也遠從路易斯安那的監獄中捎來信息。金恩（Martin Luther King）站在台上，彷彿舊約裡的先知一般。我站得離他很近，我也不是唯一聽得滿眶熱淚的人。「我有一個夢！」他一遍又一遍的說，從他口中描繪出和平與公義的遠景。那天晚上，我在家書上寫著「我隨時願意為他下監牢」，當時我並不知道我聽到的正是人類史上最有名的演講之一，只知道這是我聽過極棒的演講。而我也不知道金恩會在五年後遇刺身亡。

　　很難找到兩個人像閔尼和金恩那麼不同，一個是從布隆克斯（Bronx）來的老水電工，一個是來自亞特蘭大的青年先知。但是他們出身的相異點，遠不如他們性格上的相同點來得重要──他們兩人都是硬漢，都成了為百姓申張正義的領袖，都相信未來、也都相信子孫會更好。

　　他們二人，各以自己的方式，扮演使人和睦的使者！

第13章

防禦倫理

　　這個世界，一方面耶穌、甘地和金恩大力提倡和平（非暴力）福音，並且身體力行；另一方面，我們卻在瘋狂的氫彈毀滅與同歸於盡主義下，過著朝不保夕的生活。如果可以選擇，有哪一位神智正常的人會選擇暴力路線呢？

　　我十五歲那年就曾做過這麼一次抉擇，也就是在宇宙合一理論的時代。當時，這個抉擇似乎相當容易，我寧可為甘地捐軀，也不願為邱吉爾打仗。但是那時候開始，事情就不再如此單純了。1940年，法國的通敵者表面上主張非暴力路線，私下卻與希特勒媾和；幾年以後，歐洲的猶太人平靜走向奧茲維茲（Auschwitz）集中營的死地。看到法國的前車之鑑，我決定為英國而戰；看到奧茲維茲的慘劇，劫後餘生的猶太人決定為以色列一戰。

　　非暴力路線常是明智之舉，但並不是永遠如此。用愛與消極去

抵抗某些暴政,是頗有奇效的武器,但也並非一概適用。當部族面臨存亡絕續的關頭時,我們就被迫使用子彈與砲彈來對付威脅部族生存的大敵;若在生死存亡之際,消極抵抗——這個武器可能緩不濟急,也太不切實際。

尋找得以立足的地帶

假設部族不得不允許族人拿起武器自衛,是否同歸於盡主義便較易令人接受呢?同歸於盡的戰略,正是引領美國與蘇聯拚命製造攻擊性核彈、飛彈的罪魁禍首;這些彈藥的數量已足夠摧毀兩國城市和工業好幾遍,而我們還故意找出許多藉口,否定我們回歸以自衛為主要戰略的可能性。

同歸於盡的戰略脫胎自 1930 年代的戰略轟炸理論,雖然在 1939 年至 1945 年對德作戰期間,已證實這是錯誤的;不幸的,卻在對日戰爭當中,獲致夢幻式的成功。同歸於盡的基本論點是:彼此報復勢必帶來毀滅性災難的可怕後果,嚇阻各方不敢輕啟核武大戰的戰端。這個戰略的確可阻止冷靜、理性又能嚴格掌控自身武力的人;但是如果一個人既不冷靜、也不理性,又無法妥當掌控自身武力,那該怎麼辦?那我們只好盡人事而聽天命了。哪天運氣不好,我們的飛彈升空,執行了有史以來最大規模的濫殺無辜……。

我從來不曾接受這個戰略,也永遠不能接受,無論是就倫理或必要的觀點來看。

在非暴力的福音與同歸於盡的戰略之間,應該有一個中間地帶,讓一切理性的人得以安身立命——容許為自衛而殺人,可是禁止漫無目的濫殺無辜的地帶。四十年來,我一直在找尋這樣一個

中間地帶。我不敢說我已經找到，但是我認為，我大概知道它在哪裡。我採取的立場，乃是攻擊與防衛涇渭分明的道德分野，分界線通常眾說紛紜，就算拍板定案仍很容易引起爭議。然而它卻是實際而必要的，至少它的主要訴求很清楚：轟炸機不好，戰鬥機和防空飛彈好；坦克車不好，反坦克飛彈好；潛水艇不好，反潛技術好；核武器不好，雷達和聲納好；洲際飛彈不好，反彈道飛彈系統好……。

上述以道德做為取捨標準的清單，和四十年來主流派政治與戰略思想格格不入。而正因為它與習以為常的教條不符，才能給我們更真實的盼望，盼望可以逃脫我們自己布下的羅網。

攻擊乃最佳防禦？

每一個軍人都會質疑這些道德區分，或許在許多場合，引用那句軍事名言「攻擊乃最佳防禦」，都言之成理：最佳的反坦克武器就是坦克，最佳的反潛武器就是潛艇。

每一種說法都應經過驗證，並就其優劣予以評斷。但是更宏觀來說，倫理的要求與軍事運作的實際，並不必然無法兼容並蓄。攻擊乃最佳防禦的原則，應該是屬於戰術層面而非戰略層面；它適用於營指揮官處理小區域戰役，並不適用於總司令擘畫全盤戰爭大計。錯把這句名言由戰術領域強加在戰略領域，正是拿破崙和希特勒走向敗亡的原因。

所以，在防禦性與攻擊性武器的道德分界下，並不禁止使用坦克與戰機於地區性反攻擊作戰，而是禁止製造專門用於攻擊的坦克與戰機等戰略武力；尤其要禁止的是純粹戰略性的攻擊武器，譬如

洲際飛彈、彈道飛彈潛艇等，因為它們並無明顯可見的真正防衛任務。

以上所述，簡單的說，就是我的道德立場。我相信它並沒有和忠勇愛國、真誠關心如何捍衛國家的專業軍人倫理相牴觸；只可惜，它卻不見容於那些民間科學家與戰略專家——正是他們執迷不悟，將我們帶向同歸於盡之路。這些科學家說服了政治領袖與廣大群眾，相信攻擊性武器的絕對優勢，是不變的科學事實。他們將攻擊優勢聖化為教條，使得一般對科學無知的老百姓根本不敢攖其鋒。他們宣稱，由於攻擊優勢是不容變更的最高指導原則，同歸於盡的戰略乃成為其他諸多沉悶方案中最佳的一個。

其實，他們的教條根本就是錯誤的，說現代武器不可能防禦也並非事實。防衛固然困難、昂貴、煩瑣、複雜、不具戲劇性，也不全然可靠，但絕非毫無希望。如果我們在政治上，下定決心將戰略由攻擊主導轉至防禦主導，重新指揮武器之生產、研究與發展，再配合外交出擊，朝著最終肅清攻擊性武器的目標邁進，並沒有任何物理或化學定律可以阻止我們的行動。我們之所以陷入同歸於盡的泥淖、不能自拔，只是因為我們缺乏意志與道德勇氣而已。

機會一去不復返

為什麼我們的科學戰略專家，如此熱中於攻擊優勢的教條呢？在我這行業裡，知識份子的高傲，就是罪魁禍首。

因為防禦性武器不像氫彈，是從頂尖物理學教授腦中迸發出來的，而是工程師孜孜矻矻在實驗室裡、團隊合作的產物。沒有人會用歐本海默形容氫彈的詞藻來形容反彈道飛彈系統，套句歐本的

話:「防衛,在技術上,並不甘甜。」

　　本來在 1962 年,我們有大好機會可以將我們的處境,輕易切換至防衛戰略,而且比如今再做要單純得多。錯過那次機會真是最可悲的一件事。我如今大聲疾呼的防衛戰略,其實並非創舉,它和我 1962 年在 ACDA 所發現的蘇聯文獻記載相去不遠。如果我們當時就切換過去,也不會逼得蘇聯方面勞師動眾,把雙方都搞得非得切換至攻擊戰略不可。

　　赫魯雪夫當時極力推動反彈道飛彈系統,只部署非常少量的攻擊性洲際飛彈;我們當時機會大好,可以建議赫魯雪夫簽訂雙邊限制攻擊性武器至最低限度的條約,而讓雙方自由部署防衛系統,以便逐步達成肅清雙方攻擊性武力的目標。赫魯雪夫當時在蘇聯防衛性武器優於攻擊性武器的自知之明下,很可能就接受了這番提議——至少我們還可以這樣試一試,如今機會一逝不再回頭。

　　1962 年秋天,我去英國參加普格瓦胥會議(Pugwash meeting)。普格瓦胥會議旨在招聚天下的科學家,友好而不拘形式的討論政治與戰略性事務。有幾位俄國科學家在場,其中有些人熟悉政治,而且與政府關係密切。有一位俄國人雖沒有明說,卻強烈暗示,他回國以後會親自向赫魯雪夫報告大會的結論。他們知道我曾在 ACDA 工作,就誤以為我是個良好管道,可以透過我傳話給美國政府。在私人談話中,他們以焦急的口吻對我說,求我讓美國政府明白情勢的緊急。他們說蘇聯中央很快就要做重大決定,這個決定將使得軍備競賽的控制相形困難許多;他們要我了解,如果要在我們有生之年看到任何有意義的裁軍協議,不趁現在就今生休想了。他們知道蘇聯正要建立的攻擊武力規模之大,很可能許多年後我們才會驚覺,而現在已如箭在弦上了。

很不幸，我沒有機會把這個訊息親自轉達給甘迺迪知道，我只有向 ACDA 的朋友提起，但他們並不當一回事。等我隔年夏天回到 ACDA，我們的心力全被禁止核彈試爆一事占滿而無暇他顧了。

顛顛倒倒的年代

禁試談判可真是要命的打岔，在那段短暫的 KK（Kennedy-Khrushchev，甘迺迪—赫魯雪夫）年代，本來正是政治機會大好、雙方也都有意願採取大刀闊斧裁減核武的年代。然而主其事者卻都過分忙碌於禁試談判；最後，我自己也登上禁試的列車，錯過挽回限武談判、遏止軍備競賽的最佳努力時機。1963 年夏天時的局勢，想要改變歷史巨輪的轉動方向，已經太遲；想到這點，或可稍稍寬慰，反正孤臣無力可回天。往後約十五個月內，甘迺迪被刺身亡，赫魯雪夫被罷黜下台。

在人類、民族所共同生存的現實世界裡，有關武器的最重要問題是「如何使用武器」。武器的使用比生產更重要，生產則比測試更重要。武器的測試對人類事務只有很次要的影響，充其量只是偶爾飄下一些放射塵罷了。果真要規定或廢止大規模毀滅性武器的使用，我們優先關注的順序應該是：使用、生產、測試。在 ACDA、在甘迺迪時代的外交政策，優先次序卻恰好相反。我們僅有的政治資源都花在禁試上面，幾乎沒有人注意到核武如何部署、如何使用。

然而，現實世界中，軍備競賽乃是被戰爭計畫與部署推著跑。我們之所以從未成功控制核武發展的根本原因就在於，我們從未抓到「使用」這個核心問題。1959 年，肯南寫了一篇文章，名為

〈當前國際情勢的反思〉，其中蘊涵的智慧，同時代的作品無出其
右。肯南清楚知道最迫切需要做的是什麼，他也明白我們所見的，
須先革新有關武器使用的觀念，才能進一步找出控制軍備競賽的有
效方法。他花了大半輩子關注蘇聯的官方事務，深知蘇聯社會的複
雜性。甘迺迪卻只派他出使南斯拉夫，未能聽取他對更重大事務的
意見。

　　下面就是肯南文章的重要段落：

　　相信我，這種執著於盲目毀滅、濫殺無辜式的武器心態，已經
充塞了我們的戰略思想，並且逐漸擴散到政治思想；尤其近年來，
已經成為宿命無助、病態固執的代表。在這條路上，根本找不到對
人類實際問題的正面解答⋯⋯。

　　因此，我不禁要問，難道我們還沒受夠嗎？⋯⋯我們要記
得，俄方打一開始就表明，希望全面廢止這類武器，這是有案可查
的⋯⋯。我很納悶，是不是非等到他們先放棄核武之後，我們才願
意有所回應；或者必須等到我方認可的對等監視設施完成之後，才
要有所行動？但是，屆時我們是否就會甘心樂意去做呢？我已經
提過，隨著我們對核武倚賴日深，我們對傳統武器就愈來愈輕忽，
而伴隨傳統武器積弱不振而來的，據我了解，是搶先使用核武的原
則：任何嚴重軍事衝突中，無論核武是否率先用來對付我們，我們
都得使用核武先發制人。這種想法當然是根據一項假設：完全不用
核武，我們就無法把國防搞好。

　　我認為，為了使我們在廢除核武談判立於不敗之地，並可望
完成使命，或者確實建立起一貫的國防策略，首要之務就是：我們
要從先發制人——這種有害、致命的原則中斷奶，救拔出來。意思

再明白不過，就是要大力強化我們的傳統武力，進而呼籲盟邦也跟進。我知道這是個吃力不討好的工作⋯⋯卻是完全在我們能力、資源可及的範圍；所欠缺的只是決心罷了。

「先發制人」至上

1961 年 2 月 4 日，美國科學家聯合會在紐約召開會議。同一天，暴風雪侵襲美東，普林斯頓電力中斷，所以在我冒著暴風雪出席會議之前，和妻子共進了一頓燭光早餐。紐約在積雪盈尺下，看來格外友善而美麗脫俗。這次會議旨在集思廣益，深入探討核武先發制人原則的問題。最後，我們一致通過以下決議：

敦促政府下定決心、公開宣示，美國政府絕不在任何情況下，動用任何形式的核武器，並納入永久政策之中；除非他國先動用核武。敦促美國及其盟邦的戰略計畫與軍事部署，盡快歸向「不率先使用核武」此一最高政策指導原則之下。

據我所知，這項聲明是對肯南訴求的唯一公開回應。第二天，報紙上都是暴風雪的消息，沒有人刊載任何有關「不先動手」的故事。聯合會未能將「不先動手」炒成具有新聞價值的政治議題，廣大群眾對於「不先動手」也沒興趣思考，老百姓壓根兒不願去思考核武使用的實際問題。

我在 ACDA 的那兩個夏天，曾在各種不同場合，試著說服我的上司至少花一點點時間，想一想先發制人策略對限武談判可能產生的影響；但聽到的總是加強語氣的回答——不關我們的事。先發

制人政策當時已深深嵌入北大西洋公約組織盟邦的結構之中，因此是屬於國務院的管轄範圍，而非 ACDA 的權限。我們在 ACDA 的人可惹不起國會大廈的人，有誰膽敢質問政策制定者的智慧？如果我硬要提出質疑先發制人政策的笨拙問題，我最好和 ACDA 畫清界線，在別的地方提出。

對黃種人施以核武？

甘迺迪遇刺身亡後，緊接著是烽火漫天的越戰。先發制人政策變得更加駭人，而且有立即的可能性。那些年間，偶爾會聽到政府官員在會議上談論這個主題。就有一次，官員甲用一種媲美「奇愛博士」一般，毫無想像力的方式，詳細說明美國的先發制人主義。他分給每人一份備忘錄，名為「戰術核武使用的較合理時機」。備忘錄上並沒有蓋「機密」章，在他的合理時機表上第一條是「牽制中國人的侵略，小心避免俄國人意外捲入」。坐在聽眾席上的官員乙搖搖頭，在一張便條紙上潦潦草草的寫了些字，偷偷遞給我：「他要說的其實是，對黃種人施以核武，對白種人以禮相待。哼！」這實在令人不齒。

官員乙是少數幾位在悲慘越戰年間任職國防部，但經常設法為軍事決策注入聖潔公義成分的人之一。這一班人既無力阻止戰爭，也無法改變戰爭的方式；他們所能做的，也的確做到的，只是努力使得已經夠難堪的戰爭，不要雪上加霜而已。

1966 年，另外一次類似的會議上，官員丙說：「我想到一個好主意，或許我們可以心血來潮就丟個核彈，教對方難以捉摸。」聽到這句話，我簡直呆掉了，根本忘記要抗議。官員丙簡直是，不單

對別人的爭議無動於衷，甚至還充耳不聞。我無從確定他說的話是當真或者只是說笑，當時正逢詹森總統故意升高戰事，卻又閉口不透露他意欲何為。所有的可能性，包括詹森是否真採納官員丙的建議，都得認真考慮到。

會議結束後，我向在場的其他三位民間科學家求證，確定官員丙說的是否真的像我聽見的那樣，結果他們也都和我一樣驚詫不已。

我們四個人決定聯手採取行動，並且知道循正式管道抗議官員丙的言論，一定白費力氣。我們的結論是：完成一份詳細的專業研究，揭示丙的建議一旦獲採用後的可能後果。這是唯一可以發揮真正影響力的途徑，這提案也隨即獲得國防部的許可，進行研究。我們賣力工作了三個星期，蒐集越戰雙方軍力部署的情報，分析一旦核武介入衝突的可能結局。整個分析過程，我們故意採用冷酷無情的軍方模式，最後將結論歸納成一份報告，名為〈戰術核武在東南亞〉。分析結果顯示，即便從最狹隘的軍事觀點來看，暫且不管一切政治和倫理的考量，核武的使用都將是可怕的、浩劫性的錯誤。我們把報告呈交贊助者——國防部，之後就如往例一般石沉大海，從此沒再看到了。

莫可奈何的抉擇

我無從知道是否有人閱讀過我們的報告，也無從知道詹森總統是否真會在越南戰場上使用核武，是否真有這種危險存在？我只知道，如果詹森認真考慮動用核武的可能性，而向其軍事參謀徵詢意見時，我們的報告或許可以做為反對陣營的喉舌，加強反對聲浪。

我們所能做的，就是提供些許強有力的軍事事實為佐證，幫助軍事參謀勸告詹森打消此意。我們也的確辦到了，我沒有理由相信這份報告對越南戰情有絲毫的作用，但是對人類命運確實可以見到功效。這個功效比我在 ACDA 做什麼都來得大。

雖然在越南戰局最黑暗的日子裡，國防部並沒有成為一言堂，也從未容不下批評。然而，五角大廈裡的官員，大多數都像官員甲，稍有良心，但沒有想像力；有一些像官員乙，活躍、堅持原則，鍥而不捨的促使國防部做成更神聖的決策；另有一些像官員丙，證明激進學生視五角大廈為戰爭販子的觀感，並非空穴來風。

政策的每日走向，就看甲、乙、丙三方，哪一方占了上風。像我這樣的科學家，或許該從外界多鼓勵乙、貶抑丙，才有可能對決策產生雖細緻、卻不可輕忽的影響力。

民間科學家在技術層面上介入越戰最深、野心最大的計畫，稱為「障壁」（Barrier）。障壁的構想，是運用飛機沿前線空投，布下一道周詳的電子監控系統以及地雷區，目的在防止敵軍由陸路入侵南越。國防部長麥克納瑪拉對障壁計畫反應相當熱烈，認為正好可以取代目前美國地面部隊既昂貴、政治上又不討好的搜索與摧毀作戰（search-and-destroy）方式。

職業軍人的反應就冷淡多了，他們不相信此計能奏效。他們邀我加入障壁計畫，我審慎評估了一下此計策可能帶來的倫理問題。根據我一貫主張防衛戰略為先的原則，理論上，障壁的構想很好；在道德上來說，防禦一條固定前線，對付少數潛入者，總比踐踏蹂躪整個國家來得好。但是就這個案來說，如果人們認為加入越戰從起初就是錯事一樁，只是改變防衛戰略，並不能使它反正。我拒絕和障壁有任何瓜葛，因為它描繪的目標根本就是白日夢。不過我並

不責備我的朋友們，他們一本良知、全心以赴，深信此舉可以挽救許多人命，並緩和戰爭對越南老百姓的衝擊。

障壁計畫最後不了了之，他們白忙一場；不過即使當時真的布置下去，歷史也不會因而改寫的。

自立自衛為久安之母

我相信如果某一個政府或一群人，有意願也有能力自力執行障壁計畫，應該不只有效，道德上也理直氣壯。障壁計畫若是出自於國家與生俱來的自衛本能，就名正言順；但如今由美國技師及空軍來操作這麼複雜的系統，而當地政府與我們既無政治結盟，又沒有自己的軍力可以負責到底，就顯得師出無名了。很不幸，障壁的概念乃是脫胎自無望的掙扎——想把美國介入越戰一事，從無情的失敗中挽回一點顏面。扯上越南，使得原本的美意，蒙上了惡名。

長遠看來，人類社會想在地球上生存，下面兩件事至少要出現一件：一、我們建立某種世界政府，負責軍事武力的獨占事業；二、或是我們成功把世界分為數個穩定的、獨立自主的邦國，各自擁有足夠的武力，但是職責嚴格限制在純為捍衛本土上。站在人道、文化和政治的立場上而言，我衷心期盼第二種形態能夠實現，也幸虧大多數的人都贊成我的期盼。

從有人類歷史以來，大帝國通常合久必分，而世界政府運動又無法吸引廣大群眾的支持。如果我們承認世界政府不合時宜，或是無法達成，則我們軍事與外交努力的目標，應該不求廢除民族主義，反而應把民族主義的力量導入真正的防衛管道。我們應努力奮鬥，以求建立太平祥和的社會、獨立自主的民族；每個國家維持一

支公民自衛隊,像現在的瑞士那樣,不致對鄰邦構成侵略威脅,又可隨時武裝起來,抵抗任何企圖征服他國的狂人、敵軍。

為了長久的穩定,有一點很重要:任何愛好和平的國家,都應具備良好的武裝,組織起嚴密的自衛體系。因為每隔一段時間,總會有一些像希特勒的狂人出來煽動群眾;或者是一些意想不到的科技,像火藥或核武器,發明出來煽風點火。

科技與人性這兩大因素,使得自衛體系長遠來看大有可為。科技因素乃是:小而精巧的防禦性武器發明,性能益發精良,如精確導引的反坦克、防空和反飛彈系統,極適合國界的防衛。1973 年的中東戰爭,這些武器系統可謂初顯身手。展望未來,我們能,只要我們有堅強的意志,就能訂出軍力控制協議,讓科技做出正面貢獻,將國家推向防衛的優勢局面。

至於人性因素何以能有助於自衛觀念的抬頭呢?關鍵在於真正政治獨立的激勵。瑞士、瑞典、以色列,這些國家都是自立自強、不靠盟邦的國家,他們都有非常精銳的部隊。與我走訪過的國家相比較,這些國家實在稀奇可貴——他們的年輕人雖擁有美滿的家庭,卻喜歡當兵,並且不致被視為精神有問題!

限武經典範例

從目前同歸於盡的世界觀,從大型攻擊武器充斥的光景,演化到我夢想中,以瑞士型軍隊有效防衛的中立國世界,可謂前路漫漫。如何才能由此地渡到光明的彼岸,我不知道。我只知道,如果我們還想在地球上生存的話,不管由什麼途徑,我們都必須過到那邊去。如果我們能取得共識,承認目前的光景在人道、倫理上都有

所悖逆，或許我們會發現，通往更美好世界的路，並不盡然像它外表看上去的那般荊棘遍地，遙不可及。

　　個人所能找到引向光明之道的最佳範例，可以回溯到很久以前的一個故事——已經歷一百七十年時空考驗的事例，或可幫助我們看清楚限武談判的哪種特質，可以歷久彌新。所以我要簡單敘述駱煦—巴葛協議（Rush–Bagot agreement）的故事，這項限制海軍武裝船在北美大湖區航行的協議，正式生效於 1817 年，由美國國務卿駱煦（Richard Rush）和英國駐華盛頓公使巴葛爵士（Sir Charles Bagot）代表簽訂。部分條文如下：

　　英王陛下與美國政府，雙方巡行北美大湖區的海軍軍力，從今以後應限制如下：安大略湖上，限一艘，排水量不得超過一百公噸，只准許配備十八磅大砲一門。上湖區（Upper Lakes）限兩艘，排水量及武器限制同上；至於錢普林湖（Lake Champlain）水域，限一艘，排水量限制同上……。

　　1817 年時，大湖區的艦隻都比協議上限還大許多，有些船艦大到連聖羅倫斯河（St. Lawrence River）都開不進來。協議中規定要有實際裁減軍備的行動，這項決議立即落實到雙方，由拆解不合規定的船艦做起。協議的主要目標是要避免衝突發生，以免 1812 年那場已漸漸平息、但未見勝負的戰事又死灰復燃。這個目標倒是達成了；但協議本身完全沒有考慮到科技會創新的問題，沒有任何跡象顯示，駱煦和巴葛爵士曾為了可能禁用十八磅大砲做為海軍永久標準配備而傷過腦筋。

　　協議簽署之後百餘年來，科技革新不斷為履行協議帶來新的

困難。在那些年間，美、加邊境並沒有像後來那樣一直相安無事：1841 年，英國出現兩艘蒸汽快艇，違反了協議規定；1843 年，美國有一艘六百八十五公噸級船艦，攜帶兩門六英寸機槍一別苗頭，火力可不下一門十八磅大砲。雙方你來我往，自 1840 年代以後，兩造就從來沒有什麼時候安安分分遵守過協議規定。

到了十九世紀末，隨著雙方政治關係逐漸解凍，一觸即發的情勢不再，違反的情形也更加明目張膽。而每次只要一方違反協議，對方必定發出強烈的抗議；然而隨著時間慢慢流逝，抗議行動也漸漸淪為公式化，不再聲色俱厲。

到了 1920 年，女王陛下的加拿大海軍，還有一名高階將領寫文章表示：「……這件事很緊急、很重要，我軍應隨時預備攻占美國對岸的聖羅倫斯河……而且加拿大應該事先埋設一批地雷，堵住馬奇諾海峽（Straits of Mackinac）、底特律河……等等。」不過，那個時候除了軍方人員之外，外界已經對這類恫嚇視如無物了。

我又有一個夢

雖然在技術上，雙方都屢次違反駱煦—巴葛協議，可是並沒有摧毀其政治上的效益。在美、加雙方關係最緊張的時期，該協議仍然維持其應有的法律效力，並且在控制緊張情勢的功能上，扮演吃重的角色。雙方的政治領袖都覺得該協議很有用處，常常用它來敉平本國邊界上的挑釁情緒，同時也做為聲討對方好戰姿態的利器。

協議中的技術細節在 1817 年很重要，但是隨著它的年高德劭，重要性也日漸減低。如今，事隔近兩百年，技術犯規仍然層出不窮；協議的法律效力依舊，只是已變成寬宏和平的民俗表徵了。

　　我有一個夢想，再過兩百年，某物理教授回顧美、蘇雙方簽訂禁止部署核武條約的歷史始末時，如果一切順利，他將會為大眾解釋明白，條約本身技術上的瑕疵不是那麼致命；他將解釋條約簽訂後，技術犯規如何層出不窮，超級強權如何在紛擾的二十一世紀前半不守約定；如何技術犯規、惡形惡狀，條約仍然保持其法律效力；又如何經過第一次公開展示日本製的、便宜又有效的非核反彈道飛彈系統之後，戰略攻擊性武器逐漸式微、乏人問津，只剩下極少數目留做紀念。

　　但願我們都像駱煦和巴葛他們一樣聰明，但願一切都順利！

第14章

夏普謀殺案

　　1969 年 4 月 11 日清晨 6 點 23 分，我被一聲轟然巨響驚醒，接著又聽到「救命啊！」的聲音。心想一定是什麼人以每小時一百公里的速度，開車撞上教職員俱樂部。那時，我才發現自己終究是個膽小鬼，不但沒有立刻跑出去救人，反而嚇得渾身發抖，老半天才鎮靜下來。那一刻，我竟然整個人癱瘓掉，也就在這一刻，我們的管理員夏普（Dover Sharp）被炸成重傷，性命垂危。

　　二次大戰期間，甚至終戰後好幾年，我還飽受夢魘之苦。我常夢到飛機從天上掉下來，就掉在我站的位置附近，起火燃燒；我嚇得魂不附體，卻寸步難移，眼睜睜看著飛機裡面的人全身被火燒焦。我掙扎又掙扎，試圖強迫自己挪動身子，直到汗流浹背的驚醒過來，才發現自己仍躺在床上，幾乎要窒息。然而，夏普在聖塔芭芭拉遭謀殺的那個清晨之後，夢魘就再也不曾回來騷擾我了。

我竟獨活

那聲轟然巨響過後許久，我才跑出房間，下了樓梯到教職員俱樂部的中庭，發現並沒有什麼車禍。兩個學生抬著夏普，把他泡進景觀小水池中，夏普衣服上燒著的火這才被撲滅。夏普坐在池水中，看起來還不太糟，只是腿燒得焦了點，同時一隻手正在淌血。我趕緊打電話到醫院的急診處，他們回答我說已經接獲爆炸案的消息，救護車也已上路了。

幾分鐘後，救護車趕到。學生們將夏普抬上擔架，救護車上的人員就把他載走了。接著消防車抵達，消防人員手持滅火器，很快就把餐廳的大火撲滅。當時我們都認為夏普應該沒事了，因為送上救護車的時候，他還和學生們有說有笑；沒想到中午時候，我們卻聽到他因燒傷面積過大，恐怕有生命危險的消息，兩天後宣告不治，病逝醫院。

教職員俱樂部只有六個房間，夏普擔任管理員，住在其中一間；我則因為應邀到聖塔芭芭拉加州大學講學，所以住在另一個房間。除此之外，爆炸案發生時，並沒有其他人住在那棟建築物裡面。

那天早晨，夏普在樓下通往餐廳的門口，發現一只大型紙箱，裡面裝有箱口打開就會立刻引爆的土製炸彈——一瓶裝滿了將近兩公升汽油的酒罐，一節十五公分的高爆性雷管，以及用電池供電的引爆裝置。沒有留下任何線索說明是誰幹的，又為什麼把土製炸彈放在那裡。

偵辦謀殺案的警方傳我去問話，可惜我提供不出什麼有用的線索；他們也沒有問我案發當時為什麼還在房間內逗留，還是學生

大老遠從聖拉菲爾宿舍那邊跑過來救人。對警方來說，那一、兩分鐘的遲延對案子無關宏旨，只是對夏普而言，很可能是生死一線所繫。至於我，人死不能復生，我也無力可回天，還是必須努力面對往後的每一天。

心理學家李夫頓（Robert Lifton）曾經寫過一本書《生命中的死亡》（*Death in Life*），描寫廣島原子彈浩劫後，生還者的感受與心聲。作者是在災後十七年，親自訪問生還者，將訪談內容整理成書。他們的故事有一個共通點，就是罪惡感——充滿眾人皆死，我竟獨活的愧疚。李夫頓引用法國小說家卡繆（Albert Camus），這位在二次世界大戰法國反抗運動中倖存的人說道：

在革命期間，求仁得仁是最好的。因為根據犧牲定律，最後有機會細說從頭的，總是那些怯懦、畏縮的人；其他的人則早已壯烈成仁而無從發言。所以，能夠細說從頭的另一面，就隱喻著你曾是個苟且偷生的叛徒。

湯普森身後留下一本詩集和書信，但是夏普留給我的就只有一個名字——夏普，聊以緬懷。我已忘了他的長相、身高、聲音如何，我也忘了每次我下樓到教職員俱樂部吃早餐時，他用什麼話向我問候。

住在那裡的時候，我幾乎不曾和夏普說過話，我也從來不曾認真去認識他這一個人，我只把他當做好似家具的一部分。這是非常不好的習慣，卻是許多教授的通病——把大樓管理員視為家具的一部分。此一惡習，正是夏普死亡的間接因素。如果我能夠像對待朋友一樣，好好的看待他、認識他，我應當不會在案發當下還在房裡

耽延，而必會義不容辭的奔出救援。

先天下之憂而憂

那年春天，全美國的大學真是一片混亂。在聖塔芭芭拉，一些激進學生在離教職員俱樂部不遠處的學生活動中心，成立了稱為「自由大學」（Free University）的組織。小道消息說，自由大學正在教授游擊戰與自製武器的課程。我又聽一些教授說，教職員俱樂部因為是泥磚式的建築，出入又多是些上流階層人物，正好符合激進學生選擇做為洩憤的最佳目標。

但是等我到自由大學演講防衛倫理時，那裡的學生和外面正規大學的學生看來同樣和善，他們張貼了巨幅海報，上面除了一些有關夏普之死的剪報、說明外，還有用大號字體印的「為什麼？」並沒有任何證據顯示，謀殺案和這群外界眼中的激進學生有所牽連。

夏普死後的第一個星期天，我從教職員俱樂部的房間往外看，天氣晴朗，風和日麗；景觀小水池邊的斑斑血跡及灰塵碎屑都已清洗乾淨。成群的孩子在池邊追逐，打水仗，宛如什麼事都沒發生過；他們的父母則在中庭曬太陽，討論世界局勢。

「駕著馬車，輾過死人的骨頭」──誠如英國詩人布雷克（William Blake）的名言，聽起來不太舒服，可是卻蘊藏深度的智慧。我聽到孩子們快樂的呼叫聲，真希望我自己的孩子也在場。我在想，除了夏普一人，我們都很幸運；因為這次爆炸的只是一枚汽油彈，而不是放射性的鈽元素。下一次恐怕就沒那麼幸運了。於是，我下樓去，也坐在中庭，以便能和孩子們更親近些。

從我在聖地牙哥的紅色小校舍初識邰勒以來，他就一直恐懼

著：萬一核武落入恐怖份子手中該怎麼辦？我們還在獵戶座計畫共
事的那段期間，以及日後偶爾見面的時候，每當他有機會和我私下
交談，他總是拿我做為反射他心中憂慮的共鳴板。十年來，全世界
似乎已沒有人再為核恐怖主義（nuclear terrorism）擔憂之際，他依
然憂心如故。從他在羅沙拉摩斯的經驗中，他比任何人都更深刻體
會到，一旦鈽元素落入歹徒手中，只消幾磅就可輕易毀掉數以千計
的人命，或使得某個城市成為廢墟。他擔心犯罪集團竊取已做好的
武器，又怕他們偷走鈽元素去造自己的武器。早在巴得緬霍夫幫和
赤軍旅*未成氣候之前，他就已萬分憂心國際恐怖組織的橫行了。

　　我算是他少數的幾位知音之一，我們可以促膝長談好幾個鐘
頭，一起檢討問題的細節。討論鈽元素何時何地何法可能遭竊？一
小撮人如何將偷來的鈽，可能在什麼地方用化學處理，做成核彈？
這種核彈可能有何等的威力，可靠度又如何？恐怖份子可能怎樣用
它來達到恐嚇勒索的目的？而法治社會又該如何規範與核能有關的
活動，以防止這些不幸發生？

　　我查閱了一些統計數字，又聽了郝勒的一番話，使我相信、也
可以想像，的確一、兩個人就可以在自家車庫，利用極少量，像羅
沙拉摩斯計畫初次實驗所需的那麼一點點核原料，就可能製造出一
枚核彈。我一邊坐在聖塔芭芭拉那個中庭，看著一群有著古銅色皮
膚的小孩在池中玩水，一邊想起郝勒和他的深謀遠慮。如果那口紙
箱裡有鈽元素，池邊的血漬和灰塵碎屑，恐怕不是那麼快就洗得乾
淨了。

---

　*　編注：巴得緬霍夫幫（Baader-Meinhof gang）和赤軍旅（Red Brigades），是
　　1970年分別於西德與義大利境內成立的極左派恐怖組織。

自古先知多寂寞

邰勒對核恐怖主義的先見之明，使他陷入進退兩難的痛苦中。一方面，他想警告有關當局和安居樂業的民眾問題的嚴重性，促使他們提高警覺，採取簡單而必要的防範，以免鈽元素輕易遭歹徒竊取。另一方面，如果他讓這個問題曝光，吸引了大眾的注意力，無可避免的，也可能提醒了恐怖份子原先想都想不到的犯罪新途徑。他知道，如果他發布警訊的方式太過引人側目，而事後又真的引發核恐怖行動，不論發生在世界哪一個地方，他都會良心不安。不管怎麼做，三緘其口或是勇敢披露，他都須背負沉重而可怕的責任。

邰勒和我就保持沉默或全盤托出，反反覆覆討論了不下一百回，總想不出解決此一進退維谷局面的妙計。於是邰勒沉默了好多年，後來他決定透過私人管道，嘗試說服有關當局，包括美國及外國政府，做好更嚴密的防範措施，以保管好他們的鈽元素。然後，如果這項私下提醒各國政府的努力仍不管用，再來考慮要不要把警訊對外公布。

1963 年，當禁止核試爆條約簽定後，邰勒將獵戶座計畫的技術監督大權，交給他的手下大將南斯（Jim Nance）。南斯也欣然接下這舵手的位子，賣力把這艘將沉的船，蕩完最後的兩個風燭殘年。邰勒則開始他人生的另一階段，擔任國防原子支援署（Defense Atomic Support Agency）的副署長；這個署是美國國防部底下的分支機構，直接負責管轄核武器的庫存。在那個崗位上，他擁有絕佳的機會可以了解美國政府處理鈽的方式，並發掘可能遭竊賊入侵的死角與弱點；他也有機會和原子能委員會的高層長官，以及國會裡的重要人物私下接觸、談話。他和這些人晤談時，極力給他們時機

緊迫的印象，促使他們趕緊亡羊補牢，堵住破口。

　　邰勒把自己默默蒐集發掘歷史案例、鈽元素裝運、儲存方式太過草率的情形，據實以告。然而他的心血，差不多都徒勞無功，原因有二：第一、有關當局的手下專家們說，沒有人能夠像邰勒說的那樣，輕易的就能自製核彈；第二、制定統一標準來保護鈽元素，將會面臨複雜的管轄權隸屬問題——軍方的、地方政府的，與工業用的鈽，目前分屬三個不同職司，誰都無權訂定涵蓋三方的管理標準。

　　經過一段時間，邰勒獲致結論，在內部默默奮鬥是不可能說服政府當局採取有效行動的；甚至連說服他們，使其體認到自己手上有棘手問題的可能性，都很渺茫。

歷史又將重演

　　雖然邰勒嘗試警告美國政府的努力，無法奏效，但是他還不打算冒險躁進，將真相公諸於世。他決定在私下遊說的功夫上，再做一次出擊——這次將晉升到國際層面。聯合國的國際原子能總署（IAEA），總部設在維也納，負責建立民間核能活動安全防護的國際標準及規則。IAEA 的管制標準稱不上嚴格，也尚未被普遍採納，但至少代表國際間的努力，企圖阻止核武技術的擴散。因此，邰勒辭去美國政府的工作，帶著妻子和五個子女，舉家搬到維也納定居。他和 IAEA 並無正式聯繫，財力上也沒有保障，只是單純的、孤注一擲的駐留在維也納，等待機會來臨，直到盤纏用盡。

　　邰勒在維也納待了兩年，和許多 IAEA 的技術幕僚建立了穩固的友誼。他和來自印度、俄羅斯、南斯拉夫和西歐各國的人員廣泛

接觸，並說服其中許多人，重視加強防範核料竊案。那些技術人員也很清楚，IAEA 標準還有許多漏洞。只是到了與 IAEA 高層行政人員接觸時，就沒有那麼順利了。行政人員告訴他，IAEA 若沒有各會員國的核准，不能擅自行動；而目前各國政府並不作興賦予IAEA 比現有權力更高的政治裁量權。

邰勒悻悻然回美國，覺得維也納之行算是鎩羽而歸。IAEA 和美國政府沒什麼兩樣，似乎不願意正視這個問題，也不願驟然採取任何政治上吃力不討好的行動。不過，他在維也納的日子其實並沒有白費，他在那兒廣結善緣，日後證實對他有無比的助力。

夏普謀殺案發生在邰勒自維也納返美後幾個月，他來到聖塔芭芭拉和我共度了一天。我們兩人正好都心情沮喪，同病相憐。我為夏普哀悼，邰勒則覺得他花了四年最寶貴的時光在華府、維也納，為核料安全防護請命，卻不見明顯的效果。我們環顧周遭的世界，暴力事件層出不窮，恐怖事件更是時有所聞，且愈演愈烈。我們很洩氣的承認，這個世界畢竟太過愚蠢，不知道記取教訓、防微杜漸；似乎注定早晚要遇到更大的災難——一齣毫無意義的暴力事件，和聖塔芭芭拉這件一樣，但規模卻是核彈級的！

昭告天下

然而，邰勒仍鍥而不舍的再度投身護衛美國核料安全的行動。這次是透過福特基金會的贊助，和韋立曲（Mason Willrich）攜手合作，針對核料竊案進行徹底研究。韋立曲是我在 ACDA 任職時的同事，他的本行是律師。在處理核料安全護衛的事情上，法律的技術面和核物理同等重要，不容偏廢。韋立曲和邰勒可說是最

佳拍檔，他們共同撰寫了一本書《核料竊案：危險與安全護衛》（*Nuclear Theft: Risks and Safeguards*），1974 年福特基金會出版。

　　當他們著手寫福特基金會那本書時，邰勒已下決心把他所見所聞公諸大眾。《核料竊案》一書公開詳述核恐怖主義的危險，他希望本書刻意平鋪直敘的低調寫作方式，可以減低歹徒從中尋找犯罪暗示的可能性；他希望這份公開警訊盡可能不要太過聳動。

　　然而，人算不如天算，有一天，韋立曲和作家米克非打網球的時候，事情的發展出現截然不同的軌跡。米克非當時正在為他下一期《紐約客》雜誌系列專題「逍遙記者」，尋找適當的主題。韋立曲隨口說：「核恐怖主義怎麼樣？」就這樣，觸動了米克非的靈感，寫成一長篇連載的邰勒素描。後來更集結成書，書名叫《束縛能的曲線》（*The Curve of Binding Energy*）。在燙金的書皮上，出版社加了一行副標題「穿越邰勒驚奇告警的世界」。

　　米克非從起初就知道他的書必會震撼人心，他存心嚇嚇大家。而他的確劍及屨及，以一貫嚴密、精確的風格，巨細靡遺的說出，恐怖份子其實很輕易就可造出核彈。他先和邰勒徹夜長談，也和韋立曲與我深入討論。米克非和邰勒再度面對，先前邰勒與我在聖地牙哥討論過無數次相同的進退維谷處境，我們真的敢於承擔將真相公諸大眾後的道義責任嗎？我們舊話重提，又是唇槍舌戰一番，最後米克非說：「看哪！不管我們怎麼做，這些東西鐵定無法再隱瞞多久，與其坐待二手消息傳播出來混淆視聽，倒不如從你這裡先行公布第一手準確可靠的資訊讓大家知道。」於是，邰勒同意對米克非知無不言、言無不盡；米克非則負責將邰勒的話，以最富衝擊性的方式表達出來。

喚醒大眾

米克非的書捷足先登，比福特基金會的書早一年問世。他的書使郇勒聲名大噪，更重要的，它等於為福特基金會的書預先鋪路，並開發了不少讀者。如果沒有米克非，韋立曲和郇勒恐怕也吸引不了什麼關愛的眼神。米克非出現的正是時候，大眾熱烈回應他的警訊；恐怖份子則沒有動靜，至少當時還沒有。

《核料竊案》一書相當學院派，涵蓋範圍既深又廣且細，法律方面、技術方面皆然；而這些觀點已先透過米克非生動的筆觸，激起讀者大眾廣泛的討論。令人印象深刻的是，一本書只要寫得條理清晰、立論客觀，並且不故意粉飾太平或誇大危險性，它的影響力真可謂無遠弗屆——不只在美國一地，更遍及全世界。

韋立曲和郇勒改變了政府對核武擴散的觀感；十年來一直被視為乖僻的郇勒，一夕之間身價暴漲。國會邀他作證，外國政府請他當顧問，邀約不斷。每一個政治團體都推崇他，認為他最有資格提供實際可行的方法，以加強他們的核安護衛。這一切的進展雖遲，總算略有所成。核料竊取已不像以前那般輕而易舉；只是，不可避免的，尚未盡善盡美。

韋立曲和郇勒成功的提供了實際的資訊，做為核料安全護衛的政治討論基礎。他們的主要結論，也沒有受到擁核或反核集團的挑釁，反而因為本書的問世，正反雙方在討論防制核料遭竊的主題時，都能找到理性的論點。雙方或多或少也都同意報導的真相，而能夠心平氣和研商補救之道。很可惜，在另外兩個爭議性的話題——核反應爐事故與核廢料傾倒的事情上，缺乏一本同等客觀的書。

在意外事故和廢料處理的爭論不休當中，像韋立曲與邰勒這樣就事論事，可令雙方認可的報導，既然付諸闕如，就不免落入辯證矯詞到處充斥，理性論述卻乏善可陳的窘境。

菲利浦斯核彈

1976 年，ACDA 出身的費文森（Harold Feiveson）在普林斯頓大學開授「公共事務 452」的課，主題是「核武器、策略及軍備管制」。班上有十二位大學部學生：十位主修政治，兩位主修物理，其中有一位物理系學生名叫菲利浦斯（John Phillips）。這門課是非正式的，學生必須廣泛閱讀軍備管制方面的文獻，並且自選題目寫報告。

課堂上，他們輪流上台報告自己所寫的內容，並且和費文森及其他同學就此題目展開討論。費文森邀請我列席這門討論課，我欣然接受。看著學生們的知識與體會一週一週的進步，真令人興奮。我閱讀學生繳來的報告，也參與他們的討論。課程的最後兩週，學生分成兩組，一組代表美國，一組代表蘇聯，進行限武談判。我很驚奇他們竟能把角色拿捏得那麼恰到好處，蘇聯隊變得就像真正的蘇聯外交官，熱切捍衛了蘇聯的國家安全和利益。

米克非的書、韋立曲和邰勒的書，都在指定閱讀的書單之列。到了選擇期末報告的題目時，菲利浦斯說他想寫一篇有關核恐怖主義的文章。他認為，身為物理系學生，他最有資格對邰勒的想法仔細驗證。他想親自動手試試看，是不是真如邰勒所說，恐怖份子只要有心要幹，只消偷來少許鈽元素即可做成一枚原子彈。

他請我擔任指導教授，我同意指導他，但明白告訴他，我不會

給予任何技術細節上的協助。我批准了他的計畫，因為它相當符合研討課程的總體目標。他的題目旨在教育班上其他學生，認識核料安全護衛問題的嚴重性。我們在課堂上曾討論過核恐怖主義，但是其他學生由於科學背景不夠，無法自行判斷恐怖份子自製核彈是否真有可能，或者只是危言聳聽；菲利浦斯就是要來幫助他們判斷。我開了一些在普大圖書館可以找到的書單給他，並且和他談了兩次大略的工作計畫。除此之外，他完全是獨立作業。

六個星期以後，菲利浦斯上台報告。我對他所做的大吃一驚，他不只是將此問題視為作業而已，還自動自發向外界尋求印證。他跑到華府調出已經解密的羅沙拉摩斯報告，資訊遠比我開給他的推薦書單要豐富得多。他曾拿起電話，打到羅沙拉摩斯當初製造原子彈的工廠，詢問爆炸組的負責人，諸如此類……他每問一個單位，人們總是很合作的傾囊相授。

班上同學聽他訴說這般尋幽訪勝的故事，都聽得目瞪口呆。報告結束後，他們的反應可以用政治系費爾茲的悄悄話做代表：「菲利浦斯，恐怕我們必須把你關起來！」

菲利浦斯的書面報告分成兩部分，前半段彙整出他所查詢到的資訊，並說明他如何獲得；後半段是核彈設計的草圖，以解釋其操作原理。第二部分也沒有特別驚人之處；他很快就融會貫通震波力學的原理，可是他的核彈草圖實在也太草率了，如果就這張草圖詢問「它真的會爆炸嗎？」其實沒有什麼意義。

對我來說，出人意表也駭人聽聞的是前半段，以他這樣二十歲的小夥子，竟然有本事蒐集到這麼多資訊，時間這麼短，又似乎毫不費勁；想到此直叫我不寒而慄。從頭到尾讀完報告之後，我給了他 A 的成績，並吩咐他把報告燒掉。6 月的學期結束，這份報告並

沒有引起外界注意，我才鬆了一口氣。

　　同年 10 月，一團公眾風暴，迅雷不及掩耳的集結到我們頭上，不過倒不是菲利浦斯的錯。事情的原委乃是一位當時在《特倫頓時報》（*Trenton Times*）打工的學生，有一天和另一位曾經修了那門「公共事務 452」的學生閒聊；不到幾天，誇大其詞報導菲利浦斯核彈的新聞，就出現在全世界各大報章雜誌上。從費城到約翰尼斯堡各城的週日號外上，菲利浦斯的正面照片都出現在頭版上；甚至連一向作風謹慎、穩重的《紐約時報》，頭條新聞都寫著：「各國媒體爭相報導普大四年級學生及其設計的原子彈」。

　　菲利浦斯在處理這件事上，表現了高度的責任感。剛開始他拒絕上電視，後來事情似乎鬧得不可開交，菲利浦斯才同意上電視向大眾解釋核料竊案的危險性。他像個天才演員，享受電視表演所帶來的名聲及各方的讚賞；甚至欣然接受邀請，赴巴黎與法國政界及工業界官員代表，在全國性的法國電視上辯論核武擴散的問題。

　　但是他並沒有因此而沖昏了頭，成為世界名人；對他而言，只不過是教育的另一部分罷了。

集體病態摯愛

　　至於我本人，同時有兩番滋味在心頭。一方面享受著當公眾人物的名聲；尤其看到菲利浦斯在電視上，如何不著痕跡的將「公共事務 452」課程上所學到的功課，活生生傳達給觀眾時，心中的喜樂實在很難形容。另一方面，看到傳播媒體一旦咬上菲利浦斯的故事便罔顧事實真相，竭盡剝削、唯利是圖之能事，更毫不考慮大眾的安危，心中卻也充滿了害怕與嫌惡。他們一直強調菲利浦斯的青

春、魅力，以及一夜成名、身價暴漲的故事。傳達給觀眾的訊息彷彿是說：「你只要如法炮製，在自家後院搞個原子彈，馬上也可成名，可以致富。」菲利浦斯自己也被這種不負責任又煽情的報導所震驚。

這種報導形態，正是大眾賦予暴力、恐怖事件錯誤殊榮的同一類病態宣傳，也正是邰勒最害怕見到，以致於猶豫多年、遲遲不敢將核恐怖主義的警訊公諸於世的原因。

1976 年秋天，連續好幾個星期，我的電話一直響個不停。報章雜誌、電視新聞記者追著我採訪菲利浦斯的故事。我被逼得開始痛恨這些人，以及背後那種對核彈與恐怖份子的病態著迷。後來，等到風暴平息以後，我開始注意到，媒體這種對暴力行為的「病態摯愛」，並不全是媒體本身的錯。在追逐菲利浦斯核彈及血腥恐怖新聞的背後，只是反映了整個社會的病態嗜好——對暴力的迷戀，隱隱藏在每個人內心深處的角落。就人心而言，比起古羅馬時代，湧進圓形競技場觀賞鬥劍士彼此砍殺、砍得血肉模糊的群眾，我們也不見得文明多少。

不知道是福是禍，邰勒對核恐怖主義的警訊，總算以婦孺皆解的語言，傳播到全世界。雖然沒見過恐怖組織或什麼喪心病狂的人，手持核武威脅眾人，我們卻不敢得意。我們這些所謂的成人，充其量不過是個頭較大的孩子，依舊喜歡玩些危險的玩具。

謀殺夏普的元凶，其實還在我們身邊逍遙法外！

第15章

妖獸出沒的島嶼

　　物種具有會「演變」（mutability）的特性，是十九世紀生物學上的重大發現，達爾文主張所有物種，包括人類在內，都會與時推移的發生改變。達爾文深知他這項發現會給正直、有天良的人帶來何等的苦惱，因此延緩了二十年才發表。

　　他無意強調物種演變的想法與平常百姓的價值、觀感之間的衝突；這一衝突之深，最早見於英國小說家威爾斯（H. G. Wells）所寫的兩部以死亡組曲為題的科幻小說：《時光機器》與《妖獸出沒的島嶼》（*The Island of Doctor Moreau*）。威爾斯算得上是天才作家，碰巧又是訓練有素的生物學家，他比我們更了解個別人類的天性。然而威爾斯也從未忘情自己的生物背景、人類這個物種起源的未定，他仍執著於摸索前進，甚至摸進更幽暗未定的前程。

　　《妖獸出沒的島嶼》發表於 1896 年，就在《時光機器》一書使

其聲譽鵲起之際，乘勝追擊。兩部書所寫的故事，都與當時盛行的維多利亞末期樂觀主義反其道而行。但是後來當悲觀主義興起，威爾斯反倒成了樂觀主義者。威爾斯總是喜歡標新立異，獨樹一幟。當代風潮對威爾斯的作品先是喝采，後是拒斥；但是風潮過後許久，《妖獸出沒的島嶼》仍是屹立不搖的經典之作——島上的野獸被瘋狂生理學家莫洛博士切削雕琢成人類的外觀，就題材而言，正是科幻恐怖作品歷久不衰的夢魘。

我是不是人？

莫洛博士不僅將野獸抓來，用整型外科手術雕塑成人類的外貌，還將他訂下的法律一遍又一遍的強灌輸到牠們心中，使其符合人類的行為模式。牠們被集中在骯髒的獸檻，齊聲背誦：

> 不可用四條腿走路，這是法律。
>
> 我們不是人嗎？
>
> 不可用舌頭舔水喝，這是法律。
>
> 我們不是人嗎？
>
> 不可吃生肉或生魚，這是法律。
>
> 我們不是人嗎？
>
> 不可爬樹或抓樹皮，這是法律。
>
> 我們不是人嗎？
>
> 不可追逐其他人類，這是法律。
>
> 我們不是人嗎？

　　但這還不是最糟的，背完律法之後，還要唱詩讚美牠們的造物主：

　　他是痛苦的房庫，

　　他的手創造萬物，

　　他的手割開皮肉，

　　他的手包紮傷口，

　　他是耀眼的閃電，

　　他是深湛的鹽海，

　　他是天上的星辰……。

　　威爾斯用這首讚美詩，提出贊同科學進度的信徒終須面對的問題：人能否扮演上帝一職，還保持自己的理智？

　　威爾斯並未正面清楚的提出或回答這個問題。首先，他是小說家，不是哲學家；所以他讓故事來代他發問，而莫洛博士這個角色，則斬釘截鐵的訴說著「不行」二字。

　　威爾斯書中的主角逃出那恐怖島後，像《小人國遊記》中的格列佛一樣，先前的歷險夢魘還時常回來騷擾他，以致和他的人類同胞顯得格格不入。

　　至今雖然已經過了好多年，但是永無止息的恐懼已深植我心。這種不止息的恐懼，可能就像半馴服的小獅子所感受的。它出現的方式也很詭異，我無法使自己相信周遭的男男女女，不是另一頭勉強算人、卻不是人的獸人——只有人的外觀，卻可能馬上露出原形，先是這個獸徵，然後又是另外一個……。我自己似乎也不是

個理性的生物，只是一頭腦子受到某種神奇性紊亂所宰制折磨的動物；就像一隻遭棍擊的羔羊，離群晃盪，獨自徘徊。

我們用這段文字來神遊威爾斯的寫作風格，並表達每一個人面對現代生物學時，立即會聯想到的憂慮。生物學演進，尤其是物種會演變的概念，具有剝奪人類兩大精神柱石之虞。我們維持理智清醒的兩大柱石，一是對「人類是獨一無二物種」的認知，另一是我們彼此間情同手足的認知。如果有人造訪莫洛博士的島，失去了這兩大柱石，他就無法再確知自己是哪一種生物了。

人能否扮演上帝

從 1896 年迄今，科學發展一日千里，威爾斯做夢也想不到，我們已經了解生物繁衍的密碼和指令——去氧核醣核酸（DNA）分子。我們的了解雖仍屬片段而零碎，但是要不了幾十年，頂多再一世紀，我們即可譯解 DNA 語言的全部細節。不久的將來，我們不但能了解該語言的字母和單詞，而且，也能知曉語法與片語、段落，甚至全盤的結構形式。我們得以明白幾個 DNA 分子，如何吩咐受精卵分裂、發育成為一個人類。到那個地步，威爾斯的夢魘必將再度回來攪擾我們。

當我們學會生命複製的細節，我們自然也會學習如何去寫它。任何人只要學會撰寫此語言，終有一天，他就能隨自己興之所至，設計出一種新生物——上帝創造萬物的技術即落入手。屆時，我們看到的將不是十九世紀莫洛博士操弄極其原始的手術刀，而是二十一世紀搞怪的年輕生物學家，坐在電腦前面撰寫基因指令，創造

新的動物或是半人半獸的新物種。那時，威爾斯的問題就無法逃避了，那已不是科幻小說，而是得由活生生的人和政府來回答。

　　人能否扮演上帝，而仍維持理智呢？在現實世界也好，在莫洛博士的島也罷，答案無可避免，必然是「不行！」

　　威爾斯預先看清人類理智與生存的長遠威脅，來自生物學而不是物理學，算是頗有先見之明。氫彈能夠輕易摧毀我們的文明，但很難將我們這個物種斬草除根。相較之下，氫彈還是小問題，更大的浩劫將是，故意扭曲或截斷人類的基因……核武大戰還不是想像得到最悲慘的事，莫洛博士的島更可怕！

小心理性至上的狂人

　　威爾斯之後，另一位定睛於未來、預想事態演變的生物學家，是英國遺傳學家霍登（J. B. S. Haldane）。霍登於 1924 年出了一本小冊子《狄德勒斯，或科學與未來》（*Daedalus, or Science and the Future*）。就許多方面而言，這本小書是有史以來，關於生物學進展與人類結局方面，寫得最好的一本書。霍登寫作格調看似雲淡風輕，但是結論的強烈震撼力，比起威爾斯卻不遑多讓。幾年之後，阿道斯・赫胥黎（Aldous Leonard Huxley）寫作《美麗新世界》的大部分生物發明背景，多是取材自霍登的《狄德勒斯》。

　　霍登所看見的未來異象，例如普遍的避孕、試管嬰兒、精神藥劑的自由使用，在阿道斯・赫胥黎生動的編劇下，串成二十世紀的流行文化。阿道斯・赫胥黎在霍登的藍圖上，又加上一筆後現代的變態扭曲，即藉由無性生殖，製造出大批完全相同的人類。但本質上，阿道斯・赫胥黎的《美麗新世界》只是《妖獸出沒的島嶼》的

擴充版，再補上現代科技的新素材而已——藥物取代皮鞭，基因程式取代了外科手術。阿道斯‧赫胥黎的男主角和威爾斯筆下的男主角一樣是自然人；當《美麗新世界》的主角，發現他努力想要建立人際關係的對象，竟然不是真正的人類時，竟至茫然不知所措。

對於具有真正人類性情的人，阿道斯‧赫胥黎筆下合成的快樂世界，與威爾斯筆下悲哀、墮落的小島，同樣令人覺得蒼白而疏離。

霍登不只在威爾斯的惡夢上加進複雜的技術，他還提出科學家性格的新異象。威爾斯筆下的莫洛博士是簡單型的病態性格：一個學識豐富的人，因野心受挫而發瘋。霍登則選擇狄德勒斯為實驗生物學家的原型——根據希臘神話傳說，狄德勒斯曾成功的使女人與公牛交配，而生下人身牛頭的怪物。

物理或化學上的發明家，都是普羅米修斯*。從火到飛行，沒有一項偉大發明，不被視為對某種神祉的侮辱。但如果說物理、化學上的發明是褻瀆神明，則每一項生物科技上的發明，即是一種錯亂與墮落。我想，對普羅米修斯情感上的偏愛與感激，大大轉移了人們對另一更有意思的人物——狄德勒斯的注意。

狄德勒斯是第一位與神明無涉的科學工作者，早期希臘人未加批判的專注於這位異人，在猶顯得晦暗的米諾恩文明†科學中，想必他們對此事實也了然於胸。人類的軼聞傳說中，最可怕、最不人

---

* 譯注：普羅米修斯（Prometheus）在希臘神話中，由天庭盜火給人類，而被天神宙斯綑綁在高加索山岩上，讓老鷹啄食他。
† 編注：米諾恩文明（Minoan），於克里特島發展出的古希臘文明。

道的舉動，在那個世界中，都不致遭到懲罰。蘇格拉底甚至大言不慚的說他是鼻祖……。

現階段，我們對生物學的了解幾近完全無知；而生物學家往往忽略此一事實，以致對這門科學當前地位的評估，過於冒昧與僭越，對它未來的潛力又過分謙虛。保守主義者毋庸擔心那些理性已淪為感情奴僕的人，但是他最好小心那些理性凌駕一切，而蛻變成可怕狂熱的人──他們是沒落帝國和舊文明的終結者、懷疑者、分裂者、弒神者……我倒不是說，生物學家按照常理，應當嘗試對其專業領域於未來的應用詳細設想；他們並不認為自己是不祥的人或革命烈士，他們沒有時間做夢。只是我懷疑他們多半寧願做夢也不願承認這一點。

未來的科學工作者，一旦發現自己從事的乃是可怕的死亡任務，並且還引以為傲的時候，就愈來愈像那位孤獨的狄德勒斯。

> 黑色的長袍從頭到腳，
> 袍裡的軀體雪白溫暖。
> 平靜的血脈裡暢流著，
> 饑餓，乾渴與性慾。
> 當他策馬馳騁，
> 眼中閃動著小小火焰──
> 猶如他所由生的第一個細胞，
> 冉冉燒起，綻放光芒，
> 口唱我的弒神之歌！

受邪靈統馭

霍登顯然幻想自己是文藝復興人士、古典學者、詩人兼生物學家。他筆下的狄德勒斯，宛如歌德筆下的浮士德一樣鮮明。但是這些詩情畫意和現實又有何干呢？我們的生物學教授現今仍口唱弒神之歌，馳騁在實驗室嗎？當然沒有，至少按字面解釋是沒有。在外表上，生物學教授不像狄德勒斯，就和物理學教授不像浮士德一樣。

然而，深一層而言，傳說也有幾分真實：不屈不撓，一心一意想在地上燃起熱核火苗的泰勒，最後仍跟隨了浮士德的腳步；達爾文悄悄累積一件又一件的事實，直到他足以徹底揚棄維多利亞式虔誠的安逸世界為止，他顯然是個和狄德勒斯同樣不可寬宥的弒神者。現代分子生物學家努力學習讀寫基因語言，到頭來，不論他們無心或有意，終將粉碎原本舒適的世界。這舒適的世界，物種之間是嚴守分際、各從其類的，人與非人之間有著深淵阻隔，秩序井然。現代分子生物學家，顯然都受無形的狄德勒斯之靈統馭而不自知。

從威爾斯和霍登身上，我們學到了兩個功課：一、人不能扮演上帝而不失去理智；二、生物學的發展，無可避免把扮演上帝的權能，放在人手中。但是從這兩件事看來，並不表示我們全然無望。我們仍然可以選擇主宰自己的命運，否定人類有權扮演上帝，並不等於禁止實驗探索，只是必須制定嚴格的法律，使人類的知識受到大眾的管束，不致遭到濫用。這類法律在許多國家早已行之有年，如限制危險醫療程序、藥品、爆炸物之使用。將來，我們必須獲致合理的政治共識，允許生物學家自由探索充滿生趣的基因工程，另

一方面則嚴格限制任何人擅自撰寫新物種程式，以免一發不可收拾，擾亂了大自然的和諧與社會的平衡。這種政治協議應該也不難維持，生物學家已經跨出正確的起步。

通過第一次試煉

　　生物學家在處理生物武器的問題上，顯現了超凡的智慧。他們的智慧，已經使得尋找規範濫用生物學知識的政治解決之道，機會大大提高。阿道斯・赫胥黎在《美麗新世界》書中提及，在建立世界大主宰的仁政專制之前，先投下炭疽彈，使全人類在九年戰爭中全部消滅淨盡。炭疽彈是有可能現身的，它很容易製造，成本又低，而且對沒有事前充分防備的人口，具有極大的殺傷力。炭疽彈最討厭的地方在於，炭疽菌會以孢子型態存活多年仍具有傳染力。生物武器的設計者，一般都比較喜歡用其他種的病菌，威力和炭疽相當，但不會那麼持久。一旦這些武器大規模投入戰場，所造成的人類死亡悲劇，絕不下於氫彈大戰。

　　國際生物學界永遠值得紀念的功績，就是絕大多數的生物學家，從未推動過生物武器的發展；甚至，他們還說服那些已經正式開始規劃生物武器研製的國家，全面放棄並銷毀庫存的生物武器。若要衡量生物學家此一貢獻的偉大，我們只消想一想，如果物理學家帶頭拒絕發展核武，然後又說服他們的政府銷毀庫存核武，如今的世界該有多好。在科學文明史上，生物學家可不像物理學家，他們已以乾淨的雙手，通過歷史審判台的第一次考驗。

　　在廢除生物武器的貢獻上厥功至偉的，首推哈佛的生物學教授梅索森（Matthew Meselson）。他同我一樣，於 1963 年夏天來到

ACDA，尋找為世界略盡心力的機會。但他不像我，他沒有讓自己被禁試談判的激情分心，從一而終的固守在關注生物武器發展的本分上。

梅索森剛到 ACDA 時，對生物武器所知不多。和其他學術界一樣，他與封閉的軍事世界毫無聯繫，更不知道有人在裡面計畫發展與使用生物武器。透過 ACDA，他對那個封閉世界才有點接觸。梅索森開始與專職生物作戰的軍方官員晤談，閱讀他們的著作，並在生物藥劑與分配系統的世界中穿梭。所見所聞，令他大感震驚。

生物武器無用論

梅索森在 ACDA 的那個夏天，最驚人的發現是《戰地手冊3-10》。那是一本分發給各戰鬥單位的小冊子，指導軍士們生物作戰的各樣細節。裡頭展示一系列的插圖，說明在特定區域、特定狀況、白天或晚上、各種地勢及各種目標下，一架飛機應該投下多少生物藥劑彈。文句的寫法和挖掘戰地廁所那種一個口令、一個動作的說明方式，沒什麼兩樣，而且小冊子也沒有打上機密等級。1963年，《戰地手冊3-10》廣泛分發到美國各軍事單位，外國情報單位也很容易取得。它所承載的信息再清楚不過，外國軍事將領若看到這本小冊子，即可推知美國必然已配備生物武器，隨時準備打一場生物戰；並且也獲得啟示：現代軍隊理當如此訓練，任何想要迎頭趕上的國家，自然必須擁有自己的生物藥劑和小型彈頭。

梅索森讀過《戰地手冊3-10》以後，誓言和這件荒唐的舉措周旋到底，不將它斬草除根絕不中輟。他不眠不休的工作，同時透過公開與私下管道，揭發美國這個生物戰的白痴政策。他的論點

概括有三點：第一、生物武器極其危險，因為它會給弱小貧窮的國家、甚至一小撮恐怖份子放手一搏的機會，讓他們對像美國這樣幅員遼闊的國家，帶來巨大而深廣的損害。第二、其他國家要取得並使用生物武器的危險企圖，正是我們發展試劑及進行像《戰地手冊3-10》這類宣傳，所促成、升高的。第三、生物武器非常不可靠，因此並不適合美國用來遂行任何軍事任務，甚至做為國人遭受生物武器攻擊後的報復工具，也極不適宜。

梅索森發現要說服軍事與政治領袖同意第一、第二點並不難，難的是第三點。美國真的有必要保有生物武器嗎？這一點，在負責生物戰的將領和其他軍系之間，存有嚴重的歧見。生物戰將領衷心相信，唯有我們手上握有生物武器，才能嚇阻其他人先發制人使用生物武器。

梅索森得告訴他們，這種揚言報復的效用，其實只是建立在幻想上。梅索森出現在國會前面，就此計畫和他們辯論。他以緩和有禮的口氣問道：「各位將軍，我們想要知道，假使美國遭到生物武器攻擊，而總統也下令反擊時，你會採取什麼行動？你要如何使用你的武器？用在哪裡？對誰用？」那些將軍沒有一人能清楚的回答。事實上，這些問題根本無解。生物武器太不保險，它的效用既難預測又無法控制，一位負責任的軍人，在另有選擇時，是不會輕言使用的。至於要報復敵人惡意的生物武器攻擊，已經有核武可以優先使用。

聽了梅索森的發問和將領們的回答後，國會議員信服了第三個論點。即使以最狹隘的軍事眼光來看，我們的生物武器政策也是毫無意義的。

自廢武功

　　1968 年，梅索森獲得了絕佳的機會。在哈佛任教多年，辦公室就在梅氏實驗室隔壁的季辛吉（Henry Kissinger）也呼應梅索森的訴求，投入反生物武器的運動。那一年，季辛吉成了尼克森總統的陣前大將，梅索森即敦促季辛吉加緊腳步。

　　生物武器是尼克森可以下令片面停止發展，以避免軍備競賽的一環，何況又保證可獲得國會的支持。於是季辛吉會同國家安全委員會的幕僚，向尼克森簡報生物武器案的贊成與反對論點。到了 1969 年 11 月，尼克森就任不到一年，就毅然宣布美國片面放棄一切生武發展，銷毀現有生物武器庫存，並將生物作戰實驗室改組，進行醫學研究計畫。這段日子是尼克森的黃金歲月。片面裁軍的確稱得上是一大壯舉，這項具有歷史意義及政治家風範的舉動，幸運的在水門事件鬧得滿城風雨之前，即畫上漂亮的句點。

　　當時許多官員都說：「我們是應該盡全力廢除生武，但是切莫衝動的片面進行。我們且按兵不動，先和俄國人交涉一番，等他們也同意銷毀再行動不遲。」梅索森則堅持片面行動第一，談判第二。如果尼克森逕行走上談判桌，必然又是冗長討論違約監督的技術細節，甚至很可能一項協議也無法達成。就算能有善終，談判協議也是曠日廢時；在這同時，生武計畫或許又獲得支持再度抬頭，使得協議無法通過國會的審查。

　　尼克森的果斷，免除了這一切麻煩。美國正式宣布放棄生武之後，尼克森邀請蘇聯來參加促使此決議擴及多國的會議。談判隨即展開，美國以「弱者的姿態」與會，手上已經沒有任何籌碼來交換蘇聯的善意回應。按照弱國無外交的傳統法則，把自己的姿態放低

是個錯誤；但是就本案的戰術而言卻是空前成功。蘇聯的政治領袖顯然被尼克森的行動折服，相信他們自己的生武同樣無用而危險。布里滋涅夫（Leonid Brezhnev）簽字同意於 1972 年夏，廢除生武計畫。這離梅索森初抵 ACDA、開始閱讀《戰地手冊 3-10》，只不過九年的時間。在人類歷史上，很少見到一個人單靠理性的聲音，即贏得如此完全的勝利。

梅索森本人則認為，在化學武器沒有同樣廢止之前，他還不算完全勝利。所以他乘勝追擊，繼續對化學武器宣戰。1970 年，他飛往越南調查化學藥劑的使用情形，並做成備忘檔案。他反對化學戰的論點，乃是根據對軍事歷史與軍事準則的充分理解。對抗化武和對抗生武，其實一樣吃力，但要贏得第二場勝仗，更得多費點勁。

重組 DNA

可以想像梅索森的戰術用在其他危險武器亦可奏效，尤其是針對戰術核武。或許我們可以像梅索森問倒生物戰將軍那樣，機伶的問倒那些戰術核武將軍。「請問將軍，可否請教您，假使北韓占領漢城，南韓節節敗退，你要採取什麼明確的行動？你會將核武用在哪裡？怎麼用？對誰用？」或許那些將領就無法回答得令人心服口服；也許我們聽了他們的回答，就可獲致一項結論：片面撤除戰術核武，更符合眾人利益。

挽救世界免受生物戰的蹂躪，只是梅索森的嗜好之一。在那些年間，他仍然在生物研究上追尋與成功有約的生涯。他在哈佛主持實驗室，探究基因的結構。在基因研究中，他採用許多不同的科

技，包括藉由人工重組來進行 DNA 分子的選殖（cloning）。此一「DNA 重組」技術，乃是從任何我們想研究的基因上，取下些許 DNA，再添附在手邊的細菌樣品上。如此一來，細菌繁殖時就會連帶複製出該段基因。

由於梅索森在哈佛領導 DNA 重組的研究工作過於樹大招風，使他捲入另外一場政治風暴。劍橋市長在一群著名生物學家和劍橋學術圈激進份子的撐腰下，試圖下令禁止 DNA 重組在劍橋市的實驗。梅索森和他的同事告訴市長，他們的實驗不會危害公共健康。市議會投票選出市民代表委員八人小組，做為市政參謀，決定是否允許 DNA 重組實驗繼續進行。這個八人小組的成員，沒有一位和生物學研究有關。在市代會調查期間，DNA 重組實驗一度暫停，達七個星期之久。

劍橋市代會殷勤的聽取各方對 DNA 重組的看法，梅索森及其同事向委員們表達繼續研究的立場。由於梅索森不憚其煩的為委員會解釋，必須考慮的諸多技術困難與道德問題，委員們都樂於聽他，也信任他靜靜的分析一大堆不確定性，反而較不相信他的對手們咄咄逼人又信誓旦旦的言詞。最後，委員會無異議通過向市政府建議，只要在地方公共健康當局的合理限制及監督下，就能容許 DNA 重組實驗繼續進行。市議會接受委員會的建議，而梅索森便得以回實驗室繼續從事 DNA 重組工作。

不祥的陰影

為何民眾會如此激烈反對 DNA 重組實驗呢？民眾的關切起因於兩個互不相干的問題糾結在一起。其一，如果某種重組的 DNA

在實驗室成長，並且不負責任的釋放到周遭的環境，很可能對民眾健康帶來立即的危險。再則，有一個長遠的恐懼——從莫洛博士的作為，到人類的無性生殖，都可能因為生物知識的濫用而發生。最早進行 DNA 重組實驗的生物學家，一開始就知道實驗可能對民眾健康帶來立即的危險。分子生物學家辛格夫人（Maxine Singer），是前美國科學家聯合會總顧問辛格的妻子，在第二次實驗問世後，就曾為文提醒大家注意此種危險。

1975 年，生物學家在國際會議上自動立下一套規範，禁止進行不夠周延、負責的實驗，並進一步規定許可的實驗容器及封裝步驟。這套規範已經將 DNA 重組實驗對民眾健康的可能立即危害，壓抑至最低限度。當然不能說立即危險已完全不存在，但是比起一般醫院診所處理病菌的標準程序，已經安全多了。因此，就公共健康當局的觀點而言，DNA 重組實驗的危險性已經有適當的控制。

然而，為什麼民眾仍然不安心呢？因為民眾看見的是未來，關切的乃是比立即危害健康更大的事情。民眾知道 DNA 重組實驗，最終勢必給與生物學家有關萬物基因設計（包括人類基因）的知識。民眾害怕知識遭到濫用，原屬無可厚非。美國國家科學院為此在華盛頓召開公聽會，讓關切 DNA 重組的團體有機會各陳己見。結果，許多民眾像年輕人的抗議團體般手舉標語，不停高喊：「我們不要無性生殖！」民眾彷彿看見，在梅索森和辛格夫人老實的臉孔後面，浮現莫洛博士和狄德勒斯不祥的陰影。

DNA 重組實驗仍然在許多地方進行，十分成功，也尚未發現對人類或動、植物的健康有何傷害；但這並不表示生物知識的潛在危險已然消失。DNA 重組只是尖端生物學廣大領域中的一項技術，無論有沒有 DNA 重組，生物學仍然要向前推進。

　　但是，足以誤導人們無聲無息駛向未知海洋，躺著海圖上未曾標明的莫洛博士島的，正是生物學，而非其他特定科技。

　　身為生物學家及小市民的梅索森，其存在的目的乃是：「為未來奠定一種風氣：生命程序的高深知識，只能用來補強我們身上本質屬於人性的成分。」

第16章

實驗自由

1976 年秋，當劍橋市民代表委員會還在工作期間，普林斯頓大學提請普林斯頓市政當局，核准興建兩座實驗室，以供研究 DNA 重組之用。普市當局不敢貿然決定，因此依循劍橋市的往例，指定十一位市民組成委員會獻策，我也是其中之一。

和劍橋市代會一樣，我們也全力以赴了四個月；然而和劍橋市代會不同的是，我們沒能產生一致的報告。最後我們有八人同意、三人反對普大興建實驗室，多數派與少數派分別提出自己的建議書。但儘管我們意見不同，或許應該說因為我們意見不同，在幫忙市代會的那段時間，成了我一生中最快樂、最有價值的經驗。我們共同為那些深奧的問題尋找解答，也因此奠定了穩固的友誼。

我們這個委員會的成員，非常具有普林斯頓的代表性，成員六男五女，九白二黑，四位健談、七位寡言。其中有兩位醫生、

兩位科學家、兩位作家、兩位教師、一位長老會牧師、一位海底攝影師，及一位已退休的女士，現在是黑人社區的領袖。牧師歐斯坦（Wallace Alston）、攝影師瓦特曼（Susanna Waterman）與黑人社區領袖艾普斯（Emma Epps），這三人是堅定的少數派。打一開始，態勢就很明朗，這三位是委員會中的強硬派，投入也最深。我花費大半時間去熟悉這三位，了解他們反對 DNA 重組的哲學根據，並試圖居中斡旋，在他們和我們的意見之間折衷一番。最後，我們知道彼此之間不可能妥協，但是隨著達成協議的希望漸趨渺茫，我們卻更加相互尊敬、喜歡彼此。

不能違背良心

市府自治局對委員會的託負，說得很清楚，我們要針對普林斯頓市內從事 DNA 重組實驗對公共安全的立即影響，提出評估建議。委員會中那兩位醫生，希望對任務採狹義的解釋，由於他們已習慣每日面對生死存亡、兩相權衡取其輕的賭注，因此對於日後可能出現的突發事件，不耐煩做冗長的討論。他們以正常醫療行為標準來判斷，下結論說 DNA 重組實驗的公共危險性，已經受到現存規範的妥善管制，委員會只須說明這點即可；他們不想浪費時間爭辯漫無邊際的哲學問題。我對兩位醫生深表同情，他們工作忙碌、責任又重，卻要忍耐聽上好幾小時他們認為無關宏旨的曲折對話。

另外一邊，三位少數派更強烈感到，我們將思想局限在立即的公共健康上，是大錯特錯；對他們而言，這是良心問題，他們不能罔顧良心，對 DNA 重組研究可能對人類命運產生的危機視而不見，而將其摒除在擬定決策的考慮之外。我對他們同樣也是非常同情，

瓦特曼女士在少數派建議書的最後一段總結，深刻表明了立場：

　　基於 DNA 重組研究及後續應用，對我們現存有限又微妙的生物圈，必然產生超乎尋常的巨大未來衝擊，任何決定此種研究向前推進的決策（如果真是向前的話），都應先徵得廣大群眾的認可，並建立在確實的科學數據及民主程序上。

　　在我們某次會議上慶祝其七十六歲華誕的艾普斯，在少數派報告書上增添了一段她個人簡潔有力的意見：

　　我的良心告訴我，必須對此案說「不」。我不想違背良心，而且，我的科學家朋友們也說，他們看不出我有什麼理由要違背自己的良心。

　　很榮幸的，我也是她科學家朋友當中的一位。

　　最後，雖然我個人覺得很能認同少數派的哲學論點，我還是投了贊成票。如此做乃是基於合法性的考慮。從法律的觀點，普市自治區有權也有責任，限制普大進行任何有害市民健康的研究；但任何執政者都不能因為對方哲學立場與自己相左，就擅用職權下令禁止研究的進行。

　　儘管我接受歐斯坦、瓦特曼和艾普斯三人投下反對票所持的各種哲學疑慮，也承認其中的智慧，但是我無法接受普林斯頓自治市因此利用政府職權，將他們的哲學觀點強加在普大身上。就像英國編劇包特（Robert Bolt）寫出的電影「良相佐國」（*A Man for All Seasons*）中，摩爾（Thomas More）說的：「我知道什麼是合法

的,而非什麼是對的;而我,堅持那合法的。」

向掌權者說實話

1977 年 6 月,我們提出兩份正反意見的建議書,給眉頭深鎖的市議會。市議員原本指望我們告訴他怎麼做,而我們卻意見分歧,結果他們得仔細檢討此議題,並且負起決策的責任與後果。

那年冬天顯得格外漫長,市議會除了平常的下水道汙水處理、都市計畫變更等市政問題外,還要研究 DNA 重組的問題。他們花了九個月時間才決定;在那九個月間,普林斯頓享受了一段與眾不同的時光,成為世界上唯一禁止 DNA 重組研究的城市。最後在 1978 年春天,他們以五票對一票接受了我們多數派的建議書。同劍橋一樣,我們也通過了一項法令,將具有生物危險性的研究納入市府監督。民主以其緩慢而顛躓的方式,解決了一樁棘手又感性的問題,同時又讓少數人覺得他們的意見已受到審慎的評估,而不是刻意忽略,以使贊成意見強渡關山。

接下普林斯頓市代會工作的報酬是,我受邀到華府,出席眾議院科學研究暨技術次委員會的聽證會,並在會上作證。次委員會由阿肯色州眾議員梭恩頓(Ray Thornton)擔任主席,目的在致力於自我教育,以廣泛了解有關 DNA 重組所衍生的國家政策問題。其他的參、眾兩院各委員會,則忙於研討規範危險生化實驗的議題。

梭恩頓希望以前瞻的眼光,檢討 DNA 重組大論辯的寓意,以期能預見未來科學與政府之間的關係。應邀作證給了我機會,使詩人彌爾頓的聲音得以聽聞於華盛頓,就像很久以前聽聞於倫敦一樣──對掌權者說實話。

我在國會的證詞：

偶爾會聽見有人說，DNA重組技術的危險性史無前例，是因為放任新生物進到世界，無論後果是好是壞，都無法再回到從前。我想，我們可以在歷史上找出許多借鏡，當時政府也嘗試努力要捍衛，避免誤入無法回頭的險境。以下我簡單敘述兩樁這類歷史借鏡，然後由諸君自行研判，是否為當今的問題帶來一線光亮。

第一個例子發生在第二次世界大戰之後，為了保護原子彈的機密，美國原子能委員會設立了人員安全系統。政府很正當的認定說：讓原子彈機密洩漏到外界是無可挽回、也極其危險的，人員安全系統設計的本意，是要對重要機密提供層層高度防護。只可惜規定太過嚴格，執行時又過於死板，使得整個系統遭到許多科學家或多或少的鄙視。

各位都知道在1954年，歐本海默碰巧遇上熱心捍衛這些法律而強力執行的官員，一場戰鬥於焉展開，最後歐本海默輸了。我現在不是要為歐本翻案，他對安全人員的態度傲慢輕蔑，確有可議之處；我要陳明的乃是原委會委員們對待歐本的方式，喪失了科學界許多人對他們的尊敬。我深信原委會和科學界之間的芥蒂，是導致過去十年來，核能工業遭遇困難的重重主因。

所以，我勸大家制定條例管理DNA重組問題時，要格外謹慎。條例要寫得有彈性，執行時也要符合人性；這樣，以後若有某位生物學家與歐本一樣聰明而傲慢，故意特立獨行於這些條例之上時，才不會被同儕及民眾視為英雄。

第二個例子取材自很遠很遠的過去。三百三十年前，詩人彌爾頓寫了一篇演講稿，名為〈出版自由請願書〉（Areopagitica），向英

國國會演說，爭取無照出版（unlicensed printing）的自由。我從他的演說中，節錄幾段和當前議題較為相關者。我認為，在十七世紀害怕敗壞人心的書籍氾濫造成道德淪喪，以及二十世紀害怕致病微生物汙染環境之間，恰呈一種類比關係；二者的害怕皆非空穴來風或不合情理。

彌爾頓寫作的 1644 年，英國境內血腥內戰才剛結束，而癱瘓德國的三十年戰爭還有四年要打。這些十七世紀的戰爭多半與宗教有關，其中教義的異同扮演著很重要的角色。在那個時代，書不但能敗壞靈魂，也能使人血肉橫飛；放任書籍在世上自由流通一事，看在英國國會眼中，的確具有潛在的致命性與不可挽回的特性。然而，彌爾頓卻辯稱，無論如何必須容忍這類的風險。以下就是他所提出的四大要點。我請求諸位好好思考他的信息，如果把其中的「書」改成「實驗」，是否對我們當前的處境仍有參考價值。

首先，彌爾頓同意打壓那些譁眾取寵或公然褻瀆上帝的書，正如今天我們同意禁止那些顯然危險的實驗一樣。

> 「我不否認，教會和大英國協最關切的事情，就是審視書籍是否像人一樣墮落，自貶身價，然後將其扣押、監督，像對待罪犯一樣將其繩之以法，施以嚴厲制裁。我知道它們就像神話中的巨龍牙齒一樣，強壯有力而多產，一旦被撒播出去，很可能就會迅速長成裝甲武士。」

彌爾頓演講中有一個重要的字眼「然後」——書籍除非已經造成某些傷害，否則不應予以定罪、扣押。彌爾頓反對的乃是出版前的檢查制度，亦即書籍尚未見到天日就已遭禁。

　　接下來，彌爾頓談到問題的核心，就是對於管制那些「善惡未定，但對善惡雙方具有等效作用的事情」，有其實際上的困難。

　　「縱然我們可用此方法驅除罪惡；你將會看到，你除去多少罪惡，也同樣除去多少美德——因為它們本是一體的兩面，除去一者，也將等量除去兩者。這就應驗了上帝崇高的旨意，祂雖然吩咐我們要克己、要公正、要節制，然而又豐豐富富的將各種美善之物滿塞在我們面前，又賜給我們足以超越各種極限與飽足的心志。那麼，我們又為何要違反上帝和自然的定律，強制執行，以致剝奪或縮減了書籍原有考驗美德、體現真理的功能呢？我們最好要有一個體認，如果要用法律來限制那些善惡未定、但對善惡雙方具有等效作用的事情，這種法律必然不足取。」

　　接著我要引用一段彌爾頓關於伽利略的談話，因為在 DNA 重組的論辯中，經常提及伽利略這個名字。這段內容，顯示了伽利略遭噤聲與十七世紀知識份子生活的普遍沒落，有密切的關連。這並非出自今日分子生物學家的杜撰，而是當代明眼人都可以指證。

　　「上議院、下議院的議員諸公，為了避免有人說服你們，使你們誤以為有識之士反對這項法令的論辯，全屬華而不實，我願在此把我在審訊檢查制度橫行的其他國家中的所見所聞，一一詳述。在下有幸與他們的碩學鴻儒促膝而談，他們都認為我生在英國這種思想哲學自由的國度，實屬三生有幸；他們自己則無所事事的悲歎其學術環境，

已陷入奴性的狀態，而此一制度正是使義大利固有智慧與
榮耀蒙塵的原因。」

「這許多年來看得到的文章，除了阿諛浮誇之外，已
一無所有。而下在監裡，垂垂老矣、著名的伽利略，正是
審訊制度下的囚犯，只因為他對天文的看法不同於方濟會
和旦米尼克教派（Dominican）的欽定版。」

我最後要引述的一段話，表現了彌爾頓的愛國情操，以及他如
何以十七世紀英國知識份子的生命力為傲。二十世紀的美國理當分
享這份驕傲。

「英國上、下議院委員會諸公，想想你們所屬的、你
們所管轄的是何等的民族；這個民族並非動作遲緩、身性
駑鈍；而是行動迅捷、智慮精巧、眼光犀利、敏於發明，
言談精練有力，對人類能力可及的最高極限也不遑多讓。
沉穩、節儉的外西凡尼亞人（Transylvanian）每年都遠從
俄羅斯高山邊境、赫西尼亞（Hercynian）曠野之外，差派
許多老成持重而非初出茅廬的人士，到英國來學習我們的
語言和神學藝術，並不是沒有道理的。」

或許，當我們絞盡腦汁，試圖在個人自由和公共安全的長久矛
盾之間，尋求和解之道時，偉大詩人的智慧畢竟還是比風險效益分
析略勝一籌，也是更明確的方針。

第三部

我的未來家鄉
宇宙

的確，有時候不禁要懷疑：
「我敢嗎？」，「我敢嗎？」
有時候好想回頭，步下台階，
看著頭髮中間光禿了一塊……
我真敢掀起宇宙的波瀾嗎？

—— 英國詩人兼劇作家艾略特
〈普魯弗拉克的情歌〉
（The Love Song of J. Alfred Prufrock）

第17章

遠方的鏡子

1966 年春，美國導演庫柏力克（Stanley Kubrick）在倫敦北方的米高梅（MGM）製片廠，拍攝新片「2001 太空漫步」。他邀請我到片廠參觀一天；我很早就抵達片廠，然後小心翼翼的在堆滿用過的場景、拍過上百部片子遺留下來的廢棄物之間，尋找通往庫柏力克攝影棚的走道。

在各攝影棚之間，蒼翠的草地片片，還有綿羊悠閒吃著草。等我找到庫氏，我問他綿羊是做什麼用的？「噢，我沒有要用，」他說：「不過如果有人剛好要拍田野風光，就挺方便的。此外，我們還有一間自助餐廳。」的確，後來我們去餐廳共進午餐，有一道烤羊肉。

庫氏整個上午就在那兒，一次又一次的調整燈光及攝影機，他的片廠是一間碩大的空庫房，布景由金屬及合板做成。代表圓形迴

廊的一間，其中裝著片中太空船「發現號」的控制中心。整個結構底下由一個船架支撐，一動就發出吱吱嘎嘎的聲音。他的構想是布景一邊轉動，演員一邊在裡面走，這樣他們就會一直在最低點地板呈水平的地方，攝影機則固定在布景上跟著整個結構繞轉。庫氏用這個手法營造出人在轉動的太空船內行走的幻像，而離心力正好做為人造的地心引力。不論演員在迴廊的什麼地方，當地的重力場方向始終沿著太空船軸往外指。這個迴廊的特殊設計，一次只能拍攝其中的一部分，不可能拍出兩個演員同時出現在迴廊的不同部位。不過庫氏對這個迴廊的鏡頭倒頗滿意，他說把鏡頭由一個演員快速切換到另一個演員，比兩人同時出現要容易得多，「我敢打賭，沒有一個觀眾看得出破綻！」

沉湎於奇技淫巧

那一天，現場只有一位演員，他就是因為飾演「大衛與莉莎」（*David and Lisa*）片中大衛一角因而竄紅的杜列（Keir Dullea）。大衛是重度精神病患，對與其他人類的身體接觸懷有莫名的恐懼與退縮；杜列演來入木三分，因此當他默默走來和我握手時，我大為驚訝。

杜列在「2001」片中飾演男主角——太空人包曼（Bowman），他嚴詞抱怨庫柏力克什麼事都不給他做。起初他之所以接這個角色，是因為不想下半輩子就被定型為精神異常青年，但是參加「2001」演出才三個月，他就覺得十分無趣且深受挫折。

我看著他表演，他沿著在他腳下轉動的迴廊結構緩緩行走，迴廊停止轉動後他就走向控制面板，按幾個按鈕。就這樣，前後大

約一分鐘不到，然後庫氏又花了二十分鐘重新調整燈光和攝影機。接著杜列爬回迴廊，同樣的動作再重複一遍，又是二十分鐘站著發呆，等庫氏把燈光搞好，再拍一分鐘的鏡頭……周而復始。「我的天啊！他為什麼不讓我演呢？」杜列吼著。

我試著問庫氏一些關於本片的主題和角色，以轉移他的注意力；但是他似乎完全不感興趣，只願意談他的新點子。他迫不及待的述說各種特殊效果，如何讓小小的太空船模型，拍攝後看起來變得很大，尤其那個旋轉迴廊更令他沾沾自喜得有些過分了。他又指導我如何巧妙控制燈光、如何運鏡；我開始和杜列一樣深感挫折了。

對我來說，拍片時所有的特殊效果或技巧、噱頭，根本是次要的，我很驚訝庫氏竟然浪費那麼多時間在這些無關緊要的鏡頭上。我很欽佩那位創作「奇愛博士」（Dr. Strangelove）的庫柏力克，他把核戰大屠殺的故事拍得那麼深刻而詼諧。「奇愛博士」一片的偉大處，就在於庫氏大膽選用核戰大屠殺這個不可思議的題材，又將主角活化成手握全世界命運的戲劇人物，在螢幕上投射出來。「奇愛博士」片中的角色詮釋極為逼真；我有個曾經飛過 B52 戰略轟炸教練機的朋友告訴我，機上人員的相貌、舉止談吐，簡直就是庫氏「奇愛博士」中痲瘋殖民地號（Leper Colony）轟炸機組員的翻版。

在「奇愛博士」一片中，庫氏要傳達的簡單訊息，即是用荒謬的故事，反映出我們現實生活世界多麼荒誕。而由於對話與人物塑造的精湛，他的訊息顯得深具說服力。我懷著親炙奇愛大師風采的心情來到庫氏的製片廠，豈料極目所見只是機關奇巧；我所看見的「2001」，沒有訊息，沒有對話，沒有角色詮釋。

我忍不住向庫氏抱怨，問他為什麼把「奇愛博士」一片空前偉

大的成功要素完全剔除了呢？他說：「等你看到整部片的時候，你就會知道為什麼。」就是這樣。

不惜血本

吃完烤羊肉之後，我們去到另一座建築物，裡面放著一台大電腦。不是「2001」裡那台搶眼、鮮活、有靈性的電腦 HAL＊。那是一台 1960 年出品的電腦，正忙著計算並趕印米高梅員工的薪水清單。

庫氏忽發奇想，如何揭開「2001」的序幕呢？他想到了一個差得不能再差的主意，就是訪問幾個知名科學家，請他們談談人類遭遇外星陌生文明的可能性。他心想來一段脫口秀做為開始，應該可以使片中的故事變得比較可信。我是他請來站在攝影機前接受訪問的科學家之一，當然他必須想辦法用視覺方式，表達我是科學家的事實，因此他需要一台電腦。只要觀眾看到我站在這大電腦前面，眼睛一亮，應該立即可以會意——我的確是科學家。

麻煩來了，那台電腦噪音太大，使得訪問的內容根本聽不見。音效師調了三次麥克風，三度重錄訪談，每次那位帶耳機的音效師都大搖其頭。第四度嘗試失敗後，我建議庫氏找個沒有電腦的地方去談。「不行，」他斬釘截鐵的回答：「告訴他們把那個笨東西關掉。」於是一位技師電告總辦公室，嘰哩咕嚕一陣以後，他說：「不妙，他們要用機器在明天之前把薪水支票印好；如果關掉

＊ 譯注：庫柏力克開了IBM一個小玩笑，因為HAL正是由I、B、M的前一個字母所組成，I之前為H，B之前為A，M之前為L。

了，他們得付員工加班費。」庫氏說：「付多少？」又是一陣和總辦公室的交談。「一小時一百英鎊！」「很好，請他們空半小時給我們。」又是一通電話到總辦公室，機器就懶洋洋的安靜下來。每安靜一秒鐘，庫氏得花六便士。

我們在既定的時間內順利完成訪談，回到片廠再多拍幾個旋轉迴廊的鏡頭。下午剩餘的時間，庫氏全用來擺弄燈光與攝影機。那天結束後，我說聲謝謝、再見就走了。幾個月後，我收到一封道歉短箋，通知我那段訪談已經躺在剪接室的地板上了。

大師的風格

我看了 1968 年「2001」在紐約的首映，沒有那段訪談。我心裡仍然有些困惑和沮喪，庫氏顯然故意避開「奇愛博士」令人興奮的劇情清晰、節奏明快等要素，而且他未曾稍改「不讓杜列表演」的決定。正式上映的「2001」，節奏緩慢，沒有人性而令人迷惑。剛開始我一點兒都不喜歡它，後來等我從頭再看一遍，我才慢慢明白庫氏為何堅持這樣拍。

如果將電影「2001」與後來克拉克（Arthur Clarke）寫的同名小說拿來做對照，會很有意思，克拉克與庫氏合作完成該片的劇本，小說則是克拉克獨力完成。小說和電影說的是同一個故事，風格卻截然不同。書上把來龍去脈交代得清清楚楚，它把人類角色、HAL 電腦的故障，以及人類發現外星陌生器物的前因後果都解釋了，故事的結局也交代了，所有鬆散之處都連結整齊；然而這些卻正是庫氏最不想做的。在該片中，動機藏在隱晦的暗示裡，外星異物全然神祕，故事的結局是個謎，鬆散之處故意不補強。庫氏就

是存心掉弄玄虛，讓故事模糊如夢境，留給看官最大最大的想像空間。

「奇愛博士」的中心思想是：計劃策動核戰的元凶，是和我們類似的生物，具有人類的軟弱和愚昧。為了傳達這個訊息，庫氏選用了喜劇和詼諧的對白為表達工具。但是「2001」恰恰相反，它的中心思想乃是：一旦我們面臨外星陌生文明，我們將發現，外星人一點都不像我們。我們將會發現，外星人是如此的陌生，以至他們的作為，根本無法以我們慣用的邏輯去了解。為了傳達這個訊息，「奇愛博士」的表達工具就完全不適用。

假如庫氏照我期望的方式拍，以「奇愛博士」的方式拍一齣太空劇場，結果充其量只是「星際大戰」的詼諧版。又或許和「星際大戰」一樣大受歡迎，票房同樣成功，但是那類的片子並不能表達庫氏想要表達的。他想要表現一種完全不合人性、超越我們理解力所及的外星陌生文明。為達此目的，製片的風格也必須是不合人性、不用言傳而神祕的。誠如其他偉大藝術一般，他另闢新徑，傳達新思想；他對新瓶裝舊酒不感興趣。「2001」一片雖有許多瑕疵，但仍不失為經典巨作。在慢得令人窒息的節奏中，具體呈現了庫氏的偉大前瞻，凸顯人類在遭遇到霍登所說：「不僅比我們想像的更詭異，更是超越我們想像力所及的詭異」時，那種渺小和卑下。

寧願前瞻

後來，「2001」每隔幾年就重映一次。我常常想：該為自己的臉孔沒有出現在螢幕上，站在米高梅電影前協助庫氏將訊息推銷給大家而懊悔呢？還是應該慶幸？

　　大體來說，我是滿高興的；庫氏肯定是不需要我的協助就可以做得很好，奇怪的是他認為有此必要。究竟怎麼回事？像我這樣稍有名氣的科學家，為何會出現在米高梅片廠，站在那群技師和演員當中呢？我問自己這個問題，正如英國作家兼數學家卡羅（Lewis Carroll）在類似情況下，也曾捫心自問：

我心何竟如此歡愉？
一個腦中裝滿指數與無理數的人。
x 平方加 7x 加五十三，
等於三分之十一。

　　事實真相乃是：就某方面而言，我算是個古怪的科學家，正如卡羅是個古怪的數學家一樣。庫氏之所以邀我到他的片廠，是因為他曉得我在科學界算是個異類，因為我對他嘗試探究的問題具有強烈的興趣；他知道我對未來的迷戀。

　　我記不得我對未來的迷戀是如何開始的，我相信它的根源是起自我的故鄉——中古世紀即已建立的溫徹斯特。溫徹斯特是座沉湎於過去的古城，歷史古蹟是如此接近、觸手可及；我小時候住的房子已有三百年歷史，而我的母校——韋克漢之威廉（William of Wykeham）創立的建築，已將近六百歲。周圍的父老一天到晚都在討論本地歷史的細節、中古教堂建築的細部結構，最新考古學的發現等等。

　　小時候，我沒什麼耐性，對這些東西更是強烈厭煩，這些人怎麼如此耽溺過去？怎麼會為了六百年前某位主教曾住在此地，就興奮不已？我壓根不想回到他們迷戀的六百年前，呆板而古老的世

界，寧可進到六百年後新鮮而奇異的世界。所以，當他們掉書袋高談喬叟、韋克漢之威廉的時候，我卻夢想著太空船和外星文化。六百年對任何一個在溫徹斯特長大的人來說，並不太久。而我深知，如果我可以進到六百年後的世界，必定可以看到許許多多比老教堂更令人興奮的東西。

極目遠方的家鄉

因此我就變得迷戀未來，一直到今天仍然如此。本書的第三部就是有關這份迷戀的記載，未來世界是繼英國、美國之後，我的第三個家。漫遊其間的經歷，也就是往後幾章的主題。

我不是未來學（futurology）的從業人員；這門偽科學近年來已儼然成為一種專業，試圖從不遠的過去與現在的趨勢，以外推法對短程的未來進行定量預測。

長遠來說，質變總是遠比量變來得重要。經濟、社會趨勢的定量預測，一旦遭逢遊戲規則的質變，就不合時宜了；而對科技發展的定量預測，也常因現仍未知的新發明而過時褪色。我感興趣的乃是長程的、遙遠的未來，在那裡定量預測根本毫無意義。在那遙遠的將來，唯一能確定的是某種聞所未聞的新東西將會出現，而一探究竟的不二法門，就是運用想像力。

我接受庫氏的邀請，因為他和我一樣，認真嚴肅的看待未來；因為我知道，他甚至比我更劍及屨及，願意隨著想像力天馬行空。

美國作家塔其曼（Barbara Tuchman）出了本奇書，談到喬叟、韋克漢之威廉等人所處的十四世紀。她稱那本書為「一面遠方的鏡子」，意指她以遙遠的歷史為鏡，用來返照二十世紀的悲劇經驗，

並且照亮我們當前的困境。

十四世紀的確是個悲劇世紀，可以和本世紀平分秋色，雖然它產生了許多永垂不朽的詩賦與建築。韋克漢之威廉一生中共建造了六棟建築，這六棟迄今依然屹立，而且都在使用，使用的目的和當初的建造目的完全相同。喬叟的詩，儘管歷經英文字彙與發音的變革，及今讀來仍感人至深。

塔其曼的鏡子，不僅映照了充滿人性勞苦困惑的世紀，也明示著一群勇敢的人類，以歡欣鼓舞的言行跨越世代的鴻溝，伸手觸及我們。

我正在學塔其曼探索過去的榜樣，試著探索未來。未來是我的遠方鏡子，就像她一樣，我用這面鏡子將當前的問題與困境推向遠方，以更寬宏的視野來觀照全局；就像她一樣，我在鏡中窺見勞苦、紊亂的全豹。不僅如此，我還看見如她所見的，有人從遙遙的未來跨越世代的鴻溝，向我們的關心表示感激——一如我們衷心感謝喬叟、韋克漢之威廉等人為我們留下珍貴的遺產。

時空皆是空

是愛因斯坦給了我們全新的宇宙科學觀。宇宙本是和諧的整體，過去、未來並沒有絕對的重要性。1955 年 3 月，愛因斯坦在辭世前不久，獲悉貝索（Michele Besso）身故的消息。貝索從他年輕的黃金歲月起，就和愛因斯坦常有腦力激盪，而且五十年來一直是愛氏的密友。愛氏寫了一封弔唁信給貝索住在瑞士的妹妹和兒子，以下就是那封信的結尾：

如今他比我早一步離開這個光怪陸離的世界，那也不代表什麼。像我們這種信奉物理學的人都知道，過去、現在、未來的區別，只不過是人們內心頑固堅持的幻覺罷了。

四個星期之後，愛因斯坦平靜踏上生命的終點。他的相對論告訴我們：物理學中，將時空劃分為過去、現在和未來，純屬幻相。他也明白，這種分法在物理學是幻覺，在紛擾的人世間，又何嘗不是？

愛因斯坦的遠見，增強了我從塔其曼遠方的鏡子，以及從我自己那面鏡子所學到的功課。過去和未來離我們都不太遠；六百年前的人和六百年後的人，都和你、我一樣，他們都是我們在這個宇宙的鄰居。科技已帶來生活與思想方式的大變革，以後仍將如此，而且把我們和鄰居遙遙阻隔。

然而彌足珍貴的，乃是這種同類的血緣將我們緊緊牽連在一起！

第18章

臆想實驗

「未來的科學工作者，一旦發現自己從事的乃是可怕的死亡任務，並且還引以為傲的時候，就愈來愈像那位孤獨的狄德勒斯。」

我所認識的科學家中，性格上最神似霍登筆下狄德勒斯的，並不是生物學家，而是一位名叫馮諾伊曼（John Von Neumann）的數學家。如果光憑外貌認人，馮諾伊曼福福泰泰、樂天知命的樣子，和狄德勒斯聯想在一起，似乎顯得滑稽可笑。但是如果你更進一步接觸這位恣意將人類推向電腦世紀的人，你就會明白，從心理學的角度來看，霍登的描寫，簡直就像大先知的預言一般生動。

二次大戰期間，馮諾伊曼非常熱心投入羅沙拉摩斯原子彈計畫的顧問工作；但在當時，他就了解到核能並不是人類未來生活的主題。1946年，他碰巧遇到戰爭期間待在巴西的老友瓦特金（Gleb Wataghin）。「嗨，老馮！」瓦特金說：「我想你對數學已經失去興

趣了，聽說你滿腦子就只有原子彈。」「這個說法很不正確，」馮諾伊曼說：「我在想一個比原子彈更重要的東西——電腦！」

生命的自我複製

1948 年 9 月，馮氏發表了一系列名為「自動機的一般暨邏輯理論」演講，現在收錄在他的作品集第五冊裡面。那篇講稿真是藏諸名山之作，時至今日仍值得一讀，因為他講述的乃是一般性的原則，不容易過時。

馮諾伊曼的自動機理論，是電子計算機的觀念性概論，由此衍生而出的革命性啟示，他算是第一個看見的人。所謂自動機，指的是「任何可以用嚴格的數學語句，來精密控制其行為的機器」。馮諾伊曼關心的是，為這類機器的功能與設計理論奠定基礎，以便一體適用於遠比現有機器更複雜精密的各類設備上。他相信從這個理論出發，我們不但可以學會如何製造功能更強的機器，而且可以學會如何更明白生物的設計與功用。

馮諾伊曼在世的年歲不夠長，無緣將他的自動機理論付諸實現；不過在他有生之年，還得以見到自己的創見應用在生物上，並且獲得高明的生物學家證實。那幾篇 1948 年的講稿，主旨在抽象分析自動機的結構——這自動機已複雜到有能力自我複製了。

馮諾伊曼指出，一部自我複製型自動機必須有四大組件，分別具有下列功能：組件 A 是自動工廠，負責蒐集原料，並且按照外界提供、事先設定的指令處理完畢後輸出。組件 B 是複製機，負責讀取指令並加以拷貝。組件 C 是控制器，連接到 A 和 B；當 C 收到指令後，它首先將指令傳給 B 去進行拷貝，再傳到 A 做實際動

作，最後再提供由 B 複製的指令給 A，令其輸出，原版指令則自行
保存。組件 D 是一組寫好的指令，內含完整的規格，使 A 得以按
圖索驥，製造出 A 加 B 加 C 的聯合系統。

　　馮諾伊曼的分析指出，這樣的聯合結構對於自我複製自動機
制，在邏輯上而言，乃屬充分且必要；他並進一步猜測此種結構同
樣存在於生物細胞內。過了五年，克里克（Francis Crick）和華森
（James Watson）發現了 DNA 結構；如今每個中學生都在學習馮氏
提出的四組件生物識別法。D 是遺傳物質 RNA 和 DNA；A 是核醣
體；B 是 RNA 和 DNA 聚合酶；而 C 就是抑制子（repressor）和反
抑制分子（derepressor）以及其他功能尚未全盤了解的物件。就我
們所知，任何比病毒大的微生物，其基本設計都依循馮氏所說的原
則。病毒之所以不循馮氏法則進行自我複製，是因為它必須借用被
侵入細胞的核醣體所致。

憑想像做實驗

　　馮諾伊曼獲致的第一個主要結論是：原則上，應該可以製造具
備這些特徵的自我複製自動機。第二個主要結論，脫胎自數學家圖
靈（Alan Turing）的研究，雖然較不出名，卻更深入問題的核心。

　　圖靈指出理論上存在一種通用自動機，具有某種固定大小與複
雜程度，只要寫入正確的指令，就可勝任其他機器所能做的事。所
以超過某個臨界點以上，你不須為了完成更複雜的工作而將機器改
得更大或更複雜，只要給它長一點、比較詳盡的指令就行了。你也
可以將通用自動機包藏在上述自我複製系統的工廠單元（組件 A）
裡面，使其具有自我複製的功能。馮氏相信通用自動機的可能性。

在我們生存的世界，生物由簡入繁的演化過程中，並不需要重新設計基本的生化機器，只要修改、擴充遺傳指令就行了。從1948年以還，我們所學的一切有關演化的現象，似乎都證明馮諾伊曼是對的。

隨著二十一世紀腳步的逼進，我們將會發現馮氏的分析與人造自動機和活細胞之間，關係愈來愈密切。而且，當我們對生物學的了解愈來愈透澈時，我們就會發現到電子科技和生物科技之間的界線愈來愈模糊。我不禁要提出一個問題：假使我們學會建造並運用程式去控制有用的、多少算是通用型自我複製自動機的方法以後，對我們的知識水準會產生什麼樣的影響？特別是對經濟學的原則，或是對我們現有生態學和社會組織所抱持的理念，又有何等的衝擊呢？

我試著用一系列的臆想實驗來解答這些問題。所謂臆想實驗，乃是用想像中的實驗來照耀理論構想，這方法最早由物理學家發明，目的在憑空設想一些情形、條件，好讓隱而未現的邏輯謬誤或矛盾，盡可能赤裸裸的暴露出來。尤其是當理論愈趨繁複，臆想實驗就愈能發揮功效，成為剔除差勁理論的利器，並對較佳構想獲致豐滿的理解。若臆想實驗結果顯示，普遍接受的觀念在邏輯上自我牴觸時，我們稱之為「悖論」（paradox）。本世紀物理學的進展有一大部分要歸功於悖論的發現，並將其做為理論批判之用。

臆想實驗往往比實際的實驗更具啟發性，當然也便宜許多。物理學上的臆想實驗設計，已經成為藝術；愛因斯坦正是個中翹楚。臆想實驗與預測完全是兩碼子事，截然不同。以下我要敘述的情境，並不是預測未來可能發生的事，它只是理想化的發展模式。我們藉此讓知識、腦袋瓜走在前頭，以免一頭栽進實際動手操作實驗

的漩渦裡，不得翻身。

　　我嘗試的第一樁臆想實驗並不是自己發明的，其中的基本構想取自數學家摩爾（Edward Moore）二十年前發表在《科學美國人》上的一篇文章——〈人造活植物〉（Artificial Living Plants）。臆想實驗的序幕，是一艘平底船從澳洲西北岸一處屬於 RUR 公司，不太起眼的船塢起航。RUR 是「羅沙姆萬用機器人」（Rossum's Universal Robots）公司的縮寫。

大量繁殖淡水蒐集船

　　平底船緩緩出海，慢慢消失在地平線的遠方。一個月後，在印度洋上某處，原來僅一艘船的地方出現了兩艘船。原先那艘船上載有一座小型工廠，裡面必備的工具設施應有盡有，外加一個電腦程式，使它能複製一模一樣的平底船；複製船上裝的東西和母船完全一樣，包括工廠和那個電腦程式。高強度的塑膠構材主要是由空氣和水中的碳、氧、氫、氮等元素，靠太陽光的能量轉化而成的；金屬零件則由海水裡面蘊藏豐富的鎂元素製成，其他含量較少的元素則根據要求，撙節使用。

　　這種船稱為「人造活植物」，因為他們的生命繁殖週期是利用機器和電腦，模擬自浮游在海洋裡的微小植物。簡單計算一下，一年之後會有超過一千艘人造植物，兩年後超過一百萬艘，三年後就超過了十億艘……成長速率之快，比人口爆炸的速率還要快上幾百倍。

　　RUR 公司派遣這麼一艘滿載昂貴貨物的船出海，當然不只是好玩而已。除了自動工廠外，每艘船上還帶著一口大水槽，可蒐集太陽能蒸發海水後所得的水蒸氣，漸漸裝滿一大槽淡水——如果下

雨了，還可以獲得額外的淡水資源。

　　RUR 公司先行在澳洲各濱海城鎮的便利地點，建立許多汲水站，並且各自編上無線電標識；任何一艘滿載淡水的人造植物船，均可奉命前往最近的汲水站，迅速出清存水，然後再返回工作崗位。三年後，當船隻遍布全球各海域時，RUR 公司即可向全世界各沿海都市發出邀約，凡需要淡水的都可利用這項服務。加州、非洲、祕魯南北海岸據點紛紛建立汲水站，使用費便源源不斷的流入 RUR 公司的金庫，沙漠也開始百花綻放……。不過，這番景象，我們以前談到核能發電時好像也聽過；那麼這次臆想實驗執行的窒礙難行之處，又在哪兒呢？

　　在這個臆想實驗中，至少有兩項顯而易見的困難。首先是經濟上的困難，RUR 公司船隻就算免費供應淡水，想要用它還是得花一大把鈔票。光是把淡水引到沙漠，並不能使其搖身一變為公園；世界上大部分的沙漠地帶，即使淡水充分供應，還是無法立刻創造出財富。因為用水需要先建設水道溝渠、抽水機、水管、農場、房舍，得有訓練有素的農人及工程師，並供應日常生活必需品。諸事齊備恐怕得耗時幾十年，而不是幾個月。

　　第二個也是更基本的困難，在於 RUR 計畫引來的生態問題。人造活植物因為沒有天敵，不出三年已有上億艘漂泊三洋七海；其他船運公司勢必控告 RUR 公司壟斷市場又妨礙航道通暢。第五年，RUR 的船隻已密密麻麻遍布全球海面、大江大澤，有如布袋蓮；到第六年，五大洲的各海岸線都堆滿了 RUR 船隻遭暴風雨或碰撞損毀的骸骨。到那個時候，每個人都知道 RUR 計畫乃是生態大災難，國際上必定一致禁止任何進一步的人造活植物實驗。所幸對我而言，臆想實驗並不在禁止之列。

向土衛二借冰

　　第二個臆想實驗的細節，有一部分取材自艾西莫夫（Isaac Asimov）的科幻小說。這次的主角是火星——面積廣大的不動產，卻完全缺乏經濟價值，因為上面缺少兩大要素：液態的水和溫暖的環境。環繞土星運行的衛星中，有一顆名為「土衛二」（Enceladus），質量約等於地球海水總重量的 5%，密度也比冰要小得多。為了臆想實驗方便，我們姑且假設它是由攙有塵埃的冰雪組成，其中的塵埃含有生產自我複製自動機所需的化學成分。

　　臆想實驗一開始，是火箭帶著一份很小、但極度複雜的酬載由地球升空，靜靜朝土衛二推進。酬載裡頭裝有一台自動機，能夠就地取材，利用土衛二現有材料，以遙遠微弱的太陽光為能源，進行自我複製。自動機的程式設計，是要產生縮小型的太陽帆子代。每艘太陽帆都張著一面寬而薄的帆，利用太陽光的壓力在太空航行。太陽帆從土衛二表面，被一種像彈弓的簡單機器射向太空；因為土衛二的重力很小，所以只要輕輕一推就可上路。

　　每艘帆船都會從土衛二上攜帶一小塊冰進入太空，它的唯一目的就是把冰塊平安運抵火星。旅途非常遙遠，首先，他們得善用身上的風帆，配合微弱的太陽光壓，奮勇抵抗土星的重力，逆勢而上。一旦脫離土星的勢力範圍，接下來的行程就是下坡路了，他們將順著太陽重力的斜率，輕輕滑翔而下，與火星相會。

　　火箭登陸土衛二之後幾年，自動機的倍增景況從地球上還望不到。再過幾年，如雲朵般的小太陽帆隊伍開始從土衛二的軌道，緩緩盤旋而出；從地球上望去，土星彷彿多長了一條比原有光環直徑大兩倍的新光環。又經過一段年月，新光環的外緣擴展到土星和太

陽兩者重力相等的地方，小太陽帆即慢慢駐足在那兒，然後開始漫溢成一條長河，向火星奔瀉而去。

又過了幾年，火星的夜空開始因著小流星不斷發光而閃閃發亮，流星雨夜以繼日的灑落，只是夜晚看得較清楚。白天、夜晚天空都保持溫暖，暖和的微風吹拂大地，暖流慢慢穿透冰封的地面。不久，火星上面下了億萬年來第一場雨，海洋不旋踵就開始成形了。土衛二上面有足夠的冰，可以讓火星的氣候維持上萬年的溫暖，並且使火星上的沙漠變成綠洲。

且讓我們將實驗的結論留給科幻小說家去發揮，我們來看看，是否能從實驗中找到一些普遍適用於真實世界的原則。

實驗結果是如假包換的悖論，說它是悖論乃基於下面的事實：用有限的硬體（一種知道做法即可很便宜造出來的硬體）獲得無限的報酬，或者至少投資報酬率按照既有標準來看，高得離譜，簡直就是無本生意！而許許多多現實問題、冷酷經驗都告訴我們，一分錢一分貨。這個悖論迫使我們思考：自我複製自動機的發展，究竟能否使我們超越經濟學家和社會學家的傳統智慧？我沒有答案，但是我想我可以預料，這個問題必將是二十一世紀人類社會最關切的議題之一。現在未雨綢繆，為時並不太早。

我用第三個臆想實驗來說明這個問題。土衛二計畫的副產品，是改裝成適用於地球沙漠的自我複製自動機。主要原料是矽和鋁，兩者都可從隨處可見的岩石中萃取出來。這個「食岩自動機」可以從最乾燥的沙漠空氣中，取得足夠的濕氣以供內部需要；能源仍是日光，它可以發電，效率平平，如果需要，可以用傳輸線輸送電力。國會為此激烈辯論，討論是否許可這種機器在美國西部各州繁殖。單一部機器的子孫就可以發出全美現有總發電量的十倍電力，

但是沒人敢保證它能美化沙漠風光。

辯論結果,反汙染遊說團體的一方獲勝。因為目前可資使用的兩種能源——化石燃料及核能,都已經衍生極嚴重的汙染問題;撇開他們造成的化學及放射性汙染不談,這兩種發電廠都會排出大量廢熱,對環境的破壞日益嚴重。相對而言,食岩自動機就完全不會產生廢熱,它只是使用原本會使沙漠空氣變熱的能量,將其中一部分轉化為有用的形式,既無煙霧,也不會製造放射性廢棄物。

最後,國會通過立法授權繁殖自動機,附帶條件是每部機器必須保留一份該地原始景觀的記憶;如果該地點因故宣告放棄改造,那部機器必須負責將其恢復原狀。

第三個臆想實驗再度蛻化成科幻小說,所以我就此打住。表面上,它似乎避免了 RUR 船所碰上的生態暗礁,可是卻引起好幾個新問題,有待仔細考量。如果太陽能真的如此豐富又零汙染,為何我們沒有大規模採用呢?答案很簡單,因為成本太高。自我複製自動機看似能夠飛掠過資本問題——只要有雛型機,有土地和陽光,其餘的都免費使用;食岩自動機一旦可以工作,所有攔阻大規模使用太陽能的經濟障礙,就隨之一掃而空。

這個構想,到二十一世紀真的合理可行嗎?有一個未知量,可以用來決定此一構想的可行性有多高,就是自我複製自動機繁殖一代所需的時間,亦即自動機數目增加一倍所需的平均時間。

如果一代的時間是二十年,與人類一代的時間相當,則自動機無法對人類社會狀況造成急遽的改變。在此情況下,他們開創或倍增新財富的速率,大約只和我們習以為常的正常工業成長速率不相上下。如果自動機孕育超過一代的時間是一年,情勢就完全改觀了。一台自動機在二十年內可以生育超過一百萬個後代,三十年超

過十億個；整個社會的經濟基礎，即可在人類一代之間改頭換面。如果自動機孕育一代的時間是一個月，局面又將有極劇烈的易動，我們可以高高興興的考慮全面放棄現有的工業與都市，在幾年之內，重新建立起我們更喜歡的地球風貌。

等待實驗胚胎學家

要找出邏輯基礎，猜測前述三個實驗描繪的自動機，生育一代的時間有多長，相當困難。唯一的直接證據來自生物學。

我們知道細菌和原生動物，這兩種最簡單而真正自我複製的生物，世代交替的時間只有幾小時或幾天。生物階層的第二主層——較複雜的生物如鳥類，一代的時間約在一年之譜。生物階層的第三層，暫時還只有「現代人」這個物種可做為代表，一代的時間約二十年。粗略估計，我們可以說生化自動機可在一天之內再生，更高層次的中央神經系統需要一年，文化傳統則需二十年。人造自動機究竟該和上述三個結構層的哪一層做比較呢？

馮諾伊曼 1948 年演講所說的，主要是關於邏輯上最簡類型的自動機，自我複製的方法純粹是直接翻版自己。對這些自動機，他假定為可充當單細胞生物的獨立單元，在原料浴缸中游來游去，完全無視於彼此的存在。這種最低結構滿足我第一個實驗綽綽有餘，第二、第三就不行了。在土衛二上面繁殖自動機，不只是像爛蘋果長蟲而已，要產生我在第二、第三個實驗所敘述的那種效果，自動機必須按照設定的方向繁殖與分化，就像高等生物（複雜生物）那樣。充分發展完成的自動機族群，必須能像鳥類細胞一樣分工合作、步調一致。自動機必須各有所司，分別擔任肌肉、肝臟和神經

細胞；必須有高品質的感官和中樞電腦來扮演腦部的角色。

　　時至今日，高等生物中的細胞分化和成長調節機制，仍然有待釐清。或許承繼馮諾伊曼抽象分析自我複製自動機的努力，從單細胞階段更上層樓，將會是了解這些機制的坦途。我們應當試著分析自動機最少必須具備哪些觀念組件，才能充任更高一級生物的生殖細胞。它必須含有一套指令集，可供建造每一種後代子孫；也要有複雜的開關系統，以保障諸多不同種類的後裔，皆可有條不紊的繁衍，並發揮作用。我並不真的打算完成這種分析，也許馮氏死後，我們不再擁有足夠的聰明智慧，以邏輯推理來完成分析；而必須倚賴及等待實驗胚胎學家，去發現大自然如何解決這些問題。

後工業化社會

　　我第四個臆想實驗，只是第三個實驗的普及版，繼食岩自動機在美國推出成功之後，RUR 公司又有一組工業發展套件問世，專門賣給開發中國家。一個國家只要預付少許款項，就可以買回一顆「機蛋」（egg machine）──幾年後，就可以孵出基本工業的完整系統，附上相關的運輸及通信網路；而且可以按顧客需要的規格訂做。賣方的保證是有條件的，就是在系統孕育期間，買方不許任何人進入孵化區。等到系統完成，買主才可隨心所欲的介入操作或修改營運方式。

　　RUR 公司另一項大膽嘗試且成功的產品，是都市更新套件。當一座都市就自己的審美觀或經濟觀而言，已顯得不稱頭的時候，只要招募一群建築師和都市計畫人員繪出重建的藍圖，都市更新套件就可以在固定經費及設定程式下，完成任務。

這種快速的工業發展及都市重建的可能性，對人類制度與價值觀究竟有何衝擊？知之為知之，我可不想冒充內行。不過，就消極面來看，這種不可思議的營運規模與操作速度，將更進一步擴大多數平民百姓與有權控制機器的少數人之間的疏離；都市更新對那些家園被迫拆遷的人而言，是永遠的痛。

就積極面來看，新技術使我們今日面臨的經濟問題消弭於無形；大多數百姓不再擔心物資貨財的生產與分配問題，只要輕鬆將經濟上的憂慮拋給電腦技師，自己就可過著悠閒自在的生活。同樣正面的好處尚有：工業發展套件將會迅速拆除阻隔在已開發國家與開發中國家之間的牆垣，你我都將生活在後工業化的社會。

生活在後工業化社會到底是什麼光景呢？霍登在《狄德勒斯》裡面就有描述：

合成食物的風行，使花園與工廠取代了糞堆與屠場，
城市終能自給自足；
假使看見這般城鎮，
農夫壯漢也要心碎。
樹梢結實纍纍，四時花香；
河裡紅啤酒，滾滾暢流。
一位老者吹奏金木、銀木製的風笛；
明眸如冰的美女，成群起舞。

這是詩的意境而非社會學的分析；不過我懷疑有誰能描述得出後工業化的人類光景，比霍登這首 1924 年的詩更加妥切？

第19章

ET 鄉關何處尋

1918 年，一顆天文學家命名為天鷹座新星（Nova Aquilae）的明亮新星，在赤道上空閃爍了好幾個星期。霍登當時隨英軍在印度服役，他記下了該事件的觀察情形：

三位在印度的歐洲人，注視著銀河上空的巨大新星，在那場盛大舞會中，顯然只有這三個人對這檔事有興趣。在那些稍有能力對宇宙星體爆炸起源發表看法的人當中，最常聽見的說法不外乎兩顆恆星相碰，或者恆星與星雲相撞。然而，在這兩種假說之外，似乎至少還有兩種可能：或許是某個外星人世界在進行最後的審判，或許是上頭某些居民做「誘發輻射能」的實驗做得太成功了。也可能前述兩個假說其實是同一個，我們那晚所看見的是另一個世界發生大爆炸，當時那星球上的人本來應該在跳舞，卻跑到外面看星星。

對於霍登的一些古老用語，有必要在此稍加解說。他用的「誘發輻射能」這個詞，就是我們今天慣稱的核能。他寫作的時間比人類發明核分裂、開始使用核能還早十五年。1924 年，受過科學教育的人已經曉得鈾原子核中鎖存著極為龐大的能量，並在自然放射性的過程中緩緩釋出。$E = mc^2$ 這個方程式早已家喻戶曉，但是使用人工方法企圖加速或減緩自然放射性過程的嘗試，卻完全失敗。核物理學家當時並未正視「誘發輻射能」有一天可能會操在人類手中，並任意釋放巨大能量來做好或做歹的想法。

霍登因為是生物學家，不熟悉核物理的細節，因而幸運的置身事外。他寧可獨排專家的眾議，提醒我們「誘發輻射能」可能為地球或外星人帶來大災難。

與外星人對談

天鷹座例子引申出的許多問題，必須先找到解答，才能開始認真搜尋證據，看看宇宙中其他地方是否也有智慧物種存在。我們應該朝哪個地方看？看到了又該如何確認證據？天鷹座新星好幾個晚上都是夜空中第二亮的星，除非眼力太差或太過忙碌，否則不可能看不見。或許它的確如霍登說的，是個科技文明；我們如何確定它不是？或是又該如何確定，我們不致因為不了解所見的訊息，而錯失了相當於外星智慧的證據？天空中多的是奇怪、而我們所知有限的天體，萬一其中有一個是人造的，很可能它已經瞪了我們幾十年，都還沒有被我們認出來。

1959 年，義大利物理學家柯可尼（Giuseppe Cocconi）和美國物理學家莫里遜（Philip Morrison）提出了辨認人造天體的簡單途

徑；他們建議大家收聽外星文明送來的無線電信息，如果真是我們的太空鄰居捎來信息，為了要吸引我們的注意力，這串信息必定編得叫人一眼就可瞧出它是人造的。

柯可尼和莫里遜大膽假設發出信息的生物樂意與我們合作，好讓信息易於辨認，這就解決了辨識的問題；因為信息本身的存在，就證明信號源必是人造的。柯可尼和莫里遜提出他們的看法之後一年，美國物理學家薄賽爾（Edward Purcell）將此看法又向前推進一步，他敘述了一段無線電信號往返銀河系的星際對話：

我們可以和遠方的友人談些什麼呢？我們共通的話題很多，像數學、物理、天文學……等等。所以我們可以從共通點展開對話，然後再進到非共通的經驗，也就是更令人興奮的探險話題。當然，這種溝通和交流有其獨特性，就是時間的延遲——可能幾十年後才收到答案；但是你肯定可以收到回音，這會給孩子們帶來生活的目標和期望。這類對話有很深的意義，因為肯定是良性互動，不可能用實物威脅對方。我們都看得到互相送收實物必須有什麼管道，然而送收資訊基本上卻什麼都不需要。在此即展現了哲學對話的極致——動口不動手，只能交換意見，但是你可以暢所欲言。

搜尋外星廣播頻道

後代信徒把教主話語擅訂為教條的行為，不應該歸咎於該宗教的開山祖師。柯可尼與莫里遜只是建議我們用電波望遠鏡收聽某種類型的信息；薄賽爾也是以詩的體裁，來形容有朝一日，我們能夠和外星物種進行雙向溝通時，彼此互相發現、互相為伴所可能帶來

的喜悅。柯可尼、莫里遜和薄賽爾所說的每一件事都沒有錯，但是在後續的二十年間，他們的建議已變成僵化的教條。許多有意探索外星智慧的人，都先後信仰了我稱為「哲學對話教條」的教義，視之為信心條款，相信宇宙中充滿了熱中於長期哲學對談的社團。哲學對話教條認定下列事實為不辯自明的真理：

一、宇宙充滿了豐富的生命。
二、有生命存在的眾行星中，絕大多數都能出現智慧物種。
三、很大一部分智慧物種正為啟迪人類發出信息。

如果這些敘述你都接受，那麼集中所有心力尋找無線電信息，而暫且拋開其他尋找宇宙智慧存在證據的途徑，就還算情有可原。

然而對我來說，哲學對話教條離不辯自明還差得遠，至今並沒有證據顯示它是對是錯。既然它有可能對，那我全心贊成搜尋無線電信息；而既然也有可能錯，我就不輕言放棄其他途徑，特別是我們所欲觀察的物種活動並不涉及雙方合作的那類證據。

近幾年來，人們曾認真尋找無線電信號，收聽技術日新月異；雖然還沒有偵測到任何信號，但是收聽的人卻不氣餒。他們的努力至今僅僅涵蓋無線電頻率的一小部分，偵測方向也僅僅涵蓋信號可能來源方向的一小部分範圍。他們已擬妥計畫，在未來繼續增進搜尋效率。他們毋需建造新的大型電波望遠鏡去掃描天空，只需要在現有望遠鏡上多騰出少許時間，多撥少許經費建立新的資料接收處理機，允許好多個頻道平行接收即可。

有幾個無線電天文學家團體正希望實現這些計畫，我衷心支持，也祝福他們馬到成功。假如他們果真成功偵測到真正的星際信

息，那將是本世紀最偉大的科學發現、人類歷史的轉捩點。人類看待自己、看待我們宇宙中地位的觀點，將有革命性的改變。但是很不幸，他們需要格外的好運道才有可能成功：他們需要政治上的好運道，來獲得整建設備的基金，他們還需要科學上的好運道——正好有樂意合作的外星人，發送信號給他們才行。

如果外星人不幫忙

如果無線電天文學家運氣不好，或者外星人不肯幫忙，他們就注定收不到信號了。只是，沒有信號並不表示就沒有外星智慧存在，重要的是應該想想別的辦法，尋找智慧存在的證據，萬一哲學對話教條錯誤了，也還有個備用之道。我們不應該故步自封，把自己的腳，綁死在任何一種有關外星人天性和動機的假說上面。

外星人共和國，在宇宙中彼此吱吱喳喳，以無線電信號傾吐祕密是一種可能；同樣的，甚至可能性更高的，乃是人口稀疏而互不合作的宇宙，其中少有生命，智慧更是罕見，根本沒有任何地球外的生命，作興協助我們去發現他們。即便在這麼不樂觀的情況下，搜尋智慧物種的努力仍非全無指望；當我們暫且撇下無線電信號時，當初柯可尼與莫里遜曾巧妙解決的問題，亦即學習如何辨認何者為人造物體的方法，將再度成為關注的焦點。

讓我們回顧一下天鷹座新星的例子。霍登認為天鷹座乃是一次出奇成功的核物理實驗這種想法，現在已經沒有人認真看待了。為什麼呢？從 1924 年迄今，究竟發生了什麼事，使得這個想法落伍而荒謬呢？其中的經過可能並不像人們想的，非甲即乙——證明霍登的一個臆測是錯誤的，則另一個臆測即是正確答案。其實，現在

已沒有人相信霍登所提的任一種理論。原因很簡單，因為過去二十年間，出色的觀察工作已在加州黎克天文台（Lick Observatory）完成，厥功至偉的是美國天文學家克拉夫特（Robert Kraft）。現在我們對新星的知識已經很豐富，不再滿足於將其解釋為某種突發事件的說法了。

克拉夫特小心翼翼的觀察過十顆光芒微弱的星星，每一顆都是新星爆炸後殘留的暗弱天體，天鷹座就是其中之一。他發現十中有七，甚至全部十顆，肯定具有與天上其他恆星截然不同的特殊結構，使其與眾星有別。每一顆都是由一個極小的熱成分和一個稀薄的冷成分組合成的雙星；每一個這類暗弱天體，都有兩顆星彼此繞著轉，二者間距是如此接近、簡直已經實際接觸了。公轉週期都相當短，例如天鷹座新星的週期就只有三小時二十分鐘。我們仍不十分明白，為何這類特殊的雙星與新星爆炸有所關聯。有理論提到，冷成分有一陣穩定的物質雨，落向熱成分的表面，而此下落物質被急遽加熱到極高溫，偶爾會起火，像氫彈爆炸一樣。

觀察外星社會的法門

這個理論也許真的說對了，也許以後會讓更好的理論取代；無論如何，經過了克拉夫特的觀察，我們再也不能對任何主張爆炸論，卻無法解釋為什麼只發生在這類特殊雙星說法，報以認真的看待。霍登所有的建議都通不過這個考驗，尤其難以置信的是，有能力主導災難性核物理實驗的智慧生物，竟然在浩瀚星河中總是出現在情有獨鍾的稀有雙星之上，更叫人起疑。

我認為光從理論原則，去計算智慧生命在宇宙間發生的頻率，

這努力根本毫無價值。忽略了生命在地球上崛起的化學過程，只是憑空計算，意義不大。因為各星球化學成分大不相同，宇宙間可能生命豐富，可能稀少；也可能除了地球之外，就全無生物存在了。

　　儘管如此，我們仍然有很好的科學理由，去追尋智慧物種存在的證據，而且懷有獲致成功結果的希望。做為觀察者，對我們大大有利的重點是，我們不用觀察一般智慧水準的物種，而只要看到最奢華、最宏偉、最野心勃勃的擴張主義者，或是宇宙中最痴狂於科技的社會，就足夠了。當然啦，除非身具上述特性，於宇宙內鶴立雞群的，恰好是人類自己，那就另當別論了。

　　我們很容易想像具有高度智慧，但是對科技沒有特別興趣的社會；因為我們的周遭生活，多的是不具有智慧內涵的科技。當我們向宇宙窺探人造活動的跡象時，尋找的其實是科技本身，而非智慧。當然直接尋找智慧是最好的，但是我們有機會看到的，卻永遠只是科技本身。

　　在決定我們有沒有希望觀察到外星科技之前，我們得先回答下面的問題：大自然對於擴張主義的科技社會所從事的活動，於規模、尺度上設下何種限制？什麼樣的外星社會，其活動最可能被我們觀察到？

　　答案應當是那些大膽擴張、不論動機好壞，並將擴張行動推到物理定律所允許之極致的那種外星社會！

太空移民萬壽無疆

　　接下來是我的主要觀點：假使有充分的時間，科技社會能做的事幾乎不受任何限制。以外星殖民這個問題來講，跨恆星間的距

離對人類殖民者而言，看似遙不可及；因為以我們人類短暫的一生來衡量，確實走不了多遠。但是一個長生不老的社會，就不會受到人類短暫一生的限制。假設旅行速度不用很快，只要光速的百分之一就好；那麼整個銀河系在一億年之間，即可從頭到尾布滿太空移民。而光速的百分之一，即便只用現有的原始核能推進技術，也可以輕鬆達到。所以太空移民乃是生物技術問題，而非工程技術問題。

殖民者可以是一種長生不老的生物，在其眼中，千年彷彿已過的昨日；又也許他們精於冷藏技術，可在漫長的旅程中將自己的生命暫時凍結起來。反正只要有百萬年的時間可使用，跨恆星間的距離就不再是障礙了。如果更進一步，科技發展讓太空船的航行速度達到光速之半（個人認為頗有可能），那麼連星系與星系間的距離也不算是障礙了。

如果一個社會真能把殖民計畫推到最大極限的話，就可以支取一個星系，甚至好幾個星系內的資源了。

星系裡頭有哪些資源可以支取呢？現成的素材就有物質和能量二者。物質的形式有行星、彗星和塵雲（dust cloud），而能量的形式就是恆星的光。想要充分利用這些資源，智慧物種必須將掌握得到的物質，轉變為生物生活的空間；而工業機械則須適當安排在環繞恆星的軌道殼層上，取用其所有的星光。

擁有木星般大小及化學組成的行星，就含有足夠的物質，形成一個人造生物圈（artificial biosphere），並充分利用像太陽般大小的恆星光芒。若以星系整體而言，要築成環繞了所有恆星的生物圈，恐怕行星數目不夠，所幸還有其他可茲取用的物質資源，應付這個目的綽綽有餘。例如紅巨星膨脹的包層（envelope）就可用在採礦

工程上，並提供豐富數量的物質——遠非行星的含量可比。

問題仍在於：建造必要機械來創造人工生物圈，技術上是否可行？倘若時間充足，是可以辦到的。為使自己信服其可行性，我粗略做了些機械工程設計，用以將地球大小的行星分解開來，再重新組裝成環繞於太陽周圍、適合居住的大氣球。為了避免誤會，我得強調一下，我不是建議真的拿地球做實驗；屆時我們將會有夠多的死亡行星可用來實驗，不需要毀滅一顆活生生的星球。但是在本章，我關心的不在於人類可以做什麼，我關心的只是其他社會可能過去已經完成，而今天我們也可以看見的效果。建造一個充分利用恆星光源的人造生物圈，對於任何長生不老的科技物種而言，肯定是沒問題的。

太空生物圈的規模

有些科幻小說家誤以為我是「人造生物圈」這個想法的創始人，他們太高抬我了；其實這個主意，我乃是從史泰普頓（Olaf Stapledon）的書上看來的，他也是個科幻小說家。

為了會聚逸失的太陽能，每個太陽系現都被籠罩在光陷阱的薄霧之中，導致整個星系為之黯淡；而且許多不宜成為太陽的恆星也都被分解開來，蘊藏其中的龐大次原子能，也遭掠奪一空。

1945 年，我在倫敦的帕丁頓（Paddington）車站撿到一本破破爛爛的書——史泰普頓寫的《造星者》（*Star Maker*），上面那段話就是從其中節錄出來的。

　　俄國天文學家卡達雪夫（Nikolai Kardashev）曾建議，宇宙中的文明應當分成三大類型。第一型文明控制一顆行星的資源；第二型文明控制一顆恆星的資源；第三型文明則控制一整座星系的資源。目前我們連型一的階段都尚未達到，但是很可能在幾百年內就可以達到。

　　型一、型二之間，或者型二、型三之間規模及功率上的差別，都在一百億倍以上，按照人類的標準而言，實在大得難以想像；可是觀諸經濟發展的指數曲線，這道鴻構卻不用多久即可填平。成長一百億倍（十的十次方），只消二自乘三十三次；保守估計，一個社會的年成長率以百分之一計算，不到二千五百年即可由型一過渡到型二。由型二過渡到型三則耗時較長，因為牽涉到跨恆星間的航程。但是這段過渡時期與任何長壽社會的歷史相較，可能只像支短暫的插曲罷了。因此卡達雪夫的結論是：如果我們果真發現外星文明，很可能它是清楚歸屬於型一、型二或型三，而不是介於其間的短暫過渡階段。

　　長遠來說，社會技術成長面臨的唯一限制乃是內在的，社會總有各式理由來限制技術的成長——或出自於良心自覺的決定、或由於經濟停滯、或因為不感興趣。這些內在限制一旦消失，社會成長幾乎可以永遠持續下去。

　　社會中倘若正好擁有強烈的擴張慾望，終將擴大其帳幕之地：在幾千年內把棲息地從單一行星（型一），推進到利用整個恆星資源，而築成一個恆星生物圈（型二）；在幾百萬年之內，再從單一恆星擴大到整個星系（型三）。物種一旦跨越型二的階段，即使遭遇想像中最可怕的天災人禍，也不容易滅種根絕。

　　因此當我們窺探宇宙之時，發現到已然擴張至型二或型三社會

的或然率，將遠比畫地自限於型一的社會要高；雖然這類擴張主義
社會相當罕見，一百萬個當中也許一個都還不到。

鎖定外星人的家

定義過我們可能要尋找的外星社會活動規模之後，末了我要
回到一些天文學家最感興趣的問題上：這些活動有什麼看得見的結
果？哪一種觀察可以給我們最佳機會去辨認他們的存在？這些問
題若依照第一、二、三型文明分開討論，就很方便了。

第一型文明因為恆星與恆星間距離的阻隔，除非用無線電，否
則是偵測不到的。發現型一文明的不二法門，就是依循柯可尼和莫
里遜的建議，收聽無線電信息，這也是過去二十年來，我們的天文
學家賴以搜尋外太空的方法。

第二型文明可能是個強力無線電源，也可能不是。只要我們對
其居民的生活方式一無所知，就無法有效估計他們電波放射的性質
或容量。但有一種放射是第二型文明無可避免的；根據熱力學第二
定律，利用恆星全部輸出能量的文明，勢必伴隨以廢熱形式將大半
能量輻射掉。廢熱散逸至太空，形成紅外輻射，天文學家在地球上
是可以測到的。

任何型二文明必然是個紅外輻射源，功率則與普通恆星的發光
度相當。紅外輻射主要的出口，是讓文明孕生的生物圈溫暖表面；
如果體內含液態水的生物在裡面活著，那麼此生物圈就可假定為
大致維持在地球表面的溫度，而其表面的熱輻射波長將大約在十微
米一帶（約為可見光波長的二十倍）。很幸運的，十微米左右的頻
帶，正是紅外線天文學家最方便的工作波長，因為地球大氣層對它

而言，相當透明。

　　柯可尼和莫里遜開始外星智慧的科學討論之後，我就建議天文學家若要在天空中尋找人造天體，就應該從尋找十微米紅外輻射特強的光源著手。當然，如果每次找到新的紅外光源，就聲稱獲得外星智慧的證據，顯然太過可笑。我的論點是要朝另一個方向思考：假如一個天體不是紅外光源，就不可能是第二型文明的家。

　　所以，我建議天文學家應先全面搜索天空，對所有紅外光源編定目錄，再細心的按圖索驥，用光學和電波望遠鏡仔細觀察目錄上的天體。採行此一策略，搜尋無線電信息的成功率必將大大提高。電波天文學家毋須在茫茫星空中，漫無目地的尋找無線電訊號；只須集中火力，朝少數幾個準確測定的方向上洗耳恭聽便是。如果某個紅外光源恰巧又發出奇特的光學或無線電信號，那麼就可以認真考慮將它列入人造天體的候選名單。

繭星不是 ET 的家

　　二十年前，當我初倡此議時，紅外線天文學還在蹣跚起步階段；只有少數幾位先驅開始尋找紅外光源，用的是小型望遠鏡以及簡陋的偵測設備。曾幾何時，物換星移，紅外線天文學已走紅，成為天文學一大主流。我無意在此邀功，那些掃描天空、編輯目錄的天文學家並不是在尋找第二型文明，他們只是在傳統天文使命上更進一步觀察，想知道天空中到底還有什麼東西，如此而已。

　　截至目前為止，紅外線天文學家尚未發現任何疑為人造物的天體，但他們已發現了多采多姿的自然天體──有些在我們銀河系內，有些在銀河系外；有些天體清晰易辨，有些暗晦難明。有許多

是稠密的塵雲，靠著可見或不可見的熱恆星保暖。若熱恆星為不可見，這種天體稱為「繭星」（cocoon star），意即隱藏在塵繭中的恆星。繭星出現的太空，常常也可見到明亮的新星，例如在獵戶座大星雲中。這個事實似乎意謂著：繭星乃是恆星誕生過程中，正常而短暫的階段。

表面上，繭星似乎與第二型文明有若干相似，兩者都有一顆被不透明暖雲層圍繞的恆星，而且也都有強烈的紅外輻射。然而，為什麼繭星發現後，竟然沒有人相信型二文明會發生在繭星上呢？第一、它們太亮，大部分繭星輻射的能量都比太陽高上百倍、千倍，這種亮度按照天文標準而言，必然屬於短命型。型二文明應該較有可能存在於像太陽這種長壽型恆星的周圍，而太陽的紅外輻射約比大多數繭星上測到的紅外輻射暗上幾百倍。

不相信繭星為人造星體的第二個理由，是它們的溫度太高，不適合生物圈存活。它們的平均溫度高於攝氏三百度，遠高過我們所知生物存活的適當溫度。第三個原因是繭星外圍明顯可看到厚厚的稠密塵雲，我們沒有理由期望型二文明必須在其身外裹上一層煙幕。第四，也是最具結論性的理由是，人們看見在其出現的同一個太空區域，有些新星誕生，並有大片擴散塵雲正在凝結。繭星和其左右鄰居的自然現象之間，必定存有某種因果關係，而且不利生物存活。

搜星路迢迢

我不得不承認，在我提倡紅外線天文學之後的二十年來，雖然已卓然有成，可惜卻無法找到型二文明的證據。我們是否該死

了這條心呢？倒也未必，我們仍有希望找到型二文明的候選者，只要我們在天文學家的既有基礎上，探索到比矮星光芒弱一百倍的紅外光源。

天文學家通常寧可在望遠鏡前長時間仔細研究引人矚目的天體，也不願去標定一長串的昏暗光源供未來研究用。我並不是責備天文學家把明亮光源的油水盡都揩去，才勉強回到探索昏暗光源繁複而乏味的瑣事上；只是說我們必須多等些時日，才能完成全面搜尋亮度與太陽相仿的光源。只有等到我們握有一份長長的暗星名單之後，才能希望赫然發現型二文明就在其間；而且得等到我們對這些暗星結構與分布的了解，至少與亮星的掌握旗鼓相當時，才知道是否該認真的將它放在候選名單上。

在遙遠星系上孕育的第三型文明，應該會放出無線電波、可見光及紅外光，而且視覺亮度約莫和我們銀河系上的型二文明差不多。特別是型三文明應該會做為一種可偵測到的銀河外星系紅外光源。但是，型三文明勢必比型二文明更難理解，原因有二：第一，我們對型三文明行為的認識，比對型二文明的認識更加貧乏而不可靠；第二，我們對星系的結構與演進的了解，遠比對恆星生與死的認識要膚淺許多。也因此，我們對自然發生的銀河外星系紅外光源的了解，比對銀河系中自然光源的了解要貧乏得多。

我們對矮星的了解至少還夠充分，以致我們能很自信的說它們不是型二文明；但是我們對銀河外星系紅外光源的了解，根本還不夠充分，以致我們什麼都不敢確定。我們不能期望一眼就認出型三文明，除非我們已經徹底探索過遠方星系核心，觀察其中發生的許許多多怪異而突兀的現象。

放膽一探宇宙究竟

　　第三型文明可能存在於我們的銀河系嗎？這個問題值得我們重新鄭重思考。如果我們認為型三文明乃是遍滿銀河系，並且以奇高的效率，支取了一切可利用星光的話，這顯然是錯誤的認知。

　　型三文明可能另有一番風貌，其中一種很迷人的可能性，是建立在農作物可自由在太空生長，而不是建立在龐大的工業硬體基礎上面。型三文明也許是以彗星而非行星為居所，使用樹木而非發電機為能量來源。即使這種文明尚未存在，也許有一天我們可以自己創造。

　　不過，我必須把這些春秋大夢放到下一章再討論，先拉回本章的主題。本章的主題是觀察，我不相信我們對恆星、行星、生命、心靈的認識，已經足以提供穩固的根基，使我們可藉此斷定外星智慧的存在究竟可不可能。許多生物學家和化學家，曾根據片面的證據，就斷言智慧生命的發展在銀河系中應屬經常而頻繁。看過他們所提的證據，聽過他們的討論之後，我認為除地球以外，其他地方從未有過智慧物種也是大有可能。這個問題只能留待觀察結果去回答了。

　　從前述天鷹座新星，第一、二、三型文明，以及紅外光源的討論中，我得出普遍的結論：在天空中尋找人造天體的最佳途徑，就是想盡一切辦法，對自然天體進行地毯式搜索；光憑猜測很難描繪天體的長相，最佳的機會乃是盡力搜索各式各樣的自然天體，並竭力了解其細微末節。

　　當我們發現某個天體違反了自然的解釋時，就可以開始懷疑它是不是人造的。在宇宙中搜尋智慧證據的合理長程計畫，和一般天

文探索的合理長程計畫，其實密不可分。我們大可放膽利用各式管道去一探宇宙究竟：可見光、無線電波、紅外光、紫外光、X光、宇宙射線、重力波……都行。只有多管齊下，我們才有辦法充分了解，並判定觀察到的天體究竟屬於自然抑或人造。

這樣的探索計畫將會給自然天體發掘工作帶來大豐收——不管是否有幸在其中發現人造天體！

第20章

支序群與純系

　　十七歲那年，隆冬時節，我和一群劍橋大學登山社的學生，相偕前往威爾斯古利格岬附近的黑黎哥（Helyg）落腳，準備在霧雨交加又夾帶陣陣風雪的天候下，攀登特萊芬山（Tryfan）。以前的人攀岩，很少會想到要帶頂堅硬的登山頭盔。如果你爬在登山繩的第三位，就得眼觀六面——包括上下，尤其得小心被上面隊員踩落的石子擊中頭部。我就是一不留神，被一顆又小又尖的石子劃破頭皮上的小動脈，傷口雖然不深，卻血流如注。

　　我解開繩索，朝向上方雲霧中的隊友喊叫說：「我爬夠了，我想回家了。」我下到最近的路，希望能搭到便車去古利格岬，心中早已預備好要安步當車，走上長長一段路。因為時值戰爭期間，汽油珍貴，只有因公出差的人才有可能開車，偏遠山路車輛更是稀少，12月天的太陽卻好早就已西斜。出乎意料之外，步行不到十

分鐘，居然有一輛巴士經過，並且在我身旁停住；我立刻跳上車，問司機這巴士多久開一班，他看著我被血浸透的頭髮和染紅的衣服，臉上顯出頗不耐煩的表情說：「我們只有星期二開。」於是我買了單程車票到貝齊寇得（Betws-y-Coed），再從那裡下到山谷中的蘭迪德諾（Llandudno）。蘭迪德諾有家醫院，對包紮受傷的攀岩登山客很有經驗。

無法征服的內在城堡

在蘭迪德諾醫院待了兩天，我和九個病人同住一間病房。院方幫我清洗、餵食、理髮，頭皮也縫好了；但是我努力想和護理師以及其他病人表示友善的對話，卻像熱臉貼到冷屁股。除了幫我縫合的醫生外，沒有人在我面前說過一句英語，所有的人，護理師也好、病人也好、訪客也好，都清一色操著威爾斯語，他們都假裝聽不懂英語。意思很明顯，我是異鄉人，愈早搭火車回英格蘭愈好。

對一個素來將「英語」和「不列顛語」畫上等號的英格蘭小男孩而言，這真是冷峻而難忘的經驗。被征服達六百年，又接受征服者長達七十年的語文強迫教育之後，蘭迪德諾的威爾斯人仍舊是威爾斯人。當一個對頭落在他們手上孤立無援的時候，他們一邊包紮他的傷口，一邊就給他上了永難忘懷的一課。

後來，我在蘇黎世也看到同樣的事情與態度，發生在瑞士裔德國人對待高地德國人身上；在朋翠西納（Pontresina），講羅曼什語的瑞士人之於德語瑞士人亦然；在葉里溫（Yerevan），亞美尼亞人之於俄羅斯人，也是如此；在新墨西哥的赫美茲普埃布洛（Jemez pueblo），也看到普埃布洛族印第安人如何對待盎格魯美國白人。

少數族裔人數愈少，愈瀕臨滅種的危險，他們古老的語言就愈形珍
貴；因為那是他們唯一能使征服者由驕傲變謙卑，並維持自身族裔
獨特性的武器。

全世界只有兩千人講赫美茲普埃布洛族語，如果你是個赫美茲
印第安人，可早上開著雪佛蘭到阿布奎基上班，整天不是說英語就
是說西班牙語，那感覺真好，即使他們談的全是搖滾樂和棒球。你
教導你的孩子不可貪圖觀光客的錢，出賣自己的尊嚴；赫美茲普埃
布洛並不是什麼觀光勝地，也不是博物館，乃是活生生的社區。其
中的居民比其他被征服民族更善於調適自己，配合征服者的方式，
同時又沒有犧牲文化遺產與自尊。就像蘭迪德諾的威爾斯人，他們
仍保有自己的語言，只要他們的語言還活著，他們就擁有外來征服
者永遠無法穿透的內在城堡。

定居在以色列的猶太人，應當最了解語言對於人類事務扮演著
推動力角色的道理。當我到以色列訪問時，最深印腦海的，還不是
那些博物館、大學、城市、農莊，而是一群托兒所的孩子，在海法
的公園裡面，用幾乎七百年前就消逝的希伯來語彼此對談。希伯來
語的復興正是錫安運動（1948 年的以色列復國運動）先驅者最大
的貢獻；由於語言復興的成功，才使得其他成就變為可能。

語言分異帶來文明演化

人類有一個不可思議的特質，和我們天真的想法大相逕庭：不
管是猶太人或非猶太人，似乎都擁有與生俱來的能力，或說是與生
俱來的需要，所講的語言總是朝著快速變遷與多樣化的方向演進。
我們可能天真的認為，一個智慧物種在使用語言的演進過程中，應

當朝一言化發展；我們可能以為最初開口說話的動物，會演化出一種文字與意義的固定結構，不容放棄，就像三十億年前演化成的基因密碼一般。

撰寫《聖經》的智者了解這其中大有問題，他們乃記載巴別塔*的故事來解釋語言為何如此眾多的原因。顯然，當時他們認為（今天仍有許多人這麼認為），如果大家都講一樣的語言，生活也好，人際關係也好，都會變得比較容易。

沒錯，全天下若都用共通的語言，將便於官僚及政治人物來統治；但是，在我們自己的信史或史前時代，以及當今仍存在的原始部落發展歷史，在在顯示了強而有力的證據，證明「語言的可塑性及多樣性在人類演化的過程中，扮演極為吃重的角色」此假說的可信度。

我們現在擁有多種語言，不只是一樁帶來不便的歷史意外事件，乃是大自然讓我們可以迅速演化的方法。人類能力的快速演化，需要社會與生物性的進步相輔相成。生物上的進步，源自隨機的基因異動，但只在某個封閉的小族群內有顯著效果。

保護稀有語言

為了保持這個小族群在基因上隔離，以能夠演化出新的社會制度，很重要的一環就是該社群的成員能夠以語言障礙，把自己迅速

---

* 譯注：巴別塔的故事記載在〈創世紀〉第11章1至9節，當時天下人的語言、口音都是一樣，他們企圖造通天塔，為宣揚他們的名。但耶和華上帝不願他們高舉自己且停留在原地，所以下去弄亂他們的口音，使語言彼此不通，於是通天塔也就沒有造成。

隔離在強鄰的影響之外。人類之所以能成為出類拔萃的智慧物種，可能就是依靠這個關鍵事實與驚人能力，可以在幾代之間從古老的印歐語系，切換到希泰語（Hittite）、希伯來語、拉丁語、英語，再回到希伯來語。很可能將來我們的存活與進一步發展，都同樣關鍵的依靠保存文化及生物上的多樣性。未來，也將一如往昔，如果我們能講多種語言，而且一旦文化分異的機會來臨時，能迅速發明新語言，我們將過得更健康。

　　現在我們訂有法律來保護瀕危物種，為什麼我們不能訂定同樣嚴格的法律，來保護瀕危的語言呢？

　　物種和語言的類比，只不過是生物演化的自然手段，與文化演化的智慧手段之間，深刻類比的一個面向。我深深知道，當我畫下這種類比的時候，我乃是踩在危險的境界。社會達爾文主義在政治上的濫用，已經把許多透過生物觀以映照人類社會的思想，搞得惡名昭彰；然而，由於擔心政治濫用就一竿子打翻一條船，完全否定生物演化與文化演化間存在的類似性，則顯得矯枉過正。我心中想的類比乃是這樣：從大約三十億年前到五億年前的這段漫長歲月裡，生命經歷了從原始單細胞生物過渡到多細胞繁複的結構。這個大過渡詳細歷程如何，我們所知不多，但是我們知道有三大基礎發明與其緊密相連。

　　這三大基礎發明——死亡、性與物種形成（speciation），是在生命演化至高等生物之前就開始的。死亡，使未來與過去有別；性，使得基因特性可以迅速混合與分享；物種形成，乃是彼此以遺傳屏障相隔離，以利多樣性的演化。生物必須先有這三大發明，然後才有餘地調適自己的形狀與行為，以期在不斷增長的多樣性開始提供機會時，能找到自己適才適所的生態區位去發展。

生物演化與文化演化

　　三大生物發明，都有其在人類文化演化上的類比。死亡的類比是悲劇，在每一種人類文化中，智慧與想像力總把死亡的現實轉化為儀典、戲劇、詩賦的中心主題。偉大的文化，經常從死亡之中蒸餾出偉大的文學作品。性的類比為羅曼史，在所有的人類文化中，智慧已將性轉為神祕與美的化身。從性之一端，我們創造出偉大的舞蹈、浪漫的故事與抒情詩歌等文藝作品。

　　最後，我們擁有第三個，也是最偉大的生物發明——物種形成。智慧將物種形成轉化為富創造力的原則——人類語言的可塑性與多樣化。正如物種形成賦予生物自由，去實驗多采多姿的功能和形式；語言區別也賦予人類自由，去實驗各種社會及文化傳統。社會機制的彈性，正是脫胎自我們多重的語言遺產。如果威爾斯人不再說威爾斯語，或者赫美茲印第安人不再說赫美茲語，整個人類社會都將變得貧乏。正如當初人們屠殺了最後一隻恐鳥和最後一頭史特拉海牛的那日起，生命已變得更加貧乏了。

　　物種和語言間的類比或許還可以進一步闡述，擴及新物種和新語言誕生的步驟。有些證據顯示，物種起源於一共通的組群，稱為支序群（clade）。支序群原是希臘字，意思是樹木的一根分枝，引申的意義就是一棵演化樹，上面的枝條代表個別的物種。當天氣或地理環境產生革命性遽變，破壞了自然既定的平衡時，不只會出現單一新物種，而是一整群支序群在短暫的地質時間內出現。每一個支序群的崛起，似乎都是小群生物擴散到新而紛擾的居住環境時，快速增殖、繁衍、變異過程中的插曲。

　　重大的演化變遷，通常都是藉著新支序群的形成，而不是藉著

既有物種的演化。這個過程像極了羅馬帝國瓦解後，整個歐洲情勢的發展。原本統一在拉丁語文之下的偉大文明崩潰後，取而代之的是新拉丁語系的支序群，亦即法語、西班牙語、義大利語、葡萄牙語、羅馬尼亞語，而每種語言又各自開花結果，孕育出新的文明及其獨特的文學、哲學與傳統。

這個支序群還涵蓋了一些別種語言——加泰隆語（Catalan）、普羅旺斯語（Provençal）和羅曼什語，尚處在與其強大的兄弟語言激鬥、掙扎著求生存的階段。其他更古老的語言，例如包括威爾斯語在內的塞爾提克（Celtic）語系，及包括俄語在內的斯拉夫語系，可能同樣源自多重血統。只有拉丁語系支序群形成的經過，正好有文字記載可供考證。拉丁語系支序群的成長與分化，速度相當驚人，頂多不過二十代，就使統一的羅馬歐洲，變成了充塞多種規模完善地方語言的歐洲。

容忍異己

在生物學上，純系（clone）和支序群的意義相反。支序群指的是一群不同生物，享有共同的起源，但遺傳差異又很大，以致不能互相雜交繁殖；純系則是單一群生物，其中所有的個體在遺傳上都是相同的。支序群是演化上大步跨躍的成因；純系則是演化的死胡同，適應緩慢，演化也緩慢。支序群只見於有性生殖的生物，純系的本質則是典型的無性生殖。

這些東西在語言學上亦有其類比。語言學上的純系就是單語文化（Monoglot），居民只說單一語言，同時又保護周全，不受外來語文、思想的干擾。語言遺產，只靠著無性的代代相傳，結果是一

代不如一代，愈來愈貧乏。這種貧乏化的過程，可以很容易從莎士比亞以迄狄更斯這段期間，英國歷代大文豪語彙的遞減現象看出端倪；到了福克納（William Faulkner）及海明威，那更是每況愈下。幾個世紀過去，語彙愈來愈少，文學巨著也因此愈見稀少。

　　語言若要返老還童，需要類似有性生殖的方式，藉著語言的混合與字彙的相互交流而得到滋養。英國文化大放異采的階段，就是跟隨法國人跟盎格魯撒克遜人在諾曼英格蘭*的「有性聯結」而來。拉丁語系的支序群，並不僅只來自拉丁文，而是帝國瓦解後，拉丁文再吸取地方蠻族語言的營養而來的。在人類文化上，一如在生物學，純系是個死胡同，支序群則頗有永垂不朽的架勢。

　　那麼我們究竟要成為支序群或純系呢？這或許是人類未來的中心問題。換句話說，我們要如何使得我們的社會機制，具有足夠的彈性，可保存珍貴的文化多樣面貌呢？有些令人鼓舞的跡象顯示，我們的社會正變得比過去更富彈性，許多三、四十年前嚴禁的行為，現在多已獲得容許。在許多國家，以前飽受壓制的地方少數語言，如今也都能獲得與強勢語言和平共存的機會，甚至大受鼓勵。

　　在我去蘭迪德諾一行的三十五年後，我在加地夫（Cardiff）的一位朋友家作客。這是當年英格蘭征服威爾斯後，設置的都城。我真是欣慰，因為看到說孟加拉語的主人孩子們，正在加地夫市立學校學習威爾斯語。由於他們早已會說流利的英語、孟加拉語、阿拉伯語，所以幾乎不費吹灰之力，威爾斯語就朗朗上口了。這些孩子以美妙的方式，展現了大自然賦予人類文化、語言可塑性的最佳獻

---

* 譯注：諾曼英格蘭（Norman England）。1066年，說法語的諾曼人征服了英格蘭，英格蘭被征服後，即稱諾曼英格蘭。

禮。只要我們繼續撫養這樣的孩子，我們就不必擔心會成為純系。

對大自然永保謙卑

史泰普頓於 1930 年，寫了一本《末後與起初的人》（*Last and First Men*），在書中嘗試以最寬廣的尺度，想像人類未來的歷史。他認為人類未來有一項重要的課題，就是他稱為「對消逝崇拜」的哲學態度。其實對消逝的崇拜並不是什麼新發明，在荷馬的《伊里亞德》以及希伯來聖經中的一卷偽經《德訓篇》（*Ecclesiasticus*）裡，早已多有強調。它的主題乃是：對生命如蜉蝣生物般短暫的高貴與美麗，懷有豐富感情；而其曇花一現的幻滅事實，更令其美麗懾人心魄。這種崇拜將喜樂與悲哀糾結交織，不得解脫。

在史泰普頓的未來觀裡，對消逝的崇拜可讓人類保持平衡，且與自然界保持接觸。它巧妙抑制了我們喜歡用技術去統一、同化與消滅大自然多樣性的傾向，也抑制了我們統一、同化自己的傾向。它使我們在廣博浩瀚的宇宙面前，永保謙卑。

對消逝的崇拜曾經以詩的體裁，以多國的語言為人類所吟詠，特別是霍普金斯與湯瑪士（Dylan Thomas）的詩。

霍普金斯是英格蘭人，但在威爾斯找到作詩的靈感：

> 凡事都在對抗原始的、備分的、奇異的，
>
> 無常之物，都生鏽斑——誰知道怎會如此？
>
> 快的，慢了；甜的，酸了；亮的，暗了；
>
> 做了父親、衰老了容顏，
>
> 讚美他吧！

　　霍普金斯是英格蘭詩人中，唯一不辭辛勞學習威爾斯語的人。他從古典威爾斯詩人那兒吸取了一些動人的韻律，甚至也親手動筆以威爾斯語寫過幾首詩。只是很遺憾，我的威爾斯朋友告訴我，霍普金斯以威爾斯語作詩，還趕不上另一位威爾斯詩人湯瑪士以英格蘭語寫詩。我們的英語從威爾斯語那兒得來的養分，實在比我們應該回饋的東西多得多。湯瑪士的詩洋溢著青春與消逝的旋律，但在美妙旋律的外衣下，有時還可聽見更深刻的意涵，一種遭囚禁在外來文化、外來語言之下的狂狷心靈。

　　噢！當我還在時間慈悲的溫柔下，年少輕狂時，
　　歲月托住我的青綠和垂危，
　　可我在鎖鍊中，仍像大海一樣歌唱……。

第 21 章

銀河綠意

　　1899 年，當南非戰爭暴發時，母親才十九歲；而她在世時，親眼目睹美國在越戰中一敗塗地。她常告訴我，由於對南非戰役期間的英國景況記憶猶新，使她能深刻體會越戰對美國造成的影響。南非戰爭對英國而言，不只是軍事及政治上的大災難，而且是整個價值系統的崩潰。

　　對我母親那一代於自由帝國主義傳統下長大的人而言，造成心靈極深刻創傷的原因，並不在於看到大英帝國被兩支波爾人*的蕞爾小邦搞得黔驢技窮；而在於看到大英帝國採用焦土政策，不人道的將波爾人的婦女及兒童送進集中營，藉此迫使波爾人投降。

＊譯注：波爾人（Boer），南非的荷蘭裔移民後代；發生於 1899 年至 1902 年間的南非戰爭，即英國人對波爾人之戰，又稱為波爾戰爭。

我母親有幾個朋友，甚至私下站在波爾人那邊。當時要公開支持波爾人，比起 1965 年在美國公開支持胡志明，需要更大的勇氣。那場戰役弄得許多人家破人亡，人們對效忠國家的美德也畫下了大問號。那場戰爭也起得太突然，就在維多利亞進步繁榮時代的漫長夏日結束前暴發，勢如晴天霹靂。

大膽擁抱未來

情況最糟的一年是 1901 年。元月份，年老的女王駕崩；她的死，象徵了在她統治之下，達六十三年之久，舒適、穩定的太平歲月，正式結束。戰爭拖過了整個 1901 年，和越戰一樣醜陋又沒有決定性的成敗。1901 年結束，英國又進到紛擾的 1902 年，波爾人仍在奮力抵抗，而他們的家人仍一個個在集中營裡死於痢疾。維多利亞王朝歌舞升平的景象已一去不返，劫難與陰鬱的氣勢瀰漫在空中。

就在那個時刻，1902 年 1 月 24 日星期五，六年前寫作《妖獸出沒的島嶼》的作者威爾斯，在倫敦皇家學院發表了一場名為「發現未來」的演講。既然國人膚淺的樂觀主義，已經被同樣膚淺的絕望所替代，威爾斯感到時機已然成熟。他要告訴人們一個與莫洛博士截然不同，而且是人心未曾想像過的故事，他的演講是這樣結束的：

當我說到人類命運的偉大時，請您別誤會；恕我坦率直言，做為一個最終的成品，我要承認，我並不認為自己或者，恕我冒昧……我的同類有何高明之處。我想我也不可能誠心正意、莊嚴肅

穆的加入崇拜人性的行列。想想看，想想那些正面的事實。一旦我們也像文學家史威夫特（Jonathan Swift）一樣，驚奇於這生物也膽敢自命不凡時，我們肯定會感觸良多。當我們也能夠和希臘先哲德謨克利圖斯（Democritus）一起笑時，我們心中必會五味雜陳。要不是渺小的人類總是充滿了各式各樣的苦痛，這些驚奇的感覺理當更常來造訪。

然而，這世界並不只充滿痛苦，它還有諸般的應許。雖然我們現在被虛榮與性慾弄得如此渺小，然而往日還有過更微不足道的東西。過去的歷史、時間的長河，讓我們的絕望得到安歇。現在我們明白，生活中的血淚與情感，都曾體現在石炭紀時代的某些動物身上。牠們或許是冷血動物，穿著一身黏濕的皮膚，潛伏在空氣與水之間，還得躲避當時巨大兩棲類的突襲。儘管我們的生活充滿愚昧、盲目與痛苦，但回首前塵，也算進步了不少。而過往的路程，則鄭重的指引我們前面當行的路⋯⋯。

可以相信，過去的一切只是開端的開端；而現存與曾存在過的，都只是黎明的一線曙光。也可以相信，所有人類心志曾經完成的，只不過是清醒之前的一場夢。我們看不見，我們也毋須看見，當白天真正來臨時，世界將變成什麼面貌。我們乃是晨曦的生物，但是那行將崛起的思想，那將回頭造訪我們的渺小一切，為的是要更認識我們，甚至比我們了解的自己更加透澈；而那毫不畏懼、勇往向前，為的是要明瞭那些欺矇我們眼耳觀聽於未來的，正是出自我們的血統與世系。

整個世界都充滿了更偉大事物的應許，會有那麼一天，在無窮無量的未來歲月中，總會有那麼一天，那些現在潛伏在我們思想深處，隱藏在我們身內體中的新人類，將會拿地球當腳凳站立其上，

將會把雙手伸向群星之中而放聲大笑！

綠就是美？

　　四十五年過去，在一場更大更殘酷的戰爭結束後，美國詩人傑佛斯（Robinson Jeffers）毫不留情的批判威爾斯對未來的憧憬：

聲名會在誇口中發臭，
我經常注意到，人類總是喜歡玷汙——
一切能到手的東西或名聲。他們會在晨星上拉屎；
如果他們能搆到的話……

供養群星眾生的可怕力量，被哄騙到
一般的妓院與屠場……

總有一天，地球會在自己身上抓扒，
微笑著把人性抹去！

　　威爾斯和傑佛斯兩個人說得都沒錯，人性是多變而可鄙的，大有允諾卻又充滿毒害。通往未來的路不會是康莊大道；威爾斯從來沒說過它是。人類醜陋是事實，但並不意味著宇宙也同樣醜陋；傑佛斯也從未說它醜陋。
　　我們所承擔的一切事務，不論在地或在天，都有兩種方式可供我們選擇，我稱之為灰與綠。灰與綠的分野並不鮮明，只有在兩者光譜的極端上，我們才能毫不含糊說這是綠色，那是灰色。灰與

綠之間的差別用舉例說明，可能比嚴密定義更容易解釋，更淺顯易懂：工廠是灰的，公園是綠的；物理學是灰的，生物學是綠的；鈈元素是灰的，馬糞是綠的；官僚政治是灰的，先民社會是綠的；自我複製機是灰的，樹木與兒童是綠的；人類的技術是灰的，上帝的技術是綠的；純系是灰的，支序群則是綠的；⋯⋯軍隊的戰場手冊是灰的，詩篇是綠的！

為什麼我們不乾脆說灰的不好，綠的好，然後找出一條快捷的拯救之道，亦即擁抱綠的技術，而禁止一切灰的東西呢？因為要滿足世界的物質需要，技術必須不只漂亮，還要便宜。如果我們以為高呼「綠就是美」的口號，即能救拔我們，而且將來不須面臨困難的抉擇──那只是自欺欺人罷了。過去已經有太多空談，聲稱可救我們脫離難以抉擇的窘境。

開發新能源

地球上，太陽能是人類的一大需要。每個國家，不論貧富，都同樣沐浴在豐沛的太陽能裡面，然而我們尚未發明便宜又隨手可得的技術，可將太陽能有效轉化為我們日常生活所需的燃料和電力。要將太陽光轉化成燃料或電力，在科學上只是瑣碎的問題，理論上許多不同的技術，都可完成此種轉換；只是現存的技術都太過昂貴，以致無法大規模架設啟用，也使得能量消耗的分配，無法從日益枯渴的天然瓦斯及石油蘊藏轉移成別種形式。

邰勒在完成《核料竊案》與核料安全護衛的工作後，決定將後半生致力於太陽能的問題研究上。他已設計出一套太陽能水池的系統，如果一切順利，很可能比現有任何太陽能技術便宜千百倍。

他的構想是挖個大水池，四周有溝渠環繞，上面覆蓋透明的塑膠氣墊，水可以用陽光加熱，又隔絕於外界的冷風和蒸發作用；不論寒暑，水都能保持熱度。它的熱能可用做家庭暖氣，或利用市售的簡單熱引擎，轉化為電力或化學燃料能。如果一切照計畫進行，整個系統就能以 5％ 的效率，將照射在水池上的光能，轉為燃料和電力，成本算起來不比煤和石油貴多少。

我並不是在預測邰勒的構想究竟能否成功；在我們確定這個理論上不錯的構想，實際上是否可行之前，還有無數的工程問題要先克服，更別說經濟和法律上的重重困難了。我只是提出假想性的敘述：如果一切都按照我們希望的那樣，這些水池勢必會把整個世界的能源經濟翻轉過來。那些擁有豐富陽光及水力的國家，特別是熱帶、潮濕的貧窮國家，總有一天會變得和今日石油輸出國一樣富有；而且他們的財富將是自續永存，而不是植基於固定蘊藏量，只出不入的有限資源上。

灰色科技加大步伐

幸好這種世界的經濟大蛻變，並不是維繫在邰勒的計畫是否成功。邰勒的特殊主意是否能實現，並不是那麼重要，他只是推出某種太陽能系統設計的其中一人。全世界還有上百組人馬，各有不同的構想、不同的設計。改變世界只要一套便宜而成功的系統就夠了，不一定非得是邰勒想出來的那一套不可。我們只要審慎的給與每一組有志奪標、又有構想的人馬展現本事的機會，就行了；切忌因為意識型態的理由壓抑、排斥任一組人馬。

邰勒的技術是灰的而不是綠的，設計用途是為實用而非美觀。

試想邰勒的太陽能系統若成功而大規模拓展時，將會給地球景觀帶來何種衝擊？那幅圖像一定很有意思。我們可以想像一個極端而不太可能面臨的偶發事件：全世界忽然決定建造足夠的水池，以生產每年所必須耗費的能量，並全面取代現在消耗石油、瓦斯、煤炭及鈾的方式，那麼地球陸地的百分之一將蓋滿水池與塑膠，大約等於美國領土被柏油公路所覆蓋的比例；整個太陽能系統的總資本額，將大約和等面積的公路成本相當。

換句話說，欲提供全世界永續而可更新的能量供應系統，我們只需在全球的規模上，重複一次美國為了汽車所付上的環境及財力代價即可。美國百姓認為這樣的汽車成本可以接受；我不敢冒昧揣測他們是否認為花上同樣代價，以換取乾淨而永不枯竭的能量供應，划不划得來。很可能在許多較貧窮的國家，能量消耗少，替代能源又不可得的情況下，人民反而認為邰勒的水池是上上之策。至少你在池塘邊行走，比起過馬路要容易多了。

所以灰色科技倒也不是全無價值、全無希望，它為加勒比海和印度洋四周的熱帶國家，帶來一絲脫離貧窮的希望。可以想像，美國能源消耗形態，在二十五年完成大躍進——由化石燃料切換至太陽能的時間，大約等於建築全國公路網所需的時間。而且非常重要的是，我們有充分理由相信，這個大躍進得加緊腳步，趕在全世界石油枯竭之前完成。

綠色的夢

但是如果我們放眼二十五年或五十年後，綠色科技將有更大的希望，尤其在太陽能的領域，所有灰色科技能勝任的，綠色科技終

會做得更好。

很久很久以前，上帝創造了樹木，用來將空氣、水和陽光轉化為燃料及其他有用的化學成分。樹木比起我們灰色科技能造出來的任何設備，都來得更多功能且更經濟。它的主要缺點是我們不知道如何收割，才不會摧毀它們，又不致破壞我們生於斯、長於斯的美麗風景。收割的過程既沒有效率，視覺上又不悅目；而且樹木自然製造的化學成分，不太容易立刻派上用場，吻合現有以石油為基礎的經濟形態。

試想一個以綠色科技為基礎的太陽能系統：等我們學會讀寫DNA語言，能夠重新設定樹木的生長與新陳代謝之後，極目所見，大小山谷將布滿紅杉林，寧謐蓊鬱，就像加州塔瑪爾巴斯山下的謬爾森林（Muir Woods）一般。

這些樹木長得沒有天然紅杉林快，它們的細胞主要不在合成纖維質，而是用來製造純酒精或辛烷，或任何我們覺得方便的化學藥品。它們的樹汁通過一組導管往上送，而其合成的燃料則透過另一組導管往下送到根部。地底下，樹根形成活的管線網路，把燃料送到山谷下。活的管線在相距遙遠的許多個點，與無生命的管線相連接，把燃料送出山谷，送到任何有需要的地方。

等我們通曉了重新設計樹木的技術之後，我們應該就能在任何可以支持天然林生長的土地上，培植這種燃料林；屆時我們可以從加州的紅杉林、新澤西的楓樹林、喬治亞的美國梧桐，及加拿大的松林，取得燃料。一旦燃料林長成，它們就可以永遠存在，自我修復，只要請一位林務員，照正常方式管理，保持林木健康就行了。假設陽光轉化成化學燃料的總效率是 0.5%，與天然森林的成長效率相當，那麼只要把陸地面積的十分之一拿來種植燃料樹林，就足

夠應付全世界目前的總能量消耗了。在潮濕的熱帶地區,輸出等量
燃料所需的土地面積又可更少些。

綠色緩不濟急

　　為了給普林斯頓高等研究院的一百戶訪問學者,提供住家暖
氣、熱水、電力及空調,邰勒提出了建造太陽能水池系統的計畫。
他希望這套系統的造價,是大約每戶只需負擔五千美元,現有燃油
加熱系統仍將保留,隨時待命,以免太陽能水池出問題時,全院的
人員都一起受凍。這個百戶展示計畫,並不是比例縮小的雛型試
驗,而是真實大小的太陽池系統測試。邰勒太陽池構想的其中一個
優點是,百戶左右的規模,經濟效益最高;若將單元規模擴大,並
沒有什麼益處。所以,即使全世界都要改用太陽池為燃料,系統也
仍得分散,每個單元的大小,就大約是我們希望在普林斯頓建造的
規模。

　　我們現階段還不打算把院裡的樹林改為燃料林,以供應高研院
所需;即使真要這麼做,也是很久以後的事。如果可以選擇的話,
我們多半寧可走在林間,也不要走在塑膠池之間。但是燃料林的技
術要很久以後才能發展成熟,也許五十年、一百年或兩百年。它的
發展很可能困難重重而備受爭議,要經歷許多錯誤、許多失敗,許
多起頭順利、後來又遇到奇怪而複雜難題的實驗。

　　精通單一物種的遺傳設計只是第一步,要讓燃料樹林能在天然
環境中存活並攝取營養,遺傳程式設計師必須了解,燃料樹與生活
在它們葉子上、枝條上、根部附近土壤中的物種間生態關係。或許
設計、餵養這些人造樹,將永遠只是一種藝術,而非科學;或許培

植燃料森林的人，需要的不只是 DNA 和電腦軟體的知識，還需要有園藝的巧工。然而人類對太陽能的需求孔急，我們不能再等一百年，如果塑膠池可以應急，我們就得先挖幾口塑膠池，把造林的事留給我們的後代子孫。

新空間需要新技術

當人類從地球移往太空時，問題並沒有離我們遠去；太陽能的利用仍將是我們的中心課題。在太空一如在地球，如果不想讓技術淪為有錢人的玩具，就得價格低廉。太空一如地球，我們仍有權選擇要灰的還是要綠的技術，而在地球上左右我們選擇的經濟限制，在太空一樣會面臨到。

現有在太空中利用太陽能的技術，主要都是以矽製成的光伏打電池（photovoltaic cell）為基礎。那些都是科學儀器絕佳的電源，但對一般人而言，價格太高了。太陽能水池在地上或許便宜又有效，但移到太空恐怕就不合適。太陽系可以很明確的分成兩區：內區靠近太陽，陽光充足但缺乏水分；外區離太陽遠，那兒水量充沛，但缺乏陽光。地球正好處在兩區之交，而且就我們所知，是太陽系中唯一陽光、水分都豐富的地方。可想而知，這就是生命在地球上蓬勃發展的原因，也是為什麼太陽能水池在地球上最可行，比太陽系其他任何地方都適合的道理。

我們應當尋找一種能使進入太空的經濟顧慮，發生徹底改變的技術。在人類大幅拓展到太陽系的夢想實現之前，我們得先大幅降低太空營運的成本，降低的因數不只是五倍、十倍，而是百倍、千倍。適當的技術，在內區與外區似乎不盡相同。內區因為陽光充足

水分少，應該是屬於灰色技術的範疇，大型機器及政府企業，可以在太陽系內對人類頗不友善的區域，生根茁莊。用鐵、鋁和矽製成的自我複製自動機並不需要水分，它們可以在月球上、水星上，或者其間的太空中繁殖，建立超大型工業，而不用冒著破壞地球生態的危險。它們可以陽光和岩石為食物，不需其他素材也可以成長。它們可在太空中建造自由浮城，做為人類的居所。他們可以從外行星旁含有豐富水量的衛星上面，引出汪洋般的水資源，帶到缺水嚴重的太陽系內區來。

灰色的太陽系內區

在太陽系內區大量擴增灰色科技，可以從多方面紓解人類在地球上的經濟問題。內區裡的陽光與可用物質等資源，比地表可用資源不知超出十的幾次方倍。地球可以直接由太空供應稀有礦物和工業產品，甚至食物和燃料。地球本身則可以好好寶貝一番，保留做為住宅區與公園綠地，或者野生動物保護區；而大規模的採礦與製造業，則將其驅逐到月球或小行星上面。

單單從地球上將人民移往外太空，並不能解決地球上的人口過剩問題；地球上的人口問題，橫豎要在地球上解決，不管是不是採取移民之道。不過移民的可能性或許間接大大幫助了地球，使問題的解決有跡可循而易於處理。如果那些覺得傳遞香火責無旁貸，務必要瓜瓞綿綿的人有其他地方可去，那麼還留在地球上的人，在心理上或政治上，可能會比較心甘情願接受家庭計畫、人口成長控制等嚴格限制。

移民要往何處去？灰色科技並沒有提供令人滿意的答案。灰

色科技能夠在太空建立如歐尼爾書中,「一號島計畫」所說的那種殖民地——金屬罐與玻璃罐。人們在罐中過著衛生和安全的生活,把地球的混亂和太空的狂野隔離在外。如果住在這些金屬罐和玻璃罐中的人們,不會隨著時日推移而變異,愈來愈像阿道斯·赫胥黎《美麗新世界》中的人類,那真是萬幸了。人性需要的是更寬廣、更自由的居所,人活著不是單靠食物。

人類未來的根本問題不是經濟的,而是精神上的、關乎多樣性的問題。或者在這擁擠的地球上,或者在我們現有太空科技能提供的金屬與玻璃罐生存空間中,我們該思考的仍是:如何為多樣性騰出位子?

在社會階層,多樣性意指保留多種語言文化,同時在面臨現代通訊與大眾媒體的同化影響下,允許新語言、新文化擁有發展空間。在生物階段的多樣性,意指允許父母親使用遺傳控制的技術,來養育更健康、更長壽或比自己更有天分的下一代。但是允許父母可以自由運用遺傳多樣性的結果,很可能使人類分裂為互不婚配往來的支序群。

很難想像我們現存的社會組織,有哪一個受得了這種分裂所帶來的種種限制。那種限制就好比人類膚色多樣性所造成的限制一樣,只是更糟糕千百倍。只要人類還局限在這個星球上,人類的手足倫理就應該優先考慮,對多樣性的慾望應暫時擺在一邊。文化多樣性固無可避免的會趨歸稀落;然而生物上的多樣性實在太過危險,不可輕嘗。

太空植物人

　　長遠來看，我認為多樣性問題的唯一解答，是人類藉著綠色科技向宇宙擴展。綠色科技將把我們推到正確的方向，從太陽系向外，到達小行星、巨行星，甚至更遠的、前人未及的無垠宇宙。

　　綠色科技意指不住在玻璃罐子裡，它要讓動、植物和我們去適應天高地闊的大宇宙。蒙古游牧民族發育出堅韌的皮膚和細細的眼睛，以抵擋亞細亞的寒風；如果我們的子孫，有幾個生來就具有更強韌的皮膚、更狹窄的眼睛，他們或許能在火星的狂風中，睜著眼走路。

　　決定我們命運的問題，不在於我們是否要向太空擴展，而是我們要成為同一物種？或者是要成為一百萬個物種？一百萬個物種也依舊填不滿虛位以待智慧生物大駕光臨的「宇宙生態區位」。

　　如果我們採用了綠色科技，向宇宙擴展的行動將不再只局限於人和機器，而是運用人類腦力達成為所有生命一起擴張的目標。生命一旦侵入新的居所，從來不會只有單一物種遷移過去而已；總有各式各樣的物種順道過去，而且一旦站穩腳步，物種就會迅速擴張，並進一步多樣化。我們向星空的拓展也將依循此一古老模式。

　　要讓一棵樹，靠著遙遠太陽發出的光，在沒有空氣的小行星上生長，我們得重新設計樹葉的表皮。在一切生物體身上，表皮都是最要緊的部門，必須細心精巧的加以設計剪裁，才可適應環境的要求。這也不是什麼新發現——

　　我與當地原住民的談話如下：
　　「你們從哪兒來的？」我問他們。

「我們從別的星球移民過來的。」

「你們怎麼會到這裡來，住在真空中？我看你們身體的設計，應該是活在大氣層中才對啊！」

「我無法解釋我們怎麼到這裡來，那太複雜了。但是我可以告訴你，我們的身體逐漸變化，直到能適應在真空中的生活；就像你們的水生動物逐漸變成陸生動物，而你們的陸生動物又逐漸變成在天空飛翔。在行星上面，水生動物通常最早出現，呼吸空氣的動物次之，而真空動物最後出現。」

「那你們怎麼吃東西呢？」

「我們像植物一樣吃，一樣成長，就是靠陽光啦。」

「但是我還是不懂，植物從地裡吸收水分，從空氣中吸收二氧化碳，陽光只是將這些東西轉成活組織。」

「你看到這些附屬在我身上，看起來好像翡翠翅膀的肢體沒有？它們裡面充滿了葉綠體，就像那種使植物發綠的成分。你們有些動物身上也有。我們的翅膀有一層光亮的皮膚、不透氣又防水，但是可以讓陽光透過。在我們翅膀中流動的血液，其中所溶解的二氧化碳，因為陽光照射而分解，陽光且催化了上千種化學反應發生，供應我們身體所需的物質……。」

這段對話是摘錄自希歐考夫斯基的書《天地之夢》（Dreams of Earth and Sky）。這書是 1895 年在莫斯科印行，也就是威爾斯「發現未來」演說發表之前七年。

我們還不知道小行星是什麼組成的，這些小行星當中有許多顏色非常暗，而且光學特性和一般稱為碳質球粒隕石（carbonaceous chondrite）的東西很像。

翠綠滿銀河

　　碳質隕石的成分很像地球上的土壤，其中一大部分是水、碳以及生命必須的化學成分。很可能我們就那麼幸運的發現，那些黑色小行星就是由碳質隕石所構成。當然，這些出現在太陽系中的碳質球粒隕石必定其來有自，如果黑色小行星真的就是它們的故鄉，那麼我們就有數以百萬計的、從地球很方便就能迄及的小世界。只要在其中可找到合適的土壤，經過悉心設計的人造樹就可以在那兒生根茁莊。樹木有了，接著就會有其他植物和人類，無窮多樣的完整生態體系於焉誕生。每個小小世界都可自由的按其所長，勇於實驗，勇於變化花樣。

　　人類的灰色科技也是大自然的一部分，過去是、未來仍然是從地球跨向太空的必備技術。灰色科技是大自然的一種小伎倆，專門用來使生命得以從地球逃脫。遺傳操縱的綠色科技，則是另一個大自然的小伎倆，用來讓生命得以迅速而有目標的調適自己，而不是緩慢、隨機式的一頭撞進新家。如此，他才能不只從地球逃脫出去，而且能繁衍眾多——子又有子，子又有孫，子孫遍布全宇宙。我們所有的技術都是大自然計畫的一部分，為她特有的目的而歸她使用。

　　越過小行星帶以後，下一步我們當走向何方？木星及土星的衛星，都含有大量的冰以及有機養分。它們既寒冷、離太陽又遠，然而如果我們教導植物如何長出活的溫室來，還是能夠在上面生長的。就像烏龜或牡蠣長出自己的殼，為什麼植物不能長出自用的溫室呢？

　　移到木星和土星之外，我們來到彗星的王國。很可能太陽系四

周的太空，裝滿了大量的彗星，它們直徑約數公里，自成一個個小世界，且幾乎全由冰塊及其他生命必須的化學成分組成。只有碰巧這些彗星在軌道上受到干擾，以致被吸近太陽時，我們才看得到。粗略估計，一年只有一顆彗星會被捕捉到靠近太陽的地區，然後受蒸發而分解。

如果我們假設，太陽系存在的這幾十億年間，遠來彗星的貨源供應充足，而且前仆後繼、接續不輟；那麼鬆散附著於太陽的彗星總數應該也在十億之譜，這些彗星合起來的總表面積至少也是地球的一千倍。因此，太陽系中生命的未來居所，最具潛力的應是彗星，而非行星。

其他恆星是否和太陽一樣，擁有一樣多的彗星？答案有可能是，也有可能不是，我們沒有證據顯示哪一個對。如果太陽在這方面不是異數，那麼彗星即是遍布整個銀河，而且這個銀河對星際旅客的親和力，遠比一般人的想像要友善得多。如此一來，在蒼茫的太空海洋中，適合居住的各海島之間的距離，將不是以光年計算，而是以光日，甚至更短的光時、光分、光秒來計算了。

生命向整個銀河遷移時，不管彗星是否能提供方便的中繼站，恆星與恆星間的距離都不能成為生命擴張的永久障礙。一旦生命學會如何把自己膠封起來，抵抗太空的嚴寒與真空，它就能在跨越恆星系的航程中存活，並且到達星光、水分與必要養分都恰到好處的新大陸去撒下種子。

不論生命航向何方，我們的子孫也會跟去，善盡協助、引導與適應的責任。如何在不同大小的行星或星際塵雲之中生活，是生命必將面臨的現實適應問題，我們的後裔或許將學會如何在恆星風（stellar wind）和超新星殘骸中墾植花園。一旦生命的擴展有了好的

開始，終將沛然莫之能禦；我們的後代子孫即使有意攔阻，也勢無可擋。

短時間內，我們或許能掌握趨勢的控制權；然而生命終究會開闢出一條又新又活的路，不管有沒有外力的協助。銀河的綠化也終將成為不可逆的過程。

當我們形成一百萬個物種遍布整個星系時，「人能否扮演上帝，猶能保持神智清醒嗎？」這個問題將不再那麼恐怖。我們將會扮演上帝，但只是地方性的神祇，而不是全宇宙的主宰；數目也有一定的安全限額。我們當中有些會變得癲狂，像莫洛博士那樣瘋狂統治整個帝國；有些人會在晨星上拉屎。衝突與悲劇無可避免……。但是邪不勝正，長久下來，神智清楚的人，總是比癲狂的人適應得更好，存活的更多。大自然之修剪不適任者，終將限制癲狂，使其不至傳布於銀河各物種，正如她在地球上對個人的管束一樣。所以神智清楚，本質上就是和自然律和諧共存的能力。

為天地立心

我訴說這個銀河綠化的故事，彷彿我們注定是大自然對智慧生物的第一樁試驗。如果星系中已大體存在其他智慧物種，這個故事將會大不相同。銀河在生命形式與文化方面，將變得更加富有變化；我們只要謹慎自守，不要讓人類的擴展太過囂張，以致毀壞了鄰居的生態。在我們向太陽系外擴張的行動開始以前，必須先用望遠鏡徹底搜索銀河系，先充分了解我們的鄰居，然後以朋友的身分，而不是以入侵者的姿態拜訪他們。宇宙之大，足夠給予我們全體寬闊的生活空間；但是，我們似乎很可能是銀河系中孤獨的一

群,沒有任何智慧鄰居存在。其實,地球諸般生命之豐富,已具有足夠的潛力,去填滿宇宙中各偏僻的角落與罅隙。

生命遍布宇宙只是個開端,不是結束。當生命在量的方面延伸其居所的同時,質的方面也在改變,且演化到我們無法測度的嶄新心靈天地。新領域的攻取固然重要,但本身並不是終點,而是手段,讓生命能夠以百萬種不同的形式,用智慧從事實驗。

1929 年,結晶學專家柏納(John Desmond Bernal)寫了一本小書《世界、肉體與魔鬼》(*The World, the Flesh and the Devil*)。他在這本書中,將生命擴張到太空這件事,描述成等待人類去完成的首要任務之一。和我一樣,當他嘗試想像未來將如何的時候,就被難倒了。他的書,也像每本探究未來的書必然的結尾一樣,留下待解的疑問:

> 我們希望未來是神祕而充滿超自然能力;然而正是這些與現實世界,看來有如天淵相隔的渴望,建造了現今的物質文明。而且只要在渴望與行動之間保持某種關係,未來仍將繼續建造這類文明。但是,我們能放膽倚賴這些東西嗎?或者說,在此難道沒有什麼標準可以決定人類未來的發展方向嗎?我們所處的地位,足以看見行動的效果,以及未來的可能後果。我們仍然膽怯的握住未來,但總算第一次察覺到它是我們行動的函數。
>
> 既看見了,我們是要避開那些違背我們起初需求的本質呢?還是憑恃對自己新能力的肯定,而勇往直前、扭轉乾坤,將那些需求轉變成「為萬世開太平」的助力呢?

第 22 章

回到地球

　　任何有心追求讓地球生命向宇宙擴張這類宏偉設計的人，最好先仔細觀察已在地球上蠻荒之地生活的住民，他們究竟具有什麼樣的生活形態與精神特質，能與大自然和平相處。宇宙是個群島之海；適合居住的小島，彼此間由一望無際的太空海所阻隔。加拿大與阿拉斯加的太平洋濱，南起溫哥華，北迄冰河灣，其間的群島海，可說是宇宙的縮影。存著這樣的意念，我特意保存了 1975 年，我到加拿大的太平洋群島探望我兒子和他朋友時，留下來的航海日誌。

　　星期一。早晨五點半，和布勞爾、我女兒愛蜜莉一起搭早班的渡輪，離開溫哥華到納奈摩。布勞爾開車載我們沿著溫哥華島北上，到基賽貝。下午的渡輪由基賽貝開往畢佛灣（Beaver Cove），

七點半，我兒子喬治在畢佛灣等我們。三年不見了，英國作家金斯彌（H. Kingsmill）模仿詩人郝思蒙（A. E. Housman）在《許羅普郡小子》（*A Shropshire Lad*）詩集裡的一段話，突然閃過我腦海：

二十二歲，仍然活著，
像你這樣，一個多麼純潔正直的小子。

由於時候已晚，潮水又逆襲著我們，因此喬治沒有開他那艘簇新的六人座愛斯基摩小皮艇，而是和他朋友——住在史旺森島（Swanson Island）的韋爾，一起駕汽艇前來。喬治原本打算帶我們去漢森島（Hanson Island），但是韋爾的船引擎出了點毛病，所以我們都留在韋爾家過夜。這樣更棒，我們就在那裡坐到半夜，聽韋爾訴說他的精采故事。

乘桴浮於海

韋爾來自都克博教派（Doukhobor）的村子，從他說俄語的雙親那邊學到一身拓荒的好本事。四年前，他和妻子二人赤手空拳來到史旺森島，如今他們已擁有結實而舒適的房子、招待朋友的客房、農場、曳引機、兩艘船、一間鍛造工房，裡面有各式各樣的機械工具。

韋爾將砍伐下來的樹木賣出一小部分，以所得的錢買下伐木場所在的五平方公里土地。除了他的農場家園，整個島都是無人碰觸過的森林，農場內外的木雕裝飾品、擺設，都是他妻子親手做的；飾有鍛鐵的房舍則是韋爾親自建造的。

　　話鋒轉到我最喜歡的主題——太空移民；我特別向韋爾夫婦表示，他們正是小行星安家行動中，最需要的那種人。他說：「我不在乎去哪裡，但是我需要有一個地方，可以讓我在一年終了時檢視一番，看看自己完成了些什麼。」

　　星期二。漢森島上保羅的家，隔著黑魚峽灣（Blackfish Sound）在三公里外與韋爾家遙遙相對。保羅也是島上唯一的人家，與妻子、七歲大的兒子亞沙同住。保羅和韋爾真是極端不同的兩個人，保羅是道道地地的讀書人，他的房子只是以一些木頭和玻璃胡亂湊合黏在一起，顯得搖搖欲墜。有一邊只用一塊塑膠皮覆蓋著，下雨天就漏得一塌糊塗；比較乾燥的那一邊，地上鋪著漂亮的地毯，上頭擺著幾本書和一把高齡二百五十的老小提琴。

　　我們到達保羅的住處時，是在清晨，我們發現喬治的小皮艇停泊在岸邊。去年冬天，喬治所有時間都花在建造這艘仿阿留申印第安人的小皮艇。他說阿留申人比其他的移民者更熟悉如何在這些水域航行。這艘皮艇是藍色的，外面繪有印第安風格的野獸圖案，它有三根桅杆、三張帆。喬治帶我們上岸去看他砍來造船的那棵樹，切下來的每塊木板都是十公尺半，筆直、平滑並拋過光。那棵樹還有半截挺在那裡，足夠造另一艘同樣大小的船。

　　下午我們同亞沙乘小皮艇出海尋找鯨魚，當天因為沒風，喬治的水手們又不善於划槳，於是他發動馬達。我很樂於看到喬治不再咬文嚼字，他只是告訴我們必須在鯨魚和馬達之間做抉擇，二者不可得兼。我們選擇馬達，而在遠遠的地方觀看鯨魚。

　　太陽下山後，我們躺在喬治為我們準備的帳篷中，從岩上俯瞰海面。傍晚是如此清朗寧靜。不久我們就聽到鯨魚呼吸的韻律，嘆

——噗，噗——噗，好像搖籃曲般伴我們入眠。

天神的祭物

星期三。中午開始下起傾盆大雨，而且持續了將近十二小時。我很高興能體驗到不同天候下的拓荒者生活，而不只徒留晴空萬里、藍天白雲之下。喬治帶我出去釣魚，很快就釣到一條近七公斤重的紅鯛，足夠我們飽餐一頓。他一下午就忙著準備生菜沙拉和調味料，好配著魚吃。魚本身則放在保羅家燒木柴的爐子上烘烤。

那天下午，吉姆帶著他的女友愛莉珊和八個月大的小娃兒趕到，吉姆就是教喬治怎麼造船的那個人。喬治十七歲那年，在吉姆那裡工作了一年，和他一起建造德梭諾夸號（D'Sonoqua）——一艘近十五公尺、艙房可容納十個人的雙桅帆船。船造好以後，吉姆、喬治和一群朋友在船上住了一年，沿海岸線南北巡遊；然後，喬治覺得他年紀夠大，已可以自立門戶，就辭職了。

這是我第一次和吉姆碰面，之前我從喬治的來信已經對他多所耳聞，心想他一定是另一個像韋爾那樣體格壯碩的拓荒者；事實卻大謬不然。吉姆拄著枴杖，在滂沱大雨中上岸，他的背脊受過傷，幾乎無法走路。去年11月，一個風雨交加的夜晚，他駕駛的德梭諾夸號撞上印第安村落附近的岩礁。他的船原是以村落的神祇命名的，那天晚上，他說村子的神一定是生氣了。當時懷著七個月身孕的愛莉珊也在船上，此外還有兩個小女孩，是愛莉珊的女兒。吉姆把她們一個個都平安送上岸，可是船和船上的東西全毀。

現在，經過了九個月，德梭諾夸號仍擱淺在離漢森島不遠處的沙灘上，船底破了個大窟窿，內部的裝潢設施全數破損、腐爛，不

堪使用。雖然如此，吉姆還是不死心，一有空就拖著自己半殘的身軀去修補它，夢想有一天可以使它再度揚帆出航；他仍然是德梭諾夸號的船長。吉姆與愛莉珊起身離去時，外頭一片漆黑；我目送他們緩緩走下沙灘、跨上船。傾盆大雨的黑暗夜晚，吉姆拄著柺杖，愛莉珊手中抱著孩子，好像《李爾王》的最後一幕。當那瘋狂的老國王與他忠心的女兒考狄麗亞（Cordelia）被帶向斷頭台時，李爾王說：

「看到這樣祭物，我的考狄麗亞，
　天神也要焚香致敬了。」

悲劇對這些海島而言，並不陌生。

大海音樂會

星期四。早晨還下著雨，愛蜜莉跟我都還舒服的躺在帳篷裡，喬治就展示了一手野外求生的絕活。傾盆大雨之下，在露天的火爐旁，喬治只憑著手上從森林裡撿來的溼木頭，一把刀、一根火柴，他竟能生起爐火，並且做了煎餅給我們當早餐。

下午太陽又露臉了，我們乘小皮艇出海遠颺。這次外面有點風，我們可以試用風帆。順風時，航行得不錯，但是因為沒有龍骨，遇到逆風時就前進不了。

喬治已完成了一對水翼，可以安裝在兩舷做為舷外浮木，增加抓水力，好讓皮艇可以逆風前進。但是要把舷外浮木做好，並把整個設備組裝完畢，還得再花兩個月時間——這麼長的時間，我們的

划樂技術已可穩定進步到足堪大任的地步了。

因為星期四晚上是我們在島上的最後一晚，我們跑去拜訪保羅他們一家人。當天色將近全暗時，鯨魚開始唱起歌來。保羅在水中裝有防水麥克風，接到他家中的揚聲器；歌聲起初很小，但隨著鯨魚離岸邊愈來愈近，聲音也愈來愈響亮，然後全屋子裡的人突然歡聲雷動。保羅拿著笛子，衝到外面一棵枝條探近水面的樹上，開始在星光下吹奏起怪異的曲調。亞沙跟在保羅身旁跑，並不時以高聲尖叫為他的曲調打拍子，而鯨魚的應和聲也愈來愈大聲的從敞開的房門傳出來。

喬治拉著愛蜜莉跳上一艘小獨木舟，到近處觀賞鯨魚，他們讓獨木舟在離岸不太遠的地方停下來。喬治在船上，也開始拿出笛子來吹。鯨魚游近他們，在大約十公尺遠的地方停住，彷彿怡然享受這音樂，但又很紳士的不想打擾到獨木舟。就這樣，露天音樂會進行了約半小時，事後我們算算游回大海的鯨魚總數，大概有十五條，牠們是眾所周知的殺人鯨，但保羅只以牠們學名的種小名「*Orca*」稱呼。

勝造十四級浮屠

星期五。我們在此停留的最後一天，恰好又是月朔後不久，所以潮水比平常更高。我們起個大早，卻發現陽光早已普照大地，我們坐在岩石上俯瞰水面，欣賞那些早起的鳥兒。翠鳥在我們腳下掠過，飛鷹在我們頭上翱翔。在漢森島和史旺森島中間大約離岸一公里遠的水域，潮水劇烈拍擊激盪；那天早上尤其強烈，白色浪花在藍天襯托下，衝得老高。不久，我們看到一個小黑點向白色地帶移

動，又聽到馬達的啵啵聲。喬治比愛蜜莉和我看得更投入，他輕輕的說：「這些人膽子真不小，駕著沒有甲板的開口船，就敢開到那個險惡的水域。」他話才說完不到兩秒鐘，那個黑點就消失無蹤，連馬達的聲音也停了。

喬治馬上採取行動，帶著布勞爾跑到保羅的汽艇那邊——那是一艘橡皮艇，不會沉的。兩分鐘之內即準備妥當，向大海出發。接下來的半個鐘頭，我們在岸上什麼也看不見。我把保羅叫醒，幫他把爐弄熱，然後橡皮艇再度映入眼簾。現在看得很清楚，船上總共有四個人。他們上岸後，我幫忙攙扶其中的一位老人走上沙灘；他擱在我手中的手，冷得像冰塊一樣。我不禁想起了夏普；喬治救了這兩個人，也算彌補我未能救起的一條人命。我們用毯子把二人分別裹住保暖，並讓他們在爐旁坐下來。

一老一少，兩個都是罷工的伐木工人，他們決定駕著鋁板船出海挖蛤蜊。那天早上天氣晴朗、海面風平浪靜，他們做夢也想不到會在這樣的早晨翻船。幸好他們還有點常識，知道緊抓住翻覆的船，沒有打算游回岸邊。但是喬治說，發現他們時，兩人都已奄奄一息，老的已經無法移動手腳了；在那麼冰冷的海水中，任誰也撐不了多久。等他們恢復過來，喬治煮了點熱茶，又煎了幾個餅給他們加添體力，然後用無線電通知他們的家人，派船來接他們回家。

老人後來告訴我他當時的感覺。他說他知道這下完了，準備葬身海底了，當橡皮艇出現時，他還以為是看見異象。等到布勞爾和喬治拉他們上船時，他才相信是真的。那天下午，老人和我又邊喝茶、邊聊了一陣；原來他人頗聰明，也讀過不少書。他又問我在普林斯頓生活、工作的情形。我說：「但是現在我感覺，我在普林斯頓做過最價值的事，就是養育身旁這個兒子。」

　　快到傍晚時，一艘結實的大拖船開到，要把兩位伐木工人接回家。那時，喬治和布勞爾也已經把伐木工人的鋁板船拖到史旺森島的海邊，將馬達拆卸下來，把組件泡在淡水裡。於是，兩位伐木工人平平安安的，帶著沒有破損的船跟馬達回家去，預備第二天的生活。

　　也該是我們啟程回家的時候了，喬治用橡皮艇載我們到畢佛灣，搭夜渡輪回去。他說很抱歉讓我們空手回家，他原本想最後一天陪我們去釣鮭魚，然後帶兩條大鮭魚回去，一條給他住在溫哥華的朋友，一條給我帶回普林斯頓。我告訴他：「不用道歉，你今天釣到兩條比鮭魚更貴重的禮物！」我們就這樣互道珍重再見。

第23章

萬物設計之論辯

今日的專業科學家，似乎都活在一個禁忌底下，不敢把科學和宗教混為一談。但過去並不全然如此，1750 年發現星系存在的瑞特（Thomas Wright），在他那本《宇宙的原有理論或新假說》（*An Original Theory of New Hypothesis of the Universe*）一書中，毫無畏懼的使用神學論點來支持天文學的理論：

既然受造之物可以推廣放大，造物之主當然也可放大。我們可以總結其為無限的結果，以及一種無窮的生命大能。

既然恆星系統、行星世界被視為充滿看得見的創造，則以此類推，那廣袤無限界必然充滿諸多像已知宇宙大小的創造物——實際情形很可能就是這樣；因為就某程度而言，剛發現、但至今尚未集結在我們星空領域的許多雲斑，就已經是活生生的證據。在這些雲

狀斑點中，雖然看得見一些發光的部分，但卻分辨不出有哪一顆恆星或什麼特殊天體；他們極有可能是和已知宇宙相鄰接的外宇宙或外創造，只是太過遙遠，連我們的望遠鏡也看不到。

十八世紀的讜言

三十五年後，瑞特的這番臆測為英國天文學家赫雪（William Herschel）的精確觀察所證實。瑞特曾計算出銀河系內可居住天體的數目：

因此，全部加起來，保守估計總數至少一億七千萬，實際數目應該更多，而這還不包括彗星在內。據我判斷，彗星顯然是宇宙中數目最龐大的創造物。

他提到彗星的那段敘述也是正確的，雖然他沒有說明他是如何估計彗星的數目。對他而言，有這麼多可居住的世界存在，並不是科學假說，而是一種引起道德反省的緣由：

在這偉大的天體創造中，任何一個世界的浩劫，包括我們世界，甚至整個世界系統的解體，對於大自然的最高主宰而言，可能只不過是家常便飯而已；那裡的世界末日，也很可能和我們地球上的生與死一樣頻繁——這樣的想法本身就足以令人雀躍。每當我仰觀天象，不禁要納悶：為什麼不是全世界的人都成為天文學家？為什麼那些被賦予知性與理性的人，會忽略這樣一門科學？這門科學，可令人自然而然感到濃厚的興趣，而且發現要擴大理解範圍是

如此容易；幾乎可以說稍微舉例，就足以相信自己的永垂不朽，讓自己和偶然附加在人性上的小困難和解，沒有絲毫憂愁惡慮。

在恆星大廈中明顯預備妥當的這一切，似乎都在暗示人類：當我們如眾多原子束縛在一粒沙子般，受限於這世界時，為了保存我們天然的出生權，並在大自然上享有所有權，這權力據我們猜想，本是專為愛慕虛榮的人類而創的──某些事情是我們不該做的。

十九世紀的論戰

上面的敘述是代表十八世紀的意見，現在來聽聽二十世紀、藉著生物學家莫諾（Jacques Monod）所發出的聲音：「將知識和價值觀相混，不管方式如何，都是非法而應該禁止的。」而物理學家溫伯格（Steven Weinberg）則說：「宇宙看似愈易於了解，就愈顯得沒有意義。」

如果莫諾和溫伯格的說法真能代表二十世紀的看法，那我對十八世紀的說法反而更能認同。其實莫諾和溫伯格這兩位各自專業領域第一流的科學家，發表的論點都未能考慮到二十世紀物理的微妙與曖昧之處。他們的哲學態度根植於十九世紀而非二十世紀。

反對將知識與價值相混的禁忌，源自十九世紀期間，持演化論的生物學家與教會人員之間的大論戰，雙方的領銜人物分別是湯瑪士・赫胥黎（Thomas Huxley）與韋伯福主教（Bishop Wilberforce）。湯瑪士・赫胥黎好像贏得了那場論戰，但是一百年後，莫諾和溫伯格卻仍在和韋伯福主教的幽魂奮鬥！

十九世紀的大論戰，環繞著一項中心論辯在打轉，即上帝是否存在的問題：有關萬物設計的論辯。主張萬物設計的論點言簡意

眨：若手錶存在，即蘊意背後有一位鐘錶匠。在天文學的領域，十八世紀的瑞特已接受這個論點。

到了十九世紀，教徒與科學家都同意，在生物學領域，這個論點也站得住腳。企鵝的鰭翼、燕子築巢的本能、老鷹的眼睛，與艾迪遜（Joseph Addison）十八世紀古老詩歌中的恆星及行星一樣，都在表明「創造我們的大能手，全然神聖」。然後達爾文和湯瑪士・赫胥黎來了，他們聲稱企鵝、燕子與老鷹的特性，都可以從長時間經由隨機突變的天擇過程來解釋。假如達爾文和湯瑪士・赫胥黎是對的，萬物設計說就得廢止了。

韋伯福主教非常鄙視生物學家，認為他們不負責任的破壞人們對造物主的信心，於是極盡人身嘲弄之能事。在公開辯論中，他問湯瑪士・赫胥黎：「你身上的猴子血統，是繼承自祖父，還是繼承自祖母呢？」

生物學家永遠不能原諒他，也永遠不會忘記他。那場論戰所留下的疤痕，至今尚未痊癒。

二十世紀的迷惘

一個世紀以後，我們回顧那場論戰，可以看見達爾文與湯瑪士・赫胥黎可能是對的。DNA 結構與功能的發現，已經證實遺傳變異的本質，以及天擇運作的依據。DNA 形式能保持穩定達百萬年，但仍有偶然發生突變的機會，這可解釋為化學及物理定律的結果。沒有理由說，在這個模式運作的天擇，可以使某鳥類獲得吃魚的特性，卻不能使企鵝長出鰭翼。物競天擇、適者生存、隨機變異等原則，也可以擔任設計者的工作。對生物學家而言，萬物設計論

已經死了，他們贏得了這場論戰。但是很可惜，他們辛苦贏來的勝利，卻又讓宇宙的無意義性，變成了新的教義。莫諾以他慣有的敏銳，一語道破這個教義：

　　科學方法的基石，乃是假定自然是客觀的；換句話說，就是有系統的否定「真知識可以藉由用終極原因──亦即終極目的，來解釋各種現象」的方法獲得。

　　這個科學方法的定義，連帶把瑞特的發現剔除在科學之外，同樣也把近代的物理學及宇宙學當中，最生機盎然的幾個領域剔除在外了。

　　某些分子生物學家，之所以會接受科學知識的狹窄定義，其實也不難了解。他們獲致空前成功的原因，主要是把生物的複雜行為，縮減為生物賴以建立的簡單分子行為，他們的整個科學領域，就是建立在以簡馭繁的基礎上，把生物明顯饒富深意的行為，簡約為各部組成的純機械行為。對分子生物學家而言，細胞就是個化學機器，蛋白質及核酸分子就像鐘錶機械內的小零件，平常處於固定的狀態；隨著環境的改變，亦可由一種狀態跳到另一種狀態，以此控制機器的行為。

　　每個學分子生物的學生，必修的功課就是兜弄塑膠球、牙籤棒，組合各種分子模型。這些模型是進一步學習核酸與酶結構及功能不可或缺的工具，也是實用的有效輔助工具，讓學生能看見自己所造的分子長相。但是從物理學的觀點來看，那些模型是屬於十九世紀的老骨董；每個物理學家都知道，原子並非真的像小硬球。當分子生物學家大量採用這些機械模型，而多有斬獲及發現之際，物

理學正朝另一個極端不同的方向走去。

觀察者並非袖手旁觀

對生物學家而言,隨著尺寸愈縮愈小,即意味著愈來越趨向簡化及機械性的行為:細菌比青蛙更機械化,DNA 分子又比細菌更機械化。但是二十世紀的物理學卻顯示,尺寸愈縮小時,效果卻完全相反。如果將 DNA 分子分割成組成它的原子,原子的行為將比分子更不機械化;如果把原子再細分為原子核及電子,就發現電子比原子更不具機械性。

有一個很有名的實驗,最早是在 1935 年由愛因斯坦、波多斯基(Boris Podolsky)和若森(Nathan Rosen)提出。這是一種臆想實驗,用來說明量子理論的難處,並細述一個站不住腳的觀念——電子始終存在於某客觀狀態,不因實驗者的介入而改變。這個實驗曾經用各種不同粒子,以不同方式做過,結果清楚顯示,只有當觀察的詳細步驟事先精確規定好,所得之電子狀態才有意義。

在眾多物理學家當中,存在著各家不同的哲學觀點;在描述次原子過程時,對觀察者的角色亦有各家不同的詮釋。而所有物理學家都同意實驗所得的事實,亦即:尋找與觀察者所處模態完全無關的描述,是毫無指望的。當我們在處理像原子和電子這樣微小的東西時,是不可能從對本質的描述中,剔除觀察者或實驗者的。在此定義域之下,莫諾的教條「科學方法的基石,乃是假定自然是客觀的」,就不再真實了。

假如我們否定了莫諾的假定,這並不表示我們就否定了分子生物學的成就,或支持韋伯福主教的教義;也不是說隨機突變或機械

性重組分子，就完全不可能使猿猴變成人。我們只是說，如果我們也像物理學家一樣，想要去觀察單一分子極細微的行為時，「機緣」和「機械」這兩個字的意義，就得視我們觀察的方式而定了。次原子物理學的定律，如果沒有參考到觀察者，甚至連寫都會寫不出來。除非以觀察者對未來全然無知的參考點做衡量，「機緣」一詞無從定義。在描述每個分子時，定律本身已經給意志預留了一個空間。

不是機緣

　　值得一提的，意志進入人們對自然的認知，有兩個層次。最高層次，即人類自覺的層次——我們的意志對於在腦子裡流動的電子與化學的複雜形式，多少可以直接感知一二。最低層次，即單一原子與電子的層次，觀察者的意志再度捲入事件的描述中。高、低層次之間，還有一個分子生物層次。在這個層次，機械模型就足以勝任愉快，意志反而顯得無關宏旨。

　　但是，身為物理學家的我，不禁要懷疑：意志以這兩大途徑出現在我的宇宙中，其間有沒有一種邏輯關聯存在？我不禁要想：我們對自己腦部的感知，和原子物理中所謂的「觀察」過程，是否有所關聯？也就是說，我認為我們的自覺，並不僅僅只是被動的附帶現象，被腦中的化學事件牽著鼻子走；相反的，它是主動的機械，強迫分子複合物在一個量子態與另一個量子態之間，做出抉擇。換句話說，當電子決定在諸量子態中擇一而居時——我們稱之為「機緣」的那個過程，意志早已根植在每個電子上面，而人類自覺的過程，只有程度的不同而沒有種類的區別。

莫諾頗有先見之明，保留了一個稱號給和我持同一想法的人，以表達他極深的輕蔑。他稱我們為「泛靈主義者」（Animist）——即相信萬物皆有靈的人。「泛靈論，」莫諾說道：「乃是在人心與自然之間建立某種約定，一種廣泛的聯盟，走出聯盟之外似乎只有令人心驚的孤寂；我們有必要為客觀假定的要求，就打破這種聯盟嗎？」莫諾繼續說：「有！古老的約定已然粉碎，人們終於明白，在宇宙無情的廣袤無際之中，人類乃是孤單的存在。人類的出現，純屬機緣湊巧。」

我說：「沒有，我相信那個約定，我們誠然是機緣湊巧來到這宇宙，但是機緣一字只是為了掩飾我們的無知，我並不覺得我是身在這宇宙的異鄉人。我愈是探索這宇宙，並研究其結構細節，就發現愈多證據顯示，宇宙就某種意義來講，一定早已知道我們要來報到。」

從核物理定律的數值偶發事件，可以找到一些足以撼動山岳的例子，顯示這些偶發事件似乎早有預謀——它要使得宇宙適於居住。

造物者的算盤打得真精準

核力（nuclear force）的大小，不多不少，恰好足夠克服像氧或鐵這種普通原子裡正電荷間的電斥力。但是核力又沒有大到足以將兩個質子（氫原子核）栓在一起，成為一個可稱為雙質子的束縛系統。只要核力比現值稍微大一點，雙質子就會存在，而幾乎宇宙中所有的氫，都將結合成雙質子，並具有較重的原子核，氫也將變成稀有元素。而像太陽這種依靠核心內的氫緩慢燃燒，才得以存活久

遠的恆星，就不可能存在了。相反的，只要核力比現值小得多，氫根本不會燃燒，也就不可能有重元素了。如果生命的演化需要像太陽這樣的恆星，在億萬年間以穩定速率提供能量的話，那麼，核力的大小必須落在相當狹窄的範圍，生命才可能發生。

　　一個類似但獨立的數值巧合，和氫確實賴以在太陽內燃燒的弱交互作用有關。弱交互作用比核力弱上幾百萬倍，它就是弱得恰到好處，以致於氫可以在太陽裡以緩慢而穩定的速率燃燒。如果弱交互作用更強或更弱，任何依靠類似太陽的恆星才有的生命形式，連出現都成問題。

　　天文學的事實，也包含了某些於我們有利的數值巧合，比方說宇宙建立的規模。以我們銀河系為例，恆星與恆星間的平均距離，大約是三十兆公里。按照人類標準而言，實在大得不得了。倘若一個科學家堅持說，離我們如此遙遠的恆星，對人類的存在有決定性影響力，他很可能被視為占星術的信徒。

　　但是，很不巧，假使恆星間的平均距離只有三兆公里，那我們還活不活得成呢？假如距離果真縮小十倍，在地球存在的四十六億年間，有極高的機率，會有另一顆恆星從太陽旁邊擦身而過。距離之近，足夠使它的重力場擾亂行星軌道。真要毀滅地球上的生命，根本也不必把地球拉出太陽系，只要把地球拉到一個適當的偏心橢圓軌道就行了。

宇宙熱誠接待生命

　　有機化學一切的豐富多采，完全仰賴電力與量子力學力之間微妙的平衡。此一平衡之所以存在，只因為物理定律中包含一項「不

相容原理」，禁止兩個電子占有同一狀態。如果物理定律改成電子可以接納彼此，我們的基本化學將蕩然無存。在原子物理的世界，還有許許多多其他幸運的巧合；若沒有這些巧合，水不可能以液態出現，碳原子鍊不可能形成複雜的有機分子，氫原子也不可能在分子間形成可以斷開的橋鍵了。

從這許多物理及天文學上的巧合，我得到的結論是：宇宙對於生物在她裡面安家，實在是出乎意外的友善而好客。身為一位二十世紀而非十八世紀思想、言語習慣所訓練的科學家，我並不是宣稱宇宙的架構證明了上帝的存在；我只是說，宇宙的架構和我主張的假說，亦即意志在萬物整體功能中，扮演基本設計者的說法，不謀而合。

早先，我們已發現意志在描述大自然的過程中，彰顯自己的兩個層面：在次原子物理層面，觀察者無可避免的涉入觀察對象的定義中；在人類直接的經驗層面，我們對自己的意志有所察覺，也發現很容易以此類推，相信其他人類和動物，也與我們同有相似的意志。現在，我們發現了第三個層面，可以附加在前面兩個層面之上：宇宙結構以及生命、智慧的需要之間，存在了奇異的和諧——這即是彰顯意志在萬物方略上重要影響力的第三層面。這是科學家竭盡所能的終點。

對於意志在三個層面彰顯其重要性，我們確有證據在手；至於能夠將三個層面連結起來、更深入的統一假說，則尚未能握有任何證據。個人方面，我們當中或許有人願意更深一層探究；或許有人願意仔細玩味，看看是否有一個宇宙性的意志或世界靈魂，存在我們觀察到的意志表徵背後？如果我們把這類假說當真的話，根據莫諾的定義，我們就是「泛靈主義者」。

　　世界靈魂是否存在的問題屬於宗教範圍，不在科學領域之內。

　　我母親過了八十五歲以後，已不再像往常那樣健步如飛的縱橫山林，只能在住家鄰近走走。那幾年，她最喜歡走到附近的一處墓園，在那裡可以鳥瞰溫徹斯特古城，以及環繞古城四圍的山丘。我經常陪她在那裡散步，聽她高高興興的談論自己將面臨的死亡。

　　有時候，想到人類的愚昧時，她的語鋒會變得很尖銳。「現在當我觀看這個世界，」有一次她說：「看起來就像個蟻丘，太多螞蟻在四周爬來爬去；我想或許乾脆將它全剷除掉算了！」我在一旁抗議，她就在那兒笑。「不！」她說，不管她對那些蟻類多麼憤怒，她仍然永遠不可能把蟻丘剷除；她覺得這蟻丘太有趣了。

　　有時候，我們談到人類靈魂的本質，談到一切靈魂的宇宙合一論——我十五歲時堅定的信仰。母親不喜歡宇宙合一論這個詞，覺得太狂妄、太虛偽，她寧可稱之為世界靈魂。她想像自己是世界靈魂的一小部分，被賦予成長與獨立發展的自由——只要自己還活著。至於死後，她希望自己能再度融合於那個世界靈魂，個人身分消失，但是她的回憶、她的智慧仍然保留。她一生中所獲取的知識和智慧，都加到世界靈魂的知識與智慧庫裡面。

　　「但是妳怎麼曉得世界靈魂會歡迎妳回去呢？」我說：「或許，過了這許多年，世界靈魂發現妳太硬太老，消化不了，而不要妳回去了呢！」

　　「這你不用擔心，」母親回答說：「也許需要等一會兒，但是我會找到路回去的。世界靈魂對於自己能夠多增長一點頭腦，總不會推辭的。」

第24章

天地之夢

太平洋潮濕的風，在雨林上凝結，
樹林彷彿穿戴從天而降的冰舌⋯⋯

這處海邊，柴薪豐富；那處海邊，夕陽美好。
有可靠的蛤蚌床，運氣好還有鮑魚⋯⋯

六十英里的風速，天天吹拂，
三個星期以來，我們一個足印也未留下。
在暴風雨中紮營，
我們走過的路徑付諸流水⋯⋯

在霧中，毋須雷達，

但憑感官的微醒；

暗礁音迴，

潮水在淺灘留下浸漬痕跡……。

　　這是幾個星期以前，我兒子喬治北上過暑假前，寄給我一首長詩中間的幾段。整個冬天，他都埋首於溫哥華附近森林裡的工作間，專心致力建造六艘獨木舟。這六艘獨木舟現都已出海，往北航行到阿拉斯加海岸線上的小島及港口探險。十一位冒險家志願將他們的生命，交託在喬治的手工上。要過三、四個月，我才能再聽到他們的消息。我並不擔心喬治的安全，即便他一人獨行，我也不擔心；這次他還要肩負包含自己共十二個人生命安危的責任，但我深知他必能將他們平安帶領回來。

魂飛九霄外

　　我和喬治相隔半個地球，躺在以色列海法的丹大飯店（Hotel Dan）房間內沉睡。丹大飯店寬敞又豪華，住滿了美國觀光客；坐在主餐廳聽他們談話，感覺好像人在加州。我盡可能避開觀光客，盡情享受那兒的舒適悠閒。我已在以色列理工學院，亦即海法人稱做科技院（Technion）的學校內，連講了幾場有關物理及天文學的演說。今天講的則是關於數學的專題，對象只限個中行家。

　　我是個理論天文學家，用紙筆比用望遠鏡在行。對我而言，星系不只是天空中的一大群星星，而是一組有解的微分方程式——它們代表的行為模式我們還不了解。今天我講的，就是應該可以描述星系動力學的方程式。這其中有個謎：當我們在電腦上解這組方程

式時，解答顯示恆星會陷入一種強烈不穩定的運動形態。科學上，這類的矛盾往往是重要線索，它意味著我們忽略某些重點，有某些新東西等著發現。不是我們的數學有誤，就是星系靠著某種高濃度物質保持穩定，只是望遠鏡觀察不到。

我贊成第二種可能性，我相信數學本身沒有錯，一定是某種隱形物質在那裡。要說服那些以色列專家還真不容易，他們既年輕又聰明，而且敢於質疑；他們發現了幾個數學上的弱點，最後我們都同意，問題還有待討論解決。我們需要更深入了解數學，也需要更仔細觀察星系。這場論辯在科技院進行了一整天，既冗長，天氣又悶熱。到了晚上，真高興可以縮回丹大飯店的冷氣客房，我立刻仆倒雙人床上，睡得不省人事。理智沉睡之時，也正是魂遊象外的時刻……。

銀河行陌路

喬治四平八穩的坐在他剛造好的雙人座太空船的後座，這是我們第一次試飛，他讓我坐在前座負責控制。有他坐在後座，我並不害怕飛這艘太空船，如果我做了什麼蠢事的話，他隨時可以伸過手來抓住操縱桿。我按下起飛鈕，準備上路了。我們一開始跟跟蹌蹌的爬上發射坡，看來就像聖地牙哥伯蒙特公園（Belmont Park）內，大型雲霄飛車起頭的那一段。離開發射坡後，我們滑翔過一棟大樓的內部，那是一座大禮堂，裡面有一排排的空座位。屋頂中央有個洞，幾秒鐘之後，我們穿洞而出，飛向夜空。

漸漸的，我的眼睛適應了四周的黑暗，也看到宇宙的恆星、星系在我們眼前開展。我向前飛奔，從一個星系潛向另一個星系，

偶爾得閃避迎面而來的星球。似乎才不久前，喬治還是個怕黑的小孩，我坐在床邊平撫他心中的恐懼。現在，他搖身一變，成了經驗老到的船長，發號施令；而我卻是個駕駛生手，將生命交託給他的細心與技巧去掌管。我覺得很安全，坐在駕駛艙內，把飛行方向決定權的重責大任交給他；就算出什麼差錯，自然有喬治去應付。

「我們來玩鴿子回家！」喬治說道。我說：「行啊！」鴿子回家的遊戲，可以測出一個人的天文知識。遊戲規則很簡單，就是讓你隨機跳入宇宙某個不熟悉的角落，你必須回想曾經觀察過或在書本上讀過的印象，仔細辨認天體，然後找路回家。太空船裡有一套特殊的內建設備，可用來玩這個遊戲，只要按下跳躍按鈕，它就隨機跳到另一個地方。

喬治說：「現在跳！」我遵命按下按鈕。

我們這一跳，四周的恆星與星系的布局立刻迅速改變。前方天空突然布滿黑色的塵雲，在塵雲的一側，我看到燦爛的銀河一直延伸到無窮遠。天空中沒有任何我認得的東西，我們一頭鑽進最亮的星系，看見另一端隱隱約約有一串有點面熟的新星剛剛誕生。然後，另一片塵雲從我們的船首飄過，而那一串新星則消失不見了。我很快把目光移到下一個星系，在遙遠的彼端、在那長長的一彎行星帶背後，我努力找尋看來比較眼熟的星座。可是等我們靠近時，他們卻又都散開成我們不熟悉的形狀。

我們在宇宙中巡行良久，經過無數星系，心中充滿無限榮光。我迷路了，但並不害怕，喬治仍然四平八穩的坐在我後面，沉靜一如往常。我不須擔憂，只是努力回想我曾讀過最可能的天體，計算著馳近並一窺究竟的機會，以此自娛。那裡是后髮座星系團（Coma cluster），幾百個星系緊緊綁在一起，以一對巨星系為中

心；那顆是最明亮、肉眼可見的類星體，3C273；那裡則是巨星系M87，噴著發光的氣體又帶著球狀星團的光暈。

我自我調侃道：只要碰巧跳到一個地方，恰可看見我熟悉宇宙的一個小角落，我就可以找到回家的路，甚至還可以給喬治上一、兩堂天文課。當然，如果我們有一具電波望遠鏡，遊戲玩起來將容易得多。這些類星體和巨星系，絕大多數是強烈無線電波源，而非可見光發光體，單用肉眼，遊戲將曠日費時。不過反正我們不趕時間。過了一會兒，我的雙眼就因在夜空極目搜尋地標而疲倦了。我閉目歇息，讓太空船漫無目的緩緩漂流於眾星之中——就這樣輕輕巧巧的漂流，好像今年 8 月一個無風的午後，乘喬治的獨木舟，泛遊太平洋上一樣。

一段出奇的寧靜，一段無法量測的時間長河，從我們頂上流過。遊戲已被我們遺忘，喬治和我都不再是找路回家的鴿子，我們的家不單是在遙遠的彼方，而且是屬於古老的過去，再也回不去。我們成了自由的靈魂，在宇宙間四海為家，不拘何處。我們不需要再彼此交談，我們把老家留在地球上，往昔使我們彼此分隔的語言障礙，都完全拋開了。

我從駕駛艙的窗戶往外瞭望，成排的星系閃爍輝煌一如昔日；然後我察覺到幾乎無法感知的運動——星系緩緩移動，起初慢得像鐘面的時針一樣，逐漸愈行愈快。過了一段很長的時間，我可以看見它們正離我們遠去，遠離——遠離——遠離，一直到隱沒在遠方，好像樹葉在風暴中，隨狂風消逝。我們目睹的，正是宇宙的膨脹；喬治和我，是最早親眼目睹宇宙膨脹過程與收尾的兩個人類。我們在那兒目瞪口呆了半晌，眼見星系加速遠離，沒入遠方，愈來愈小、愈來愈暗，終於完全不見。我們被孤伶伶的拋在後方，靜靜

坐在太空船裡，四周什麼都沒有，只有無際的黑暗……。

驅車登古原

我和一位以色列朋友正趨車登上戈蘭高地（Golan Heights），這是自從在丹大飯店做完星系之夢後，頭一次有安靜的時間。除了我們二人，高地上闃無人烟；這是一塊廢棄的土地，偶爾我們的車會經過一些自 1967 年就遭遺棄的敘利亞農場與農莊。

1973 年，這兒戰況空前激烈，我覺得這片荒涼空曠的地方，似乎充滿鬼魂——從前住在此地的村民的鬼魂、農夫的靈魂、葬身沙場士兵的冤魂。我的以色列朋友或許也正在想同一件事，我們就這麼靜靜往前開，我們彼此相知極深，懂得在此刻保持沉默，以免打斷對方的思緒。

遠方聳立的，是赫蒙山（Mount Hermon），山頂仍有片片積雪，頑強抵抗 6 月的驕陽。它屹立在這塊多事疆域的一角，以色列在一邊，敘利亞在另一邊；就像奧登、伊塞伍德劇中的 F6 峯，屹立在不列顛帝國與其敵對勢力之間。我很好奇在赫蒙山的山腳下，是否也像 F6 劇一樣，有座修道院。不對，是西奈山（Mount Sinai）才有修道院。我很想前往修道院看看院長的那顆水晶球。劇中的院長說：「所有的人都可以從水晶球中，看見自己本性中某些片段的反照，並一瞥這些力量的知識面貌，水晶球就是靠這些力量來預測未來的。」

也許，這些話終究還是應驗在身處海法的我身上；或許，星系之夢就相當於第一次看水晶球。「那並非超自然，」院長說：「啟示在外的，莫過於我們隱藏在內的。」

聖土懷先知

　　我們沿著戈蘭高地的羊腸小徑，緩步前行；另一方面，我努力集中精神，想把星系之旅的細節浮繪在我心。院長說得沒錯，諸事之間隱藏的關聯，在神智清醒時常常被迫分居兩地，只有藉夢境才能將其表明出來。

　　但我仍然不滿足，就像 MF 一樣，看完第一次水晶球後，我也想喚回院長，讓我再看第二次。我在夢中所見的宇宙異象，只不過是眾多宇宙面貌中，可能出現的一種。它是一個沒有意志、機械化的宇宙，是溫柏格說的那種宇宙，誠如他寫的：「宇宙看似愈易於了解，就愈顯得沒有意義。」喬治與我只是宇宙的過客，就像我現在旅經戈蘭一樣；我既不屬於它，也不影響它。

　　我不接受這個異象，我不相信我們只是宇宙的過客，我不相信宇宙是沒有意志的；我相信這個異象只反映了一個面向，而不是我們最深的本性。我們不只是觀眾，我們是宇宙戲劇中的演員，我更希望能再看一次水晶球。

　　當我們越過戈蘭高地，開始下坡開向加里利海（Sea of Galilee）時，我在想：到以色列來做這場夢，真是再合適不過了。這塊地，三千年來出過無數先見與先知，甚至連裝滿旅客的丹大飯店所在地，也正是當年先知以利亞從天上祈火下來，消滅服侍巴力（Baal）的四百五十名假先知的迦密山。

　　以利亞這個名字，總使我回憶起孩提時代。每年夏天，父親都會帶著一家人參加三詩班節（Three Choir's Festival），享受為期一週的聖樂合唱。三詩班節由格洛斯特（Gloucester）、伍斯特（Worcester）、赫瑞福（Hereford）三大教會詩班輪流主辦，三年一

循環。因為我父親每年固定為此節慶寫新作品，因此我們總會獲贈門票，免費欣賞所有的演出，包括預演在內。我最喜歡預演，因為你無法預知下一分鐘會出現什麼狀況。除了我父親以及其他青年作曲家的新曲發表外，節慶的主食就是巴哈、韓德爾、孟德爾頌，與艾爾加的詩班。詩班最愛唱的曲子，是英國傳統合唱曲中的三首古老保留曲：韓德爾的〈彌賽亞〉、孟德爾頌的〈以利亞〉，和艾爾加的〈格朗瑟斯之夢〉。

只是人寂寥

孟德爾頌的〈以利亞〉，是 1846 年為伯明罕音樂節譜寫的。當年首度演出，獲得空前的成功，從此歷久不衰，一直是英國詩班的最愛。孟德爾頌於次年英年早逝，享年三十八歲。

〈以利亞〉最富戲劇性、也最感人的一段，是與巴力的假先知對峙結束之後。以利亞經過這番大勝利，非但沒有得意洋洋，反而沮喪的想尋死。

自己在曠野走了一夜的路程，來到一棵羅騰樹下，就坐在那裡求死，說：「耶和華啊，罷了！求你取我的性命，因為我不比列祖優秀。」他就躺在羅騰樹下，睡著了。有一個天使拍他，說：「起來吃吧！」他觀看，見頭旁有一瓶水與炭火燒的餅，他就吃了喝了，仍然躺下。耶和華的使者第二次來拍他說：「起來吃吧，因為你當走的路還很遠。」他又起來吃了喝了，仗著這飲食的力，走了四十晝夜，到了神的山，就是河烈山。他在那裡進了山洞，就住在洞中。

　　耶和華的話降臨給他說：「以利亞啊，你在這裡做什麼？」他說：「我為耶和華萬軍之神大發熱心，因為以色列人背棄了祢的約，毀壞了祢的壇，用刀殺了祢的先知，只剩下我一個人，他們還要尋索我的命。」耶和華說：「你出來站在山上，站在我面前。」那時耶和華從那裡經過，在他面前有烈風大作，山崩石碎，耶和華卻不在風中；風後地震，耶和華卻不在其中；地震後有火，耶和華也不在其中；火後有微小的聲音⋯⋯。

　　孟德爾頌的音樂以及這段舊約《聖經》上的話，在下到加里利的途中，一直縈繞在我心裡。海法那場夢中，我見識到宇宙的遼闊與虛無，我看見烈風、地震和火，但我沒有聽到更微小的聲音；我看見星系在我面前經過，但是耶和華上帝並不在星系中。默想到這裡，我的思緒被打斷，因為我們已經抵達加里利海東岸的愛因格夫集體農場（Ein Gev kibbutz），站在拿撒勒人耶穌曾經走過的山丘上，遙望水天一色。我們在海邊坐下，吃起露天的鮮魚午餐；我暫且把以利亞擱在一邊，將注意力集中在魚上面。

此時寧無語

　　之後的兩個星期，又講了多場演說、旅行了許多路程之後，水晶球第二度出現在我面前。那是我又結束另一個筋疲力盡的工作天後，於旅館裡沉睡時再度顯現。這次，我從不同的角度來看這宇宙，那微小的聲音果然臨到我，正如當年臨到以利亞一樣，完全出乎意料之外⋯⋯。

　　我坐在家裡的廚房與妻兒共進午餐，又開始喃喃自語抱怨官僚政治。好幾年了，我們經常對那些基層公務員發牢騷，但總如對牛彈琴，沒什麼反應。「你何不乾脆去找他們的上司？」我太太說道：「如果我是你，我就一通電話打到他們的總部。」於是我拿起電話就開始撥號。這可讓孩子們大開眼界了，他們都曉得我最討厭打電話，也因此他們都愛揶揄我。通常我會找各種藉口不打電話，尤其是我不熟識的人；但這一次，我一個箭步上去，並不遲疑。孩子們只好靜靜坐著——失去了嘲弄我電話恐懼症的機會，他們覺得十分無趣。

　　很意外，電話那端傳來祕書親切的應答聲，問我有何貴幹？我說我要約時間，她說：「好，我就幫你排在今天下午五點。」我說：「可以帶小孩同行嗎？」她說：「當然可以！」放下電話，看看錶，我嚇了一跳，只剩下一個鐘頭可以準備了。

　　我問孩子們要不要去，我告訴他們，我們要晉見上帝，最好乖乖守規矩。結果只有兩個較小的女兒有興趣，我也很高興不用帶一大群小孩同行，所以我們和其餘的人匆匆道過再見就走了，免得他們有時間反悔。

　　只有三人同行，我們輕巧的溜出家門，走到城裡的總辦公室。辦公大樓是很大的建築，內部看起來像教堂，但是沒有天花板。我們舉目上望，大樓頂端消失於類似電梯井的通道，我們手拉著手跳離地面，進到通道裡。我看看錶，只剩幾分鐘就五點了。很幸運的，我們迅速上升，看來可以準時赴約了。就在錶針指著五點正的時候，我們到達通道的最頂端，進到一個放置巨大寶座的房間。那個房間四壁洗得雪白，樑柱都是厚實的黑橡木製成。我們面對著的，是房間盡頭的長長台階，台階頂端放著寶座。

　　寶座非常碩大，是木製的，有柳心木做的靠背及扶手。我緩步向前，兩個小女孩緊跟在後。她們有點緊張，我也一樣；這兒似乎空無一人，我又看看錶，或許上帝並不期望我們這麼準時。我們站在台階底下，等著看有什麼事發生。

　　結果，什麼也沒發生。過了幾分鐘，我決定登上台階，走近前去把寶座瞧個端詳。女兒有點膽怯，只留在台階底部；我一步一步走上去，直到我的眼睛與寶座等高，然後我看到寶座不是空的，上面躺著一個三個月大的嬰孩，對著我微笑。我把他抱起來給女兒們看，她們跑上台階，輪流抱抱他。等她們把嬰孩還給我，我又將他抱在臂彎裡幾分鐘，不說一句話。

　　在那段靜默當中，我逐漸明白過來，我一直想問他的問題已經得到解答。我輕輕將他放回寶座，說聲再見。女兒過來握著我的手，我們一起步下台階……。

第一屆吳大猷科學普及著作獎
「翻譯類銀籤獎」得獎感言

邱顯正

　　戴森（Freeman Dyson）以一位科學家的身分，不但研究科學，也關懷人類的前途，參與美蘇限武談判。《宇宙波瀾》一書的結尾，引用《聖經》〈列王記上〉，先知以利亞在極大的成功以後，遭王后耶洗別恐嚇，逃命到西乃山想自殺，卻在山洞裡，和上帝面對面遭遇的情景，做為自己一生工作的反省，令我印象深刻。

　　世人哪！耶和華已指示你何為善。他向你所要的是什麼呢？

　　你要你行公義、好憐憫，存謙卑的心，與你的神同行。

（《聖經》〈彌迦書〉六：8）

　　研究科學是一項特權，得以窮究宇宙的真理，而人文的關懷則是科學家實踐真理的具體表現。諾貝爾因炸藥致富，但他的偉大卻不因炸藥，而是提攜後進的精神。從事科學工作，若缺乏向造物主負責，及關懷世人疾苦的心，只是一名工匠。終將埋沒在一堆機器和數據當中。

　　謹向天下文化致敬，因她在提倡人文素養上的貢獻，及給我野人獻曝的園地。

　　謝謝吳大猷學術基金會的肯定，願你們的工作，叫更多人得祝福。

　　也願公義、憐憫，及謙卑行在人間。

　　　　　　　——得獎人（科學實踐小兵）邱顯正　於馬尼拉客旅

　　　　　　　　　　　　　　　2002 年 10 月 28 日

編輯後記
一本經典中的經典

林榮崧

　　一位歌劇演員，首次登上舞台，擔綱演出的就是膾炙人口的經典名劇，那是何其幸運的事。幸運的不只是因為上台後，有聚光燈的照耀，更是因為上台前，有了與經典劇本數月廝磨、淬礪身心的機會。

　　一位科學編輯，來到天下文化，所編輯的第一本書就是《宇宙波瀾》，那也是何其幸運的事——二十多年前的我，只懂一些科學領域和編輯領域的粗淺拳腳功夫，彷彿一歸入少林寺門下，就見到藏經閣裡的《易筋經》，廝磨數月後，整個人有如脫胎換骨。眼界已經從過去僅著眼於科學知識、科學技術的層次，提升到觀照科學文化的層次。

三本震撼當代的科學家自傳之一

　　二十世紀有三本震撼當代的「科學家自傳」（更精確說，應該

是科學家親筆描寫自己人生某一段落的經歷、抒發所思所想的自傳式作品）。第一本是英國數學家哈代（G. H. Hardy, 1877-1947）在1940年寫的《一個數學家的辯白》（*A Mathematician's Apology*）。這本書讓社會大眾得以窺見數學家的內心世界，以及哈代所要歌頌的純數學之美。

哈代是誰？如果你想快速認識他，可以觀看2016年5月底上映的電影「天才無限家」，劇裡由金獎影帝傑瑞米‧艾朗（Jeremy Irons）飾演的劍橋大學數學家，正是哈代。若沒有哈代的賞識、氣度與協助，印度數學天才拉馬努金（Srinivasa Ramanujan, 1887-1920）也無法在短暫如流星的生命中，發出絢爛的光芒。

第二本是華森（James Watson, 1928- ）於1968年發表的《雙螺旋》（*The Double Helix*），毫不遮掩的細細描寫他與克里克（Francis Crick, 1916-2004）如何發現DNA雙螺旋結構的經過，以及他對同儕的臧否。讓我們彷若也回到1950年代的現場，親眼見證了這項偉大發現在陽光下與暗影裡的主戲與過場，明白科學家也是人，所有人性中的亮點與盲點、不堪與難堪，在科學家的場域照樣不缺。

第三本就是戴森在1979年出版的自傳《宇宙波瀾》了。我思來想去，不得不很八股的，借用「為往聖繼絕學，為萬世開太平」這兩句現在已經很少人唸誦的古文，來替這本書定調。不如此，似乎不足以彰顯戴森教授的成就與氣魄。

為天地立心，為生民立命

戴森在物理學的最大成就，就是打通了量子電動力學的任督二脈，也就是把費曼的圖像思考進路、許溫格的數學方程進路，這

兩條原本互不貫連的脈絡給打通了。在《宇宙波瀾》的第一部和第二部裡，從戴森回顧物理學家費曼、歐本海默、泰勒等人的行止，以及緬懷詩人湯普森的篇章裡，我們多少能感受，「為往聖繼絕學」既是戴森教授的成就，也是使命。

可是戴森的氣魄遠大於此，他還試圖「為萬世開太平」。他嘗試為世人打開活路的層次，有「上」、「外」兩層：

「上」是在地球上面開太平，包括他探討核能、核戰、生物科技、外交謀略，尤其是寫到美國、加拿大兩國邊界糾紛的〈駱煦—巴葛協議〉故事（見第 221 頁）——這對於任何時空下，看似勢不兩立的敵對陣營，都有很高的參考價值。

「外」是放眼地球之外。從〈天路客、聖徒與太空人〉到〈回到地球〉的篇章，戴森一心一意要重新挖掘人們骨子裡的冒險精神，要我們把眼光放得更遠、放到地球之外，要極目望向無垠的宇宙。其實，如果心思和眼力都能擺在更遠大、更遼闊的地方，那麼人間地表的這些紛紛擾擾，實在也不值得再爭辯與爭鬥了。

讀聖賢書，所學何事？

戴森是世上極少數真正能橫跨多種科學學門與文學、史學藩籬的通才，可說是科學文化界的聖賢人物。「科學」與「人文」對於戴森教授來說，絕非是兩種互不相容的異質文化。

這些年來，我因為工作機緣，閱覽過上千冊中英文科學書籍，至今《宇宙波瀾》依然是我的最愛，依然是我認為的一本「經典中的經典」。你若問我：讀此聖賢書，究竟所學何事？我會重述自己多次在科學普及研討會中，為「科學與人文」所下的注解：

　　科學的本質，無非是一種態度，一種實事求是的態度。

　　人文的本質，無非是一種情操，一種虛懷若谷的情操。

　　想想看，我們大概不會對一個凡事不求甚解的科技工作者，說他很有科學精神吧；我們大概也不會對一個惡形惡狀的文藝工作者，說他很有人文素養吧。那麼科學與人文的本質不就是求真與謙和？求真與謙和不是對立的，科學與人文當然也無須對立。

　　科學家在大自然面前若懂得謙卑，不迷信人定勝天，科學當然可以蘊含人文精神。而人文學科，例如歷史，旨在求真，稱為人文科學有何不可？科學精神與人文素養，都應當是做為一個人的基本修養。

＊　＊　＊

　　二十多年前《宇宙波瀾》的出版，在台灣的知識份子圈，已掀起不小的波瀾。餘波蕩漾到了 2016 年——天下文化出版科學文化叢書二十五週年，在現任主編林文珠與責任編輯林柏安的努力下，把《宇宙波瀾》在內的十本科學文化經典，重新編輯出版。再次推動科文書閱讀風潮，激盪出更多更大的波瀾，正是我們的宏願。

（作者現為天下文化編輯部顧問）

科學文化 A05A

宇宙波瀾
科技與人類前途的自省
Disturbing the Universe

國家圖書館出版品預行編目(CIP)資料

宇宙波瀾：科技與人類前途的自省 / 戴森
(Freeman J. Dyson)著；邱顯正譯. -- 第三
版. -- 臺北市：遠見天下文化, 2016.06
面； 公分. -- (科學文化；A05)
譯自：Disturbing the universe

ISBN 978-986-320-990-4(平裝)

1.戴森(Dyson, Freeman J.) 2.物理學 3.傳記

330.9952　　　　　　　　　105005629

原著 ── 戴森（Freeman J. Dyson）
譯者 ── 邱顯正
科學文化叢書策劃群 ── 林和（總策劃）、牟中原、李國偉、周成功

總編輯 ── 吳佩穎
編輯顧問 ── 林榮崧
主　　編 ── 林文珠
責任編輯 ── 林榮崧；林柏安
封面設計 ── 張議文
版型編輯 ── 江儀玲

出版者 ── 遠見天下文化出版股份有限公司
創辦人 ── 高希均、王力行
遠見‧天下文化 事業群榮譽董事長 ── 高希均
遠見‧天下文化 事業群董事長 ── 王力行
天下文化社長 ── 王力行
天下文化總經理 ── 鄧瑋羚
國際事務開發部兼版權中心總監 ── 潘欣
法律顧問 ── 理律法律事務所陳長文律師
著作權顧問 ── 魏啟翔律師
社址 ── 臺北市 104 松江路 93 巷 1 號
讀者服務專線 ── 02-2662-0012 ｜ 傳真─02-2662-0007；02-2662-0009
電子郵件信箱 ── cwpc@cwgv.com.tw
直接郵撥帳號 ── 1326703-6 號　遠見天下文化出版股份有限公司

電腦排版 ── 極翔企業有限公司
製版廠 ── 中原造像股份有限公司
印刷廠 ── 中原造像股份有限公司
裝訂廠 ── 中原造像股份有限公司
登記證 ── 局版台業字第 2517 號
總經銷 ── 大和書報圖書股份有限公司　電話／(02)8990-2588
出版日期 ── 2016 年 6 月 30 日第三版第 1 次印行
　　　　　　2024 年 3 月 15 日第四版第 1 次印行

定價 ── NT450 元
4713510944448
書號 ── BCSA05A
天下文化 ── bookzone.com.tw

本書如有缺頁、破損、裝訂錯誤，請寄回本公司調換。
本書僅代表作者言論，不代表本社立場。